高职高专课程改革项目研究成果
“互联网+” 新形态教材

电气工程制图项目化教程

(第2版)

主　编　杜俊贤　王连桂

副主编　刘道刚　李　颖　吕　岗　王丰杰

北京理工大学出版社
BEIJING INSTITUTE OF TECHNOLOGY PRESS

内容简介

本书是为适应高职高专院校教学改革而编写的教材之一，根据高等职业教育电气工程制图课程教学计划与教学大纲，贯彻最新《机械制图》《技术制图》《电气制图》国家标准规定编写而成。

本书内容由7篇构成，分别为电气工程制图基础、AutoCAD 2007 基本操作及绘图环境、电气元件图的绘制、电气元件线路图的绘制、工业控制线路图的绘制、机床电气原理图的绘制、建筑电气系统图的绘制。7篇内容由易到难，融“教、学、做”于一体。

本书内容系统、层次清晰、实用性强，可作为自动化类、电子信息类等高职院校相关专业的教材用书。

图书在版编目（CIP）数据

电气工程制图项目化教程／杜俊贤，王连桂主编．—2版．—北京：北京理工大学出版社，2019.11（2022.8重印）

ISBN 978－7－5682－7895－9

Ⅰ．①电…　Ⅱ．①杜…②王…　Ⅲ．①电气制图－高等职业教育－教材　Ⅳ．①TM02

中国版本图书馆CIP数据核字（2019）第253302号

出版发行／北京理工大学出版社有限责任公司
社　　址／北京市海淀区中关村南大街5号
邮　　编／100081
电　　话／（010）68914775（总编室）
（010）82562903（教材售后服务热线）
（010）68948351（其他图书服务热线）
网　　址／http：//www.bitpress.com.cn
经　　销／全国各地新华书店
印　　刷／涿州市新华印刷有限公司
开　　本／787毫米×1092毫米　1/16
印　　张／12
字　　数／285千字
版　　次／2019年11月第2版　2022年8月第3次印刷
定　　价／34.00元

责任编辑／王艳丽
文案编辑／王艳丽
责任校对／周瑞红
责任印制／施胜娟

前言 Preface

本书结合高职高专人才培养特点，本着“项目引领、理实一体”的原则，以典型线路的绘制为切入点，力求通过典型项目，分析绘图方法，讲解命令的使用，进而使读者能够掌握电气工程制图的要领。学生在反复练习中熟练掌握项目绘图过程，并能做到举一反三。

本书简明实用，图文并茂，主要由7篇构成，分别为电气工程制图基础、AutoCAD 2007基本操作及绘图环境、电气元件图的绘制、电气元件线路图的绘制、工业控制线路图的绘制、机床电气原理图的绘制、建筑电气系统图的绘制。7篇内容由易到难，融“教、学、做”于一体。

本书由烟台汽车工程职业学院杜俊贤担任主编并统稿，其中第一、二篇由李颖编写；第三篇由吕岗编写；第四、五篇由杜俊贤编写；第六、七篇由刘道刚编写；王丰杰负责审阅，负责调研部分企业事业单位，力求使本书保持前沿性和先进性。

本书内容系统，层次清晰，实用性强，是电气行业技术人员的一门实践性很强的理实一体化实训教材，是学生从课堂学习走向电气工程制图领域的桥梁和纽带，可作为自动化类、电子信息类等高职院校相关专业的教材用书。

由于编者水平有限，错误和不足之处在所难免，恳请广大读者提出宝贵意见。

编　者

目录

Contents

第一篇

电气工程制图基础

本篇旨在学习电气工程图的分类、规范以及基本表示方法，使学生能够对电气工程图有一个宏观的感知，为后面的学习做知识准备。

项目学习要求

基本要求：熟练掌握电气工程图的类型、绘制电气工程图的规范、电气元件的表示方法。

能力提升要求：学生能够根据任务要求，按照规范绘制电气工程图，并正确表示电气元件。

项目1　电气工程图分类

电气工程图是表示电气系统、装置和设备各组成部分的功能、用途、原理、装接和使用信息的一种工程设计文件；它的作用是阐述电气工程的构成和功能，描述电气装置的工作原理，提供安装和维护使用的信息，辅助电气工程研究和指导电气工程实际施工。

简图是电气工程图的主要表达方式，是用图形符号、带注释的围框或简化外形表示系统或设备中各组成部分之间相互关系及其连接关系的一种图。

元件和连接线是电气工程图的主要表达内容：

（1）一个电路通常由电源设备、开关设备、用电设备和连接线四部分组成，如果将电源设备、开关设备和用电设备看成元件，则电路由元件与连接线组成，或者说各种元件按照一定的次序用连接线连接起来就构成一个电路。

（2）元件和连接线的表示方法：

①元件用于电路图中时有集中表示法、分开表示法、半集中表示法。

②元件用于布局图中时有位置布局法和功能布局法。

③连接线用于电路图中时有单线表示法和多线表示法。

④连接线用于接线图及其他图中时有连续线表示法和中断线表示法。

图形符号、文字符号（或项目代号）是电气工程图的主要组成部分。一个电气系统或一种电气装置由各种元件组成，在主要以简图形式表达的电气工程图中，无论是表示构成，或表示功能，还是表示电气接线等，通常用简单的图形符号表示。

对能量流、信息流、逻辑流、功能流的不同描述构成了电气工程图的多样性。一个电气系统中，各种电气设备和装置之间，从不同角度、不同侧面存在着不同的关系。

（1）能量流——电能的流向和传递。

（2）信息流——信号的流向和传递。

（3）逻辑流——相互间的逻辑关系。

（4）功能流——相互间的功能关系。

1.1 图的分类

图的分类

图是用图示法表示形式的总称，是表示信息的一种技术文件，一般分四个大类。

1. 图

图的概念很广泛，它可以泛指各种图，但这里是指用投影法绘制的图，即以画法几何中三视图原则绘制的图，如各种机械工程图。

2. 简图

简图是用图形符号、文字符号绘制的图，如建筑电气工程图。

3. 表图

表图是表示两个或两个以上变量、动作或状态之间关系的图，如时序图。

4. 表格

表格是把数据等内容按纵横排列的一种表达形式，如设备材料明细表。

1.2 电气图的分类

电气图的分类

电气图是用图形符号、带注释的围框、简化外形表示的系统或设备中各部分之间相互关系及其连接关系的一种简图。按 GB/T 6988—2008 规定，电气图可分为以下 15 种。

1. 系统图

系统图是表示系统的基本组成、相互关系及其主要特征的一种简图，如电气系统图。

2. 功能图

功能图是表示理论或理想的电路，而不涉及实现方法的一种简图，是设计绘制电路图的依据。

3. 逻辑图

逻辑图是用二进制逻辑单元图形符号绘制的一种简图。

4. 功能表图

功能表图是表示控制系统的作用和状态的一种表图。

5. 电路图

电路图是用图形符号按工作顺序排列，表示电气设备或器件的连接关系。

6. 等效电路图

等效电路图是表示理论的或理想元件及其连接关系的一种功能图。

7. 端子功能图

端子功能图是表示功能单元全部外接端子，并用功能图、图表或文字表示其内部功能的一种简图。

8. 程序图

程序图是表示程序单元和程序片及其互连关系的一种简图。

9. 设备元件表

设备元件表是表示设备、装置的名称、型号、规格和数量等的一种表。

10. 接线图（接线表）

接线图（接线表）表示成套装置、设备的连接关系，用以接线和检查。

11. 单元接线图（单元接线表）

单元接线图（单元接线表）表示设备或装置中一个单元内的连接关系。

12. 互连接线图（表）

互连接线图（表）表示设备或成套装置中不同单元之间的连接关系。

13. 端子接线图（表）

端子接线图（表）表示成套装置或设备的端子及接在端子上的外部接线。

14. 数据单

数据单对特定项目给出详细信息的资料。

15. 位置图（简图）

位置图（简图）表示设备或装置中各个项目的位置。

1.3　电工图的分类

电工图的分类

电工图一般分为电气原理结构图，电气原理展开接线图，电气安装接线图，电气安装平面图、剖面图等。

电气原理结构图也叫原理接线图。它以完整的电器为单位，画出它们之间的接线情况，表示电气回路的动作原理，阅读原理图可以了解电源和负载的工作方式、各电气设备和元件的功能等。

电气原理展开接线图将电路图中有关设备的元件解体，即将同一元件的各线圈、触点和接点等分别画在不同的功能回路中。同一元件的各线圈、触点和接点要以同一文字符号标注。画回路排列时，通常根据元件的动作顺序或电源到用电设备的元件连接顺序，水平方向从左到右，垂直方向自上而下画出。

电气安装接线图也叫安装图，它是电气原理具体的表现形式，可直接用于施工安装配线，图中表示电气元件的安装地点，实际外形、尺寸、位置和配线方式等。电气安装接线图通常分为盘（屏）面布置图、盘（屏）后接线图和端子排图三种。

盘（屏）面布置图表明各电气设备元件在配电盘、控制盘、保护盘正面的布置情况；

盘（屏）后接线图表明各电气设备元件端子之间应如何用导线连接起来；端子排图是用来表明盘内设备与盘外设备之间电气上相互连接关系。

电气安装平面图和剖面图相当于对各电气设备布置的俯视图和主视图。

1.4 电气工程图的分类

建筑电气工程图的分类

电气工程图是应用非常广泛的电气图，用它来说明建筑中电气工程的构成和功能，描述电气装置的工作原理，提供安装技术数据和使用维护依据。一个电气工程的规模有大有小，不同规模的电气工程，其图纸的数量和种类是不同的，常用的电气工程图有以下几类：

1. 目录、设计说明、图例、设备材料明细表

图纸目录内容有序号、图纸名称、编号、张数等。

设计说明（施工说明）主要描述电气工程设计的依据、业主的要求和施工原则、建筑特点、电气安装标准、安装方法、工程等级、工艺要求等以及有关设计的补充说明。

图例即图形符号。为方便读图，一般只列出本套图纸中涉及的一些图形符号。

设备材料明细表列出了该项电气工程所需要的设备及材料的名称、型号、规格和数量，供设计概算和施工预算时参考。

2. 电气系统图

电气系统图是表现电气工程的供电方式、电能输送、分配控制关系和设备运行情况的图纸，从电气系统图可以看出工程的概况。电气系统图有变配电系统图、动力系统图、照明系统图、弱电系统图等。电气系统图只表示电气回路中各元件的连接关系，不表示元件的具体情况、具体安装位置和具体接线方法。

3. 电气平面图

电气平面图是表示电气设备、装置与线路平面布置的图纸，是进行电气安装的主要依据。电气平面图以建筑总平面图为依据，在图上绘出电气设备、装置及线路的安装位置、敷设方法等。电气平面图采用了较大的缩小比例，不能表现电气设备的具体形状，只能反映电气设备的安装位置、安装方式和导线的走向及敷设方法等。

建筑电气安装平面图是应用最广泛的电气平面图，是电气工程设计图的主要组成部分。它是建筑电气安装的依据，例如设备的安装位置、安装接线、安装方法等。此外，它还提供设备的编号、容量和有关型号等。

按功能来划分，建筑电气安装平面图包括以下几种：

（1）电站、变电所电气安装平面图。

（2）电气照明安装平面图。

（3）电力安装平面图。

（4）线路安装平面图。

（5）电信设备及弱电线路安装平面图，如电话、有线电视、消防、监控、信号设备及线路平面图。

（6）防雷平面图。

（7）接地平面图。

项目2　电气工程制图规范

电气工程CAD制图应符合电气制图一般要求，其细节见GB/T 6988.1—2008、GB/T 6988.2—2008、GB/T 6988.3—2008和GB/T 15751—1995，同时应符合如下基本规则。

1. 建立相应的数据库

（1）为保持在所有文件之间及整套装置或设备与其文件之间的一致性，应建立与电气工程制图CAD软件配套的设计数据（包括电气简图用图形符号）和文件的数据库。

（2）数据库应便于扩展、修改、调用和管理。

（3）电气简图用图形符号库中的符号应符合GB/T 4788—1994中符号的组合、派生和设计，应符合该标准和相关标准的要求。

2. 初始输入系统

当需要在计算机系统之间传递设计数据时，为简化数据传输过程，CAD初始输入系统应采用公认的标准数据格式和符号集。

3. 选择和应用设计输入终端导则

设计输入终端是图样录入和文件编制的重要方式，在选择和应用这些输入终端时应遵循如下导则：

（1）选用的终端应在符号、字符和所需格式方面支持适用的工业标准。

（2）在数据库和相关图表方面设计输入系统应支持标准化格式以便设计数据能在不同的系统间传输或传送到其他系统做进一步处理。

（3）初始设计输入应按所需文件编制方法进行。

（4）数据的编排应允许补充和修改且不涉及大范围的改动。

图纸幅面及格式

2.1　图纸幅面及格式

1. 图纸的幅面尺寸

为了使图纸规范统一，便于使用和保管，在绘制技术图样时，应优先选用表1-1中规定的基本幅面。

表1-1　图纸的基本幅面尺寸　　mm

幅面代号	A0	A1	A2	A3	A4
宽×长（$B\times L$）	841×1189	594×841	420×594	297×420	210×297
留装订边边宽（c）	10	10	10	5	5
不留装订边边宽（e）	20	20	10	10	10
装订侧边宽（a）	25				

必要时，也允许选用加长幅面，这些加长幅面的尺寸是由基本幅面的短边按整数倍增加后得出的，如表 1－2 所示。

表 1－2　图纸的加长幅面尺寸　　mm

序号	代号	尺寸	序号	代号	尺寸
1	A3×3	420×891	4	A4×4	297×841
2	A3×4	420×1189	5	A4×5	297×1051
3	A4×3	297×630			

图 1－1 所示为图纸的幅面尺寸，A0、A1、A2、A3、A4 为优先选用的基本幅面；A3×3、A3×4、A4×3、A4×4、A4×5 为第二选择的加长幅面；虚线所示为第三选择的加长幅面。

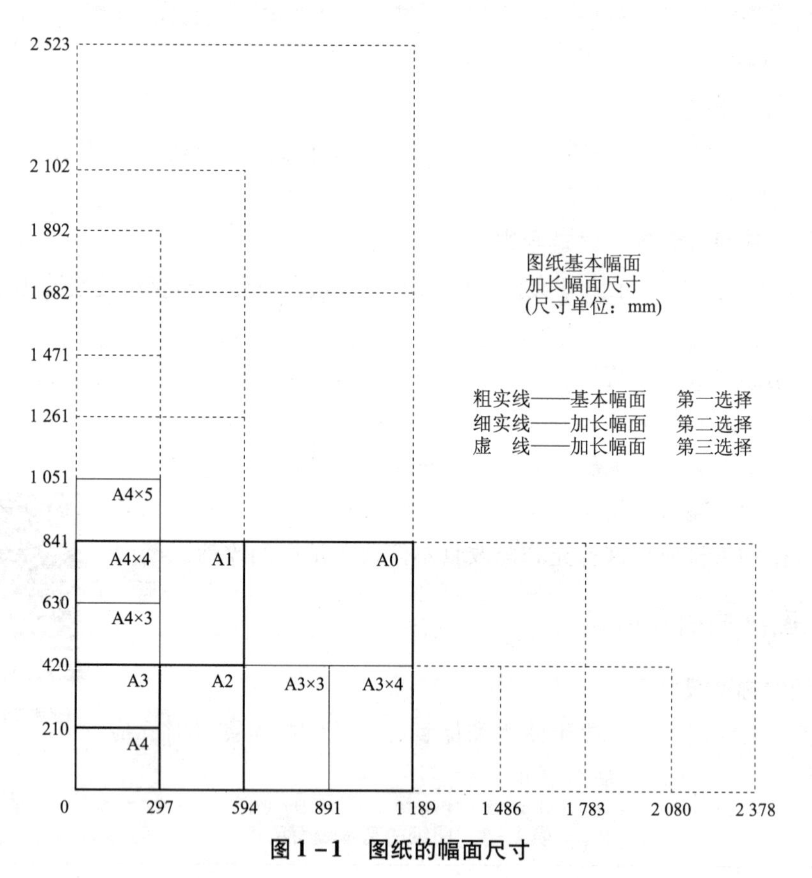

图 1－1　图纸的幅面尺寸

2. 图框格式

（1）在图纸上必须用粗实线画出图框，其格式分为不留装订边和留装订边两种，但同一产品的图样只能选用同一种格式。

（2）对于留有装订边的图纸，其图框格式如图 1－2（a）所示，图中尺寸 a 为25 mm，尺寸 c 分为两类：对于 A0、A1、A2 三种幅面，c 为 10 mm；对于 A3、A4 两种幅面，c 为

5 mm。在装订成册时，一般 A4 幅面的要竖装，A3 幅面的要横装。

（3）当图纸张数较少或需要采用其他方法保管而不需要装订时，其图框应按照不留装订边的方式绘制，如图 1－2（b）所示。图纸的四个周边尺寸相同，对于 A0、A1 两种幅面，e 为 20 mm；对于 A2、A3、A4 三种幅面，e 为 10 mm。

（4）图框的线宽。图框分为内框和外框，两者的线宽不同。根据幅面及输出设备的不同，图框的内框线应采用不同的线宽，具体设置如表 1－3 所示。各种幅面的外框线均为 0.25 mm 的实线。

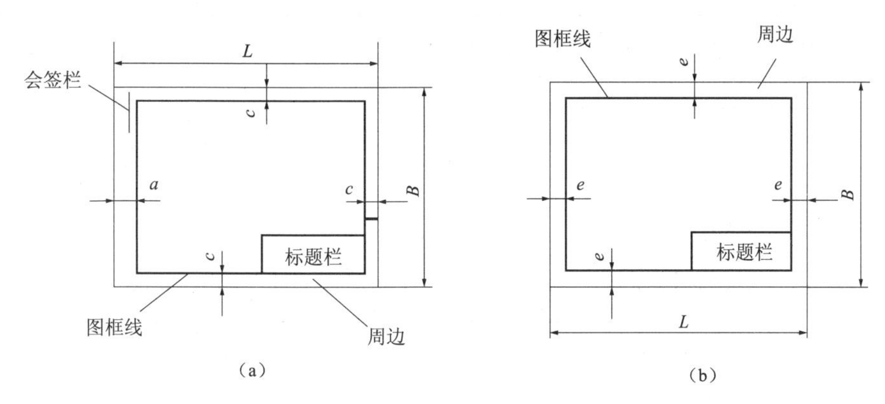

图 1－2　图框格式

（a）留装订边的图框格式；（b）不留装订边的图框格式

表 1－3　图框内框线宽　　mm

幅面	绘图机类型	
	喷墨绘图机	笔式绘图机
A0、A1 及加长图	1.0	0.7
A2、A3、A4 及加长图	0.7	0.5

（5）图框外框尺寸。

图框的外框尺寸如表 1－1 所示。

3. 标题栏

（1）每张图纸都必须画出标题栏。标题栏的格式和尺寸应按 GB/T 10609.1—2008《技术制图　标题栏》的规定。标题栏的位置应位于图纸的右下角，国内工程通用标题栏的基本信息及尺寸如图 1－3 所示。

（2）若标题栏的长边置于水平方向并与图纸的长边平行，则称为 X 型图纸，如图 1－4（a）所示。若标题栏的长边与图纸的长边垂直，则称为 Y 型图纸，如图 1－4（b）所示。

（3）为了能够利用预先印刷好的图纸，允许将 X 型图纸的短边置于水平位置使用。

（4）课程（毕业）设计所用的标题栏可参考如图 1－5 所示的简化标题栏。

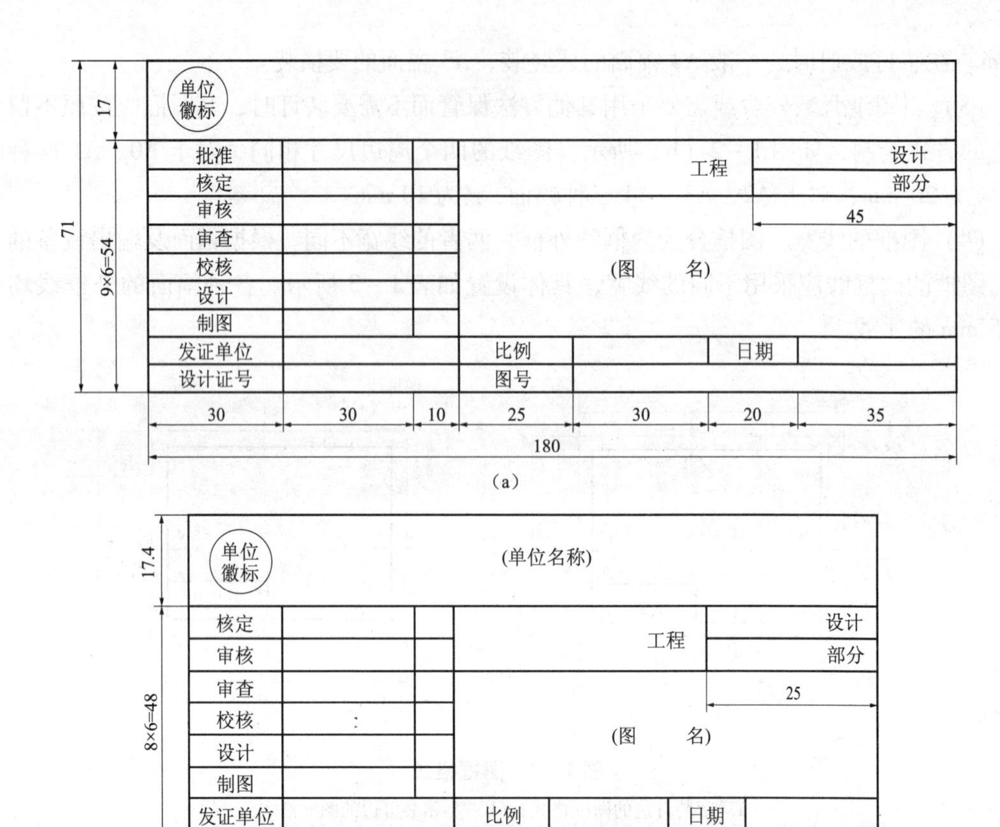

图 1－3　标题栏的基本信息及尺寸

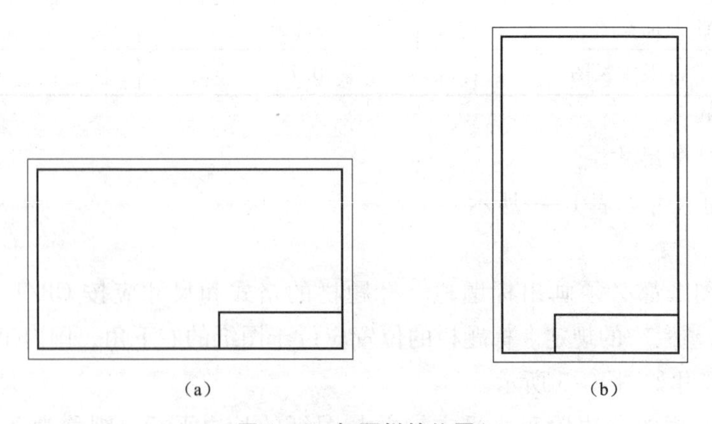

图 1－4　标题栏的位置

(a) X 型图纸；(b) Y 型图纸

4. 附加符号

1）对中符号

为了能在图样复制和缩微摄影时准确定位，对表 1－1 所示的图纸及部分加长幅面的

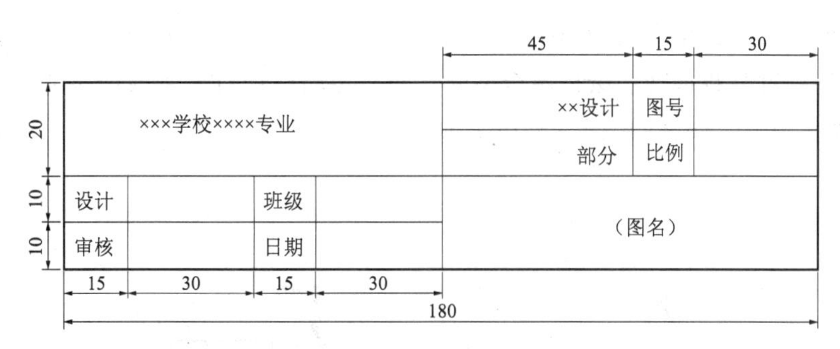

图 1－5　简化标题栏

各号图纸，均应在图纸各边的中点处分别画出对中符号。对中符号用粗实线绘制，线宽不小于 0.5 mm。对中符号应从纸边开始向内延伸，并伸入图框内部距图框约 5 mm 处，如图 1－6（a）所示。

对中符号的位置误差应不大于 0.5 mm。当对中符号处于标题栏范围内时，则伸入标题栏部分省略不画，如图 1－6（b）所示。

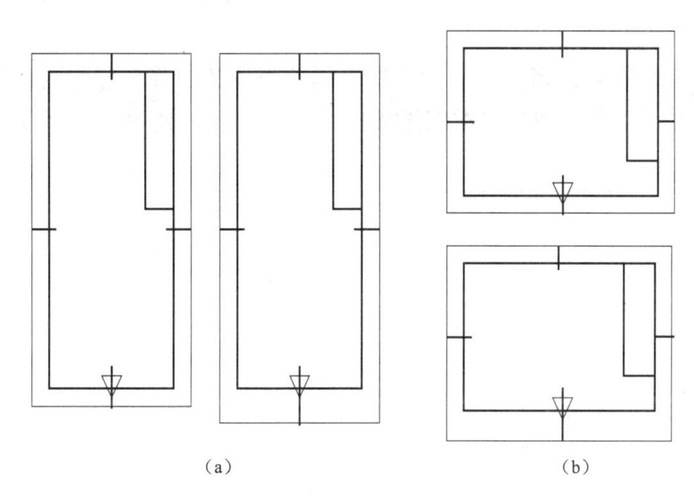

图 1－6　对中符号

（a）X 型图纸竖放；（b）Y 型图纸横放

2）方向符号

使用预先印制的图纸时，为了明确绘图与看图时的图纸方向，应在图纸相对应的对中符号处画出一个方向符号，如图 1－6 所示。

方向符号是用细实线绘制的等边三角形，其大小和所处的位置如图 1－7 所示。

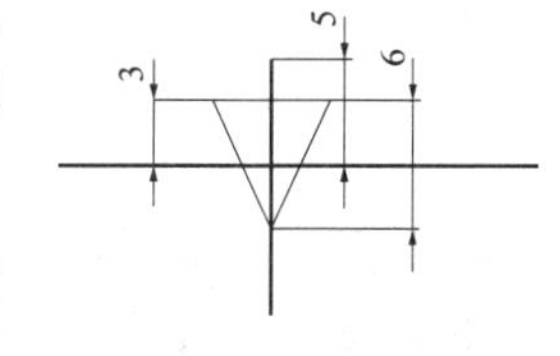

图 1－7　方向符号

3）剪切符号

在复制图样时，为了方便自动剪切，可在图纸（如供复制用的底图）的四个角上分别绘出剪切符号。

剪切符号可采用直角边长为10 mm的黑色等腰直角三角形，如图1－8（a）所示。但当使用这种符号对某些自动切纸机不合适时，也可以将剪切符号画成两条粗实线，线段宽为2 mm，线长为10 mm，如图1－8（b）所示。

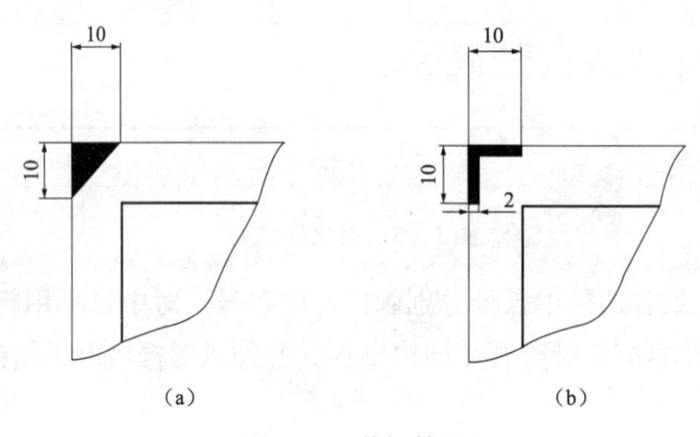

图1－8　剪切符号

（a）画法1；（b）画法2

5. 图幅分区

（1）若图纸上绘制有很多内容，为了便于迅速查找其中某部分的内容，可采用图幅分区的方法。这种方法是采用细实线在图纸周边进行分区的，如图1－9所示。

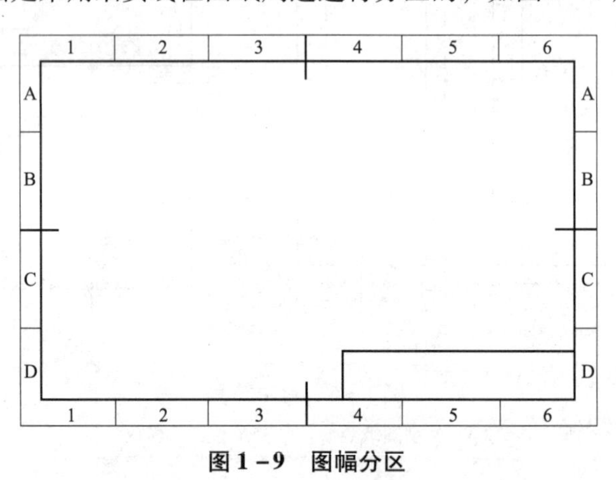

图1－9　图幅分区

（2）图幅分区数应为偶数，并应按图的复杂性选取。每个分区长度不大于75 mm，不小于25 mm。

（3）分区的编号，沿上下方向（按看图方向确定图纸的上下和左右）用大写拉丁字母从上到下顺序编写；沿水平方向用阿拉伯数字从左到右顺序编写。当分区数超过拉丁字母的总数时，超过的各区可用双重字母依次编写，例如：AA、BB、CC等。拉丁字母和阿拉伯数字应尽量靠近图框线。

（4）在图样中标注分区代号时，如分区代号由拉丁字母和阿拉伯数字组合而成，应字母在前、数字在后并排书写，如B3、C5等。当分区代号与图形名称同时标注时，则分区代号写在图形名称的后边，中间空出一个字母的宽度，例如：*A* 向 B3；*E* - *E* A7；2:1 C5 等。

2.2　比例

比例

1. 比例概念

图中图形与其实物相应要素的线性尺寸之比，称为比例。

原值比例：比值为 1 的比例，即 1:1。

放大比例：比值大于 1 的比例，如 2:1 等。

缩小比例：比值小于 1 的比例，如 1:2 等。

2. 比例系列

（1）电气工程图中的设备布置图、安装图最好能按比例绘制。技术制图中推荐采用的比例如表 1 - 4 所示。

表 1 - 4　推荐采用的比例

类别	推　荐　比　例		
放大比例	2×10^n:1	5×10^n:1	10×10^n:1
	2:1	5:1	10:1
原尺寸	1:1		
缩小比例	1:2	1:5	1:10
	1:2×10^n	1:5×10^n	1:10×10^n

（2）在特殊情况下，也允许选取表 1 - 5 中的比例。

表 1 - 5　特殊比例

类别	特　殊　比　例				
放大比例	4×10^n:1	2.5×10^n:1	—	—	—
	4:1	2.5:1	—	—	—
缩小比例	1:1.5	1:2.5	1:3	1:4	1:5
	1:1.5×10^n	1:2.5×10^n	1:3×10^n	1:4×10^n	1:6×10^n

3. 标注方法

（1）比例符号应以“:”表示，其标注方法如 1:1、1:500、20:1 等。

（2）比例一般应填写在标题栏中的相应位置（即比例栏处）。

4. 比例的特殊情况

当图形中孔的直径或薄片的厚度等于或小于 2 mm 以及斜度和锥度较小时，可不按比例而夸大画出。

5. 采用一定比例时图样中的尺寸数值

不论采用何种比例，图样中所标注的尺寸数值都必须是实物的实际大小，与图形比例无关，如图1－10所示。

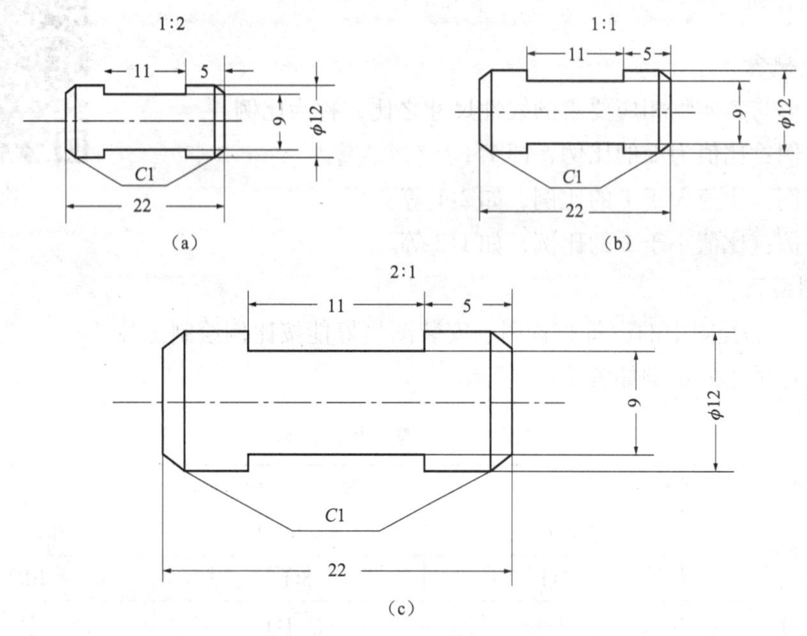

图1－10　采用一定比例时图样中的尺寸数值

(a) 1:2；(b) 1:1；(c) 2:1

2.3　字体

字体

1. 书写方法

图样中书写的汉字、字母和数字，都必须做到“字体工整、笔画清楚、间隔均匀、排列整齐”，且图样中字体取向（边框内图示的实际设备的标记或标识除外）采用从文件底部和从右面两个方向来读图的原则。

2. 字体的选择

汉字字体应为仿宋简体，拉丁字母、数字字体应为ROMANS. SHX（罗马体），希腊字母字体为GREEKS. SHX。图样及表格中的文字通常采用正体字书写，也可写成斜体。斜体字字头向右倾斜，与水平基准线成75°。

3. 字号

常用的字号（字高）共有20、14、10、7、5、3.5、2.5七种（单位为mm）。汉字的高度h不应小于3.5 mm，数字、字母的高度h不应小于2.5 mm；字宽一般为$2/3h$；如需要书写更大的字，其字体高度应按$\sqrt{2}$的比率递增。表示指数、分数、极限偏差、注脚等的数字和字母，应采用小一号的字体。不同情况字符高度如表1－6、表1－7所示。

表 1－6　字符高度　　mm

字符高度	图幅				
	A0	A1	A2	A3	A4
汉字	5	5	3.5	3.5	3.5
数字和字母	3.5	3.5	2.5	2.5	2.5

表 1－7　不同文本的字符高度　　mm

文本类型	汉字		字母或数字	
	字高	字宽	字高	字宽
标题栏图名	7～10	5～7	5～7	3.5～5
图形图名	7	5	5	3.5
说明抬头	7	5	5	3.5
说明条文	5	3.5	3.5	2.5
图形文字标注	5	3.5	3.5	2.5
图号和日期	5	3.5	3.5	2.5

字体的高度就是字体的号数。

4. 表格中的数字

带小数的数值，按小数点对齐；不带小数的数值，按个位数对齐。表格中的文本书写按正文左对齐。

2.4　图线

图线

1. 图线、线素、线段的定义

1）图线

起点和终点间以任意方式连接的一种几何图形，形状可以是直线或曲线、连续线或不连续线，称为图线。

2）线素

不连续线的独立部分，如点、长度不同的画和间隔，称为线素。

3）线段

一个或一个以上不同线素组成一段连续的或不连续的图线，称为线段。如实线线段或由“长画、短间隔、点、短间隔、点、短间隔”组成的双点画线线段等。

2. 样式

基本线型如表 1－8 所示。除此之外，还可以对基本线型进行变化，例如可将 B 号线型变化为规则波浪连续线、规则螺旋连续线、规则锯齿连续线、波浪线等。

表1－8　基本线型

序号	图线名称	代号	图线宽度/mm	一般应用
1	粗实线	A	b＝0.5～2	可见轮廓线、可见过渡线
2	细实线	B	约 b/3	尺寸线和尺寸界线、剖面线、重合剖面轮廓线、螺纹的牙底线及齿轮的齿根线、引出线、分界线及范围线、弯折线、辅助线、不连续的同一表面的连线、成规律分布的相同要素的连线
3	波浪线	C	约 b/3	断裂处的边界线、视图与剖视图的分线
4	双折线	D	约 b/3	断裂处的边界线
5	虚线	F	约 b/3	不可见轮廓线、不可见过渡线
6	细点画线	G	约 b/3	轴线、对称中心线、轨迹线、节圆及节线
7	粗点画线	J	b	有特殊要求的线或表面的表示线
8	双点画线	K	约 b/3	相邻辅助零件的轮廓线、极限位置的轮廓线、坯料轮廓线或毛坯图中成品的轮廓线、假想投影轮廓线、试验或工艺用结构（成品上不存在）的轮廓线、中断线

3. 图线的宽度

所有线型的图线宽度，均应按图样的类型和尺寸大小在0.13 mm、0.18 mm、0.25 mm、0.35 mm、0.5 mm、0.7 mm、1 mm、1.4 mm、2 mm中选择，该系列的公比为1∶ * 。粗线、中粗线和细线的宽度比率为4∶2∶1。在同一图样中，表达同一结构的线宽应一致。

4. 图线的画法

1）间隙

除非另有规定，两条平行线之间的最小间隙不得小于0.7 mm。

2）相交

（1）类型。几种基本线型相交绘制方法如图1－11所示。

（2）第二条图线的位置。

绘制两条平行线的两种方法，如图1－12（a）所示。推荐采用如图1－12（a）所示的画法。（第二条线均画在第一条线的右下边）

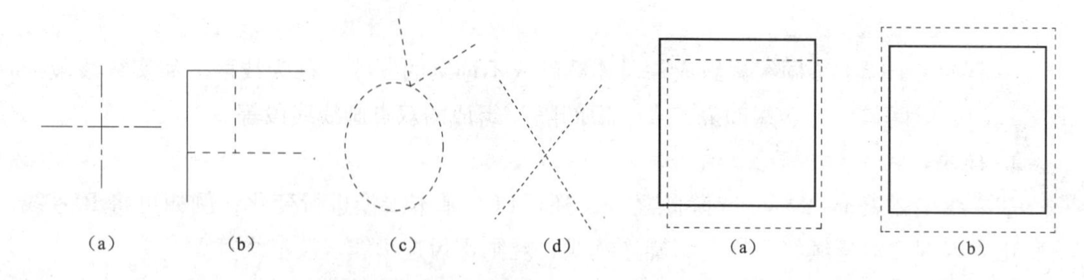

图1－11　图线相交的画法　　图1－12　两条平行线的画法

3）圆的中心线画法

圆的中心线画法如图 1－13 所示。中心线超出轮廓线的长度，一般习惯规定其超出长度为 3～5 mm，且同一图中应基本一致。

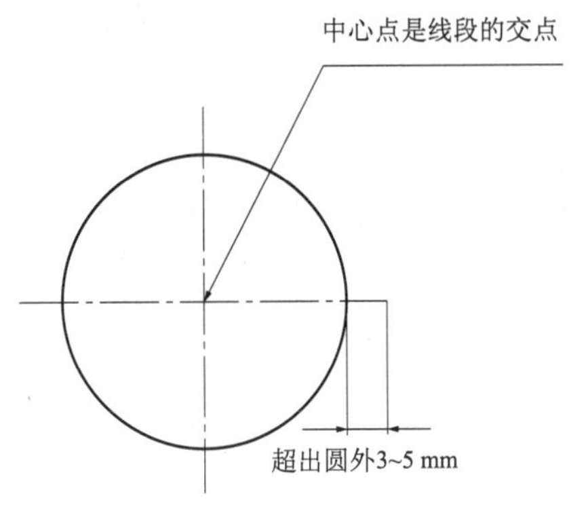

图 1－13　圆的中心线画法

2.5　尺寸标注

尺寸标注

在图样中，图形表达机件的形状，尺寸表示机件的大小。因此，标注尺寸应该严格遵守国家标准的有关规定。

（1）机件的真实大小应以图样上所标注的尺寸为依据，与图形大小及绘图的准确度无关。

（2）图样中标注的尺寸（包括技术要求和其他说明），以 mm 为单位时，不需要标注计量单位的代号或名称；如采用其他单位标注尺寸，则必须注明相应的计量单位的代号或名称。

（3）图样中所标注的尺寸，应为该图样所示机件最后完工时的尺寸，否则应另加说明。

（4）机件的每一尺寸，一般只标注一次，并应标注在最能够反映该结构的部位上。

项目 3　电气图的基本表示方法

图形符号用于图样或其他文件以表示一个设备或概念的图形、标记或字符。图形符号是通过书写、绘制、印刷或其他方法产生的可视图形，是一种以简明易懂的方式来传递一种信息，表示一个实物或概念，并可提供有关条件、相关性及动作信息的工业语言。

1. 图形符号的组成

图形符号由一般符号、符号要素、限定符号等组成。

（1）一般符号：表示一类产品或此类产品的一种通常很简单的符号。

（2）符号要素：它具有确定意义的简单图形，必须同其他图形组合以构成一个设备或概念的完整符号。

（3）限定符号：用以提供附加信息的一种加在其他符号上的符号，它一般不能单独使用。一般符号有时也可用作限定符号。

限定符号的类型：

①电流和电压的种类：如交、直流电，交流电中频率的范围，直流电正、负极，中性线等。

②可变性：可变性分为内在的和非内在的。

内在的可变性指可变量决定于元件自身的性质，如压敏电阻的阻值随电压而变化。

非内在的可变性指可变量由外部元件控制的性质，如滑线电阻器的阻值是借外部手段来调节的。

③力和运动的方向：用实心箭头符号表示力和运动的方向。

④流动方向：用开口箭头符号表示能量、信号的流动方向。

⑤特性量的动作相关性：它是指设备、元件与速写值或正常值等相比较的动作特性，通常的限定符号是 >、<、=、≈等。

⑥材料的类型：可用化学元素符号或图形作为限定符号。

⑦效应或相关性：指热效应、电磁效应、磁致伸缩效应、磁场效应、延时和延迟性等。分别采用不同的附加符号加在元件一般符号上，表示被加符号的功能和特性。限定符号的应用使得图形符号更具有多样性。

（4）方框符号：表示元件、设备等的组合及其功能，既不给出元件、设备的细节，也不考虑所有连接的一种简单图形符号。

2. 图形符号的分类

（1）导线和连接元件：各种导线、接线端子和导线的连接、连接元件、电缆附件等。

（2）无源元件：包括电阻器、电容器、电感器等。

（3）半导体管和电子管：包括二极管、三极管、晶闸管、电子管、辐射探测器等。

（4）电能的发生和转换：包括绕组、发电机、电动机、变压器、变流器等。

（5）开关、控制和保护装置：包括触点（触头）、开关、开关装置、控制装置、电动机启动器、继电器、熔断器、间隙、避雷器等。

（6）测量仪表、灯和信号元件：包括指示积算和记录仪表、热电偶、遥测装置、电钟、传感器、灯、喇叭和铃等。

（7）电信交换和外围设备：包括交换系统、选择器、电话机、电报和数据处理设备、传真机、换能器、记录和播放等。

（8）电信传输：包括通信电路、天线、无线电台及各种电信传输设备。

（9）电力、照明和电信布置：包括发电站、变电站、网络、音响和电视的电缆配电系统、开关、插座引出线、电灯引出线、安装符号等，适用于电力、照明、电信系统和平面图。

（10）二进制逻辑单元：包括组合和时序单元，运算器单元，延时单元，双稳、单稳和非稳单元，位移寄存器，计数器和储存器等。

(11) 模拟单元：包括函数器、坐标转换器、电子开关等。

3. 图形符号的应用说明

(1) 所有的图形符号，均按无电压、无外力作用的正常状态示出。

(2) 在图形符号中，某些设备元件有多个图形符号，有优选形、其他形、形式 1、形式 2 等。选用符号的遵循原则：尽可能采用优选形；在满足需要的前提下，尽量采用最简单的形式；在同一图号的图中使用同一种形式。

(3) 符号的大小和图线的宽度一般不影响符号的含义，在有些情况下，为了强调某些方面或者为了便于补充信息，或者为了区别不同的用途，允许采用不同大小的符号和不同宽度的图线。

(4) 为了保持图面的清晰，避免导线弯折或交叉，在不致引起误解的情况下，可以将符号旋转或成镜像放置，但此时图形符号的文字标注和指示方向不得倒置。

(5) 图形符号一般都画有引线，但在绝大多数情况下引线位置仅用作示例，在不改变符号含义的原则下，引线可取不同的方向。如引线符号的位置影响到符号的含义，则不能随意改变，否则引起歧义。

(6) 在 GB 4728—2008 中比较完整地列出了符号要素、限定符号和一般符号，但组合符号是有限的。若某些特定装置或概念的图形符号在标准中未列出，允许通过已规定的一般符号、限定符号和符号要素适当组合，派生出新的符号。

(7) 符号绘制：电气图是用图形符号按网格绘制出的，但网格未随符号示出。

3.1　电气简图中元件的表示法

电气简图中元件的表示法

1. 元件中功能相关各部分的表示方法

1) 集中表示法

这是一种把一个复合符号的各部分列在一起的表示法，如图 1－14 (a) 所示。为了能表明不同的部件属于同一个元件，每一个元件的不同部件都集中画在一起，然后用虚线将它们连接起来。这种方法的优点是能够让人快速、清晰地了解到电气图中任一元件的所有部件。但与半集中表示法和分开表示法相比，这种表示法不容易使人理解电路的功能原理。因此在绘制以表示功能为主的电气图时，除非原理很简单，否则很少采用集中表示法。

2) 半集中表示法

这是一种把同一个元件不同部件的符号（通常用于具有机械的、液压的、气动的、光学的等方面功能联系的元件）在图上展开的表示方法，如图 1－14 (b) 所示。它通过虚线把具有以上联系的各元件或属于同一元件的各部件连接起来，以清晰表示电路布局，这种画法的优点是易于理解电路的功能原理，而且也能通过虚线清楚地找到电气图中任何一个元件的所有部件。但和分开表示法相比，这种表示法不宜用于很复杂的电气图。

3) 分开表示法

这是一种把同一项目中的不同部分的图形符号，在简图上按不同功能和不同回路分开表示的方法。不同部分的图形符号用同一项目代号表示，如图1－14（c）所示。分开表示法可以避免或减少图线交叉，因而图面清晰，而且也方便分析回路功能及标注回路标号。

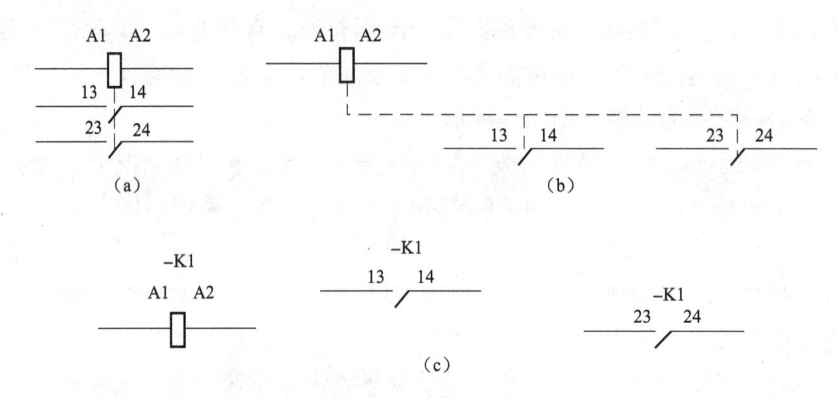

图1－14　元件中功能相关各部分的表示方法

（a）集中表示法；（b）半集中表示法；（c）分开表示法

4）重复表示法

这是一种把一个复杂符号（通常用于有功能联系的元件，例如用含有公共控制框或公共输出框的符号表示的二进制逻辑元件）示于图上的两处或多处的表示方法，同一项目代号只代表同一个元件。图1－15所示为二进制逻辑元件多路选择器。

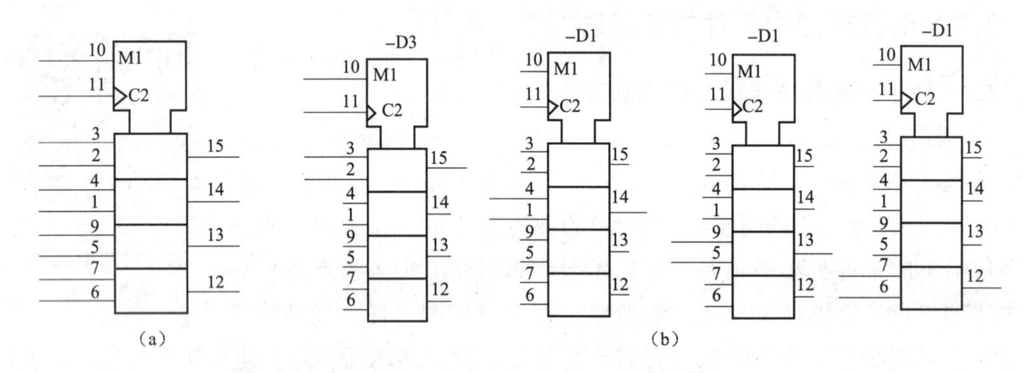

图1－15　二进制逻辑元件多路选择器

（a）集中表示法；（b）重复表示法

2. 元件中功能无关各部分的表示方法

1）组合表示法

可以按照下面给出的两种方式中的任意一种来表示元件中功能无关的各个部分。如图1－16所示，运用组合表示法表示一个封装了两只继电器的元件。

符号的各部分（通常是二进制逻辑元件或模拟元件）连在一起，如图1－17所示，用组合表示法表示一个有4个二输入端与非门的封装单元。

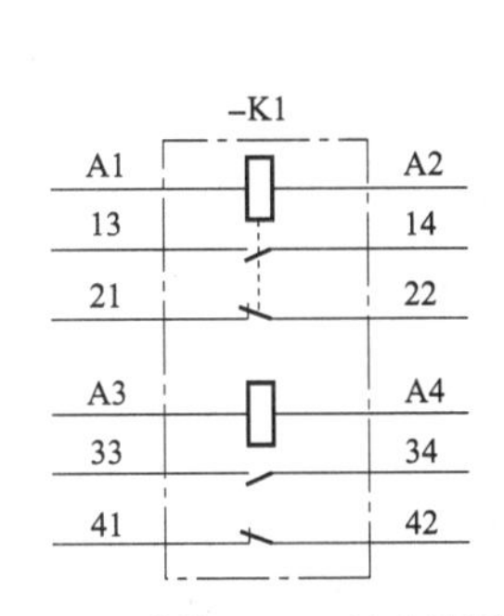

图 1－16　封装了两只继电器的元件

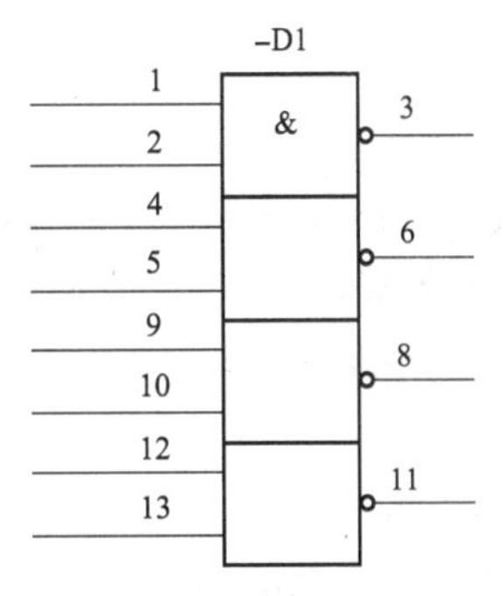

图 1－17　有 4 个二输入端与非门的封装单元

2）分立表示法

这种方法是把在功能上独立的符号的各部分分开示于图上，并通过其项目代号使电路和相关的各部分的布局清晰。元件的分立表示法如图 1－18 所示。

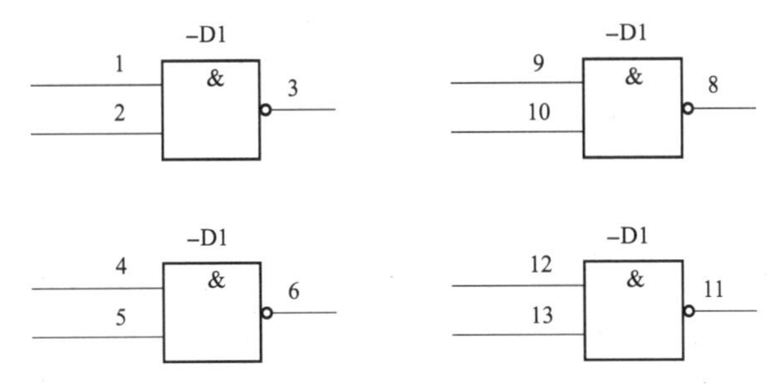

图 1－18　元件的分立表示法

3.2　信号流方向和符号的布局

信号流的方向和符号的布局

1. 信号流方向

信号流的默认方向是从左到右或者从上到下，如图 1－19（a）所示。如果由于制图的需要，信号的流向与上述方向不同时，在连接线上必须画上箭头，以表明信号流的方向。需要注意的是，这些箭头不可触及任何图形符号，如图 1－19（b）所示。

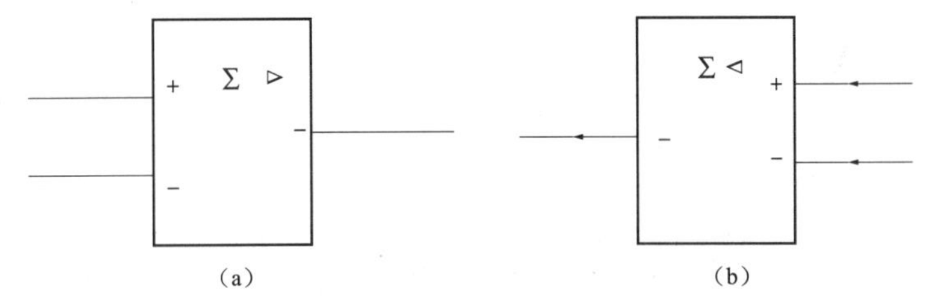

图 1－19　信号流方向

（a）信号流方向从左到右；（b）信号流方向从右到左

2. 符号的布局

符号的布局应按顺序排列，以便能强调功能关系和实际位置，可分为功能布局法和位置布局法两种。

1）功能布局法

功能布局法是指元件或元件的各部件在图上的布置使电路的功能关系易于理解的布局方法。对于表示设备功能和工作原理的电气图，在进行布局时，可把电路划分成多个既相互独立又相互联系的功能组，并按照工作顺序或因果关系把划分的功能组从上到下或从左到右进行排列。

每个功能组内的元器件应集中布置在一起，其顺序也按因果关系或工作顺序排列，这样才能便于读图时分析电路的功能关系。一般电路图都采用这种布局法。

2）位置布局法

位置布局法是指在元件布置时使其在图上的位置反映其实际相对位置的布局法。对于需按照电路或设备的实际位置绘制的电气图（如接线图或电缆配置图），在进行布局时，可把元件和结构组按照实际位置布置，这样绘制的导线接线的走向和位置关系与实物相同，便于装配接线及维护时读图。

3.3 电气简图用图形符号

电气简图图形符号

1. 图形符号标准

目前，我国采用的电气简图用图形符号标准为 GB/T 4728—2008《电气简图用图形符号》。该标准由 13 个部分组成，包括符号形式、内容、数量等，且全部与 IEC 相同，为我国电气工程技术与国际接轨奠定了一定基础。

2. 符号的选择

GB/T 4728—2008《电气简图用图形符号》标准对同一对象的图形符号有的示出“推荐形式”“优选形式”“其他形式”等，有的示出“形式 1”“形式 2”“形式 3”等，有的示出“简化形式”，有的在“说明及应用”栏内注明“一般符号”。

一般来说，符号形式可任意选用，当同样能够满足使用要求时，最好用“推荐形式”“优选形式”或“简化形式”。但无论选用了哪种形式，对一套图中的同一个对象，都要用同一种形式。表示同一含义时，只能选用同一个符号。

3. 图形符号的大小

在使用图形符号时，应保持标准中给出符号的一般形状，并应尽可能保持相应的比例。但为了与平面图或电网图的比例相适应，标准中规定：用于安装平面图、简图或电网图的符号允许按比例放大或缩小。

在同一张电气图样中只能选用一种比例的图形形式，但为了适应不同图样或用途的要求，可以改变彼此有关符号的尺寸，如电力变压器和测量用互感器就经常采用不同大小的符号。出现下列情况的，可采用大小不等符号画法：

（1）为了增加输入或输出线数量。

（2）为了便于补充信息。

（3）为了强调某些方面。

（4）为了把符号作为限定符号来使用。如图 1－20 所示，发电机组的励磁机的符号小于主发电机的符号，以便表明其辅助功能。

如图 1－21 所示，具有“非”输出的逻辑“与”元件的符号被放大了，以便填入补充信息。

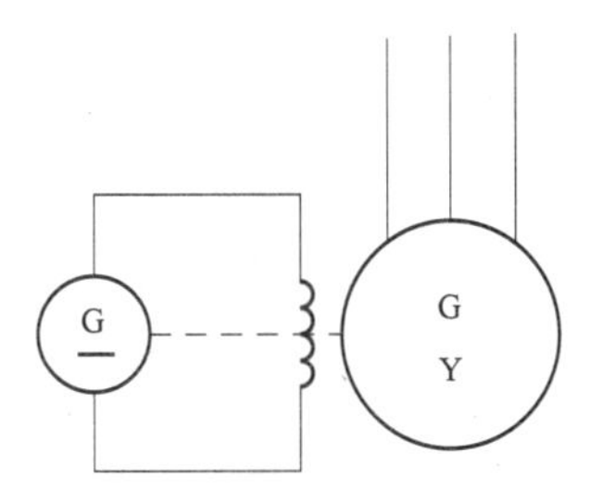

图 1－20　发电机组的励磁机的符号小于主发电机的符号

&
&
[ABC123]

1－21　逻辑“与”元件的符号被放大

4. 符号的取向

为了满足流动方向和绘制符号的方便以及阅读方向不同的要求，可根据需要调整标准图形符号的取向。通常可按 90°倍数进行图形符号的旋转，按照此方法旋转可获得 4 种符号取向，也可先经镜像再将图形符号进行 90°旋转，按照此方法旋转可获得 8 种符号取向。但有时为了使读者读图方便，可将符号旋转 45°，如图 1－22 所示。无论图形符号如何取向，我们都认为是相同的符号。对于辐射符号，当相关符号旋转时，其辐射符号方向应保持不变。

图 1－22　符号旋转 45°

对于方框形符号、二进制逻辑元件符号以及模拟元件符号，包括文字、限定符号、图形或输入/输出标记等，由于改变符号取向后，其方向也会改变，所以当从图的底边或右边看图时，必须能够识别。符号取向如表 1－9 所示。

表 1－9　符号取向

信号从左到右	信号从右到左	信号从上到下	信号从下到上
* L1 L2 L3 L4 L5	* L4 L5 L1 L2 L3	L1 L2 L3 * L4 L5	L4 L5 * L1 L2 L3
取自标准符号	将标准符号做镜像	将标准符号先做镜像，然后按逆时针旋转 90°	将标准符号逆时针旋转 90°

* 表示按照 GB/T 4728. 2—2008 最好放在上部的通用限定符号；
L1、L2、L3 表示输入标记；
L4、L5 表示输出标记。

5. 符号的组合

假如想要的符号在标准中找不到，则可按照 GB/T 4728—2008 中给出的原则，从标准符号中选取相应的符号，组合出一个新的符号。图 1－23 所示为一个过电压继电器组合符号。

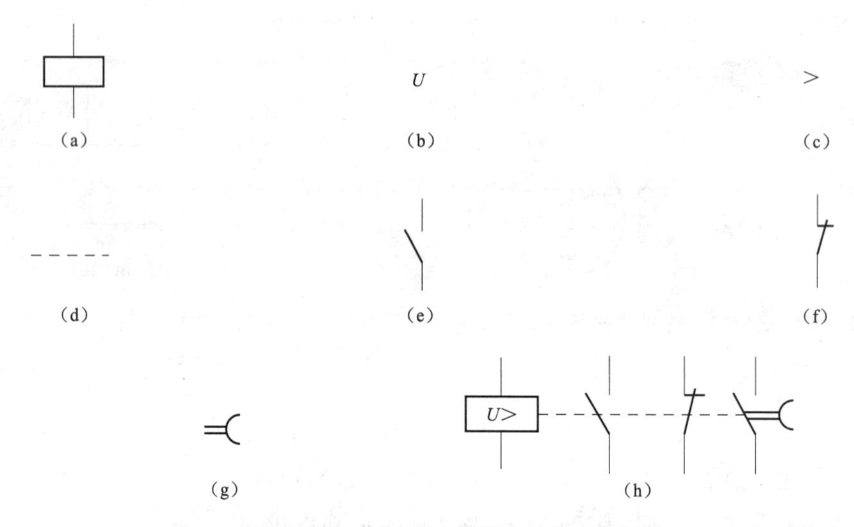

图 1－23 过电压继电器组合符号

（a）测量继电器或驱动装置；（b）国际单位电压量字母代号；（c）特性量值大于设定值时动作；（d）机械连接；（e）动合触点；（f）动断触点；（g）延时触点；（h）过电压继电器组合符号

对 GB/T 4728—2008 范围之外的项目，应贯彻相应的图形符号标准，不必努力在 GB/T 4728—2008 中的符号中去组合。如果需要的符号未被标准化，则所用的符号必须在图上或支持文件用的注释中加以说明。

6. 端子的表示法

在 GB/T 4728—2008 中，多数符号未表示出端子符号，一般不需要将端子、电刷等符号加到元件符号上。在某些特殊情况下，如端子符号是符号的一部分时，则必须画出。

7. 引出线表示法

在 GB/T 4728—2008 中，元件和器件符号一般都包含有引出线。在保证符号含义没有改变的前提下，引出线在符号中的位置是允许改变的。如图 1－24 所示，虽然改变了引出线的位置，但并未影响符号的含义，此种改变是被允许的。

如图 1－25 所示，改变了引出线的位置，电阻的符号变成了继电器线圈符号，图形符号的含义发生了改变，此种改变是不被允许的，此时必须按 GB/T 4728—2008 中规定来画引出线。

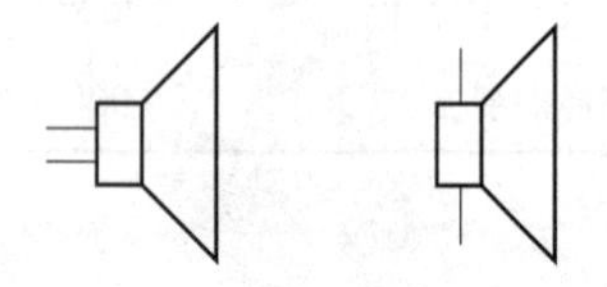

图 1－24 允许改变引出线表示法

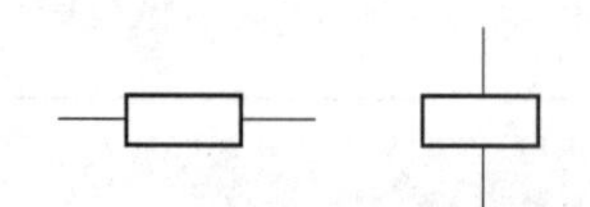

图 1－25 不允许改变引出线位置

3.4　简图的连接线

简图的连接线

1. 一般规定

对于非位置布局简图的连接线应尽量采用直线，并减少交叉线及弯曲线，以提高简图的可读性。为了改善图的清晰度，可采用斜线。例如对称布局或改变相序的情况，如图1－26所示。

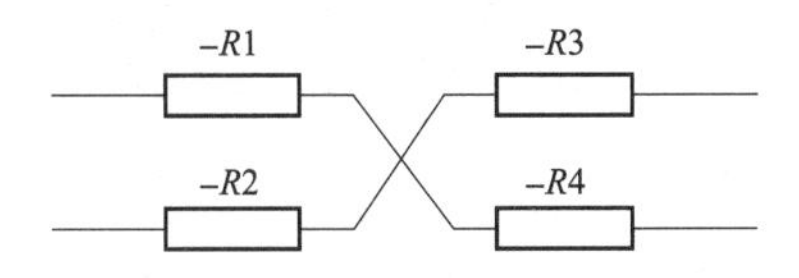

图1－26　简图连接线的一般规定

简图的连接线应采用实线来表示，表示计划扩展的连接线用虚线。

同一张电气图中，所有的连接线应具有相同的宽度，具体线宽应根据所选图幅和图形的尺寸来决定。但在有些电气图中，为了突出和区分某些重要电路，必要时连接线可采用两种以上的宽度，例如电源电路，可采用粗实线。

2. 连接线的标记

当连接线需要标记时，标记符号必须沿着连接线置于水平连接线的上方及垂直连接线的左边，或放在连接线中断处，如图1－27所示。

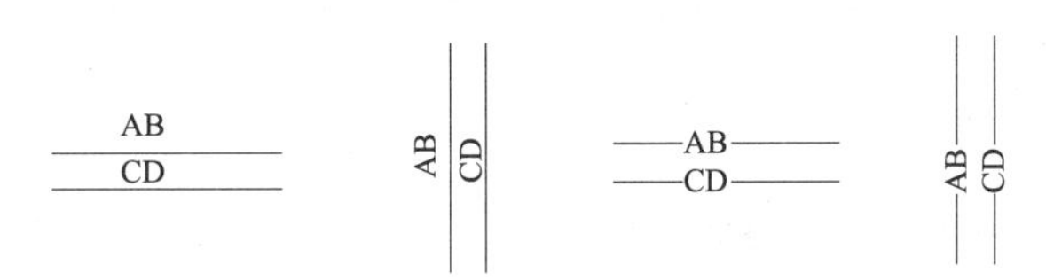

图1－27　简图连接线的标记

3. 连接线中断处理

绘制电气图时，当穿越图面的连接线较长或穿越稠密区域时，为了保持图面清晰，允许将连接线中断，并在中断处加上相应的标记。

在同一张图纸上绘制中断线的示例，如图1－28所示。

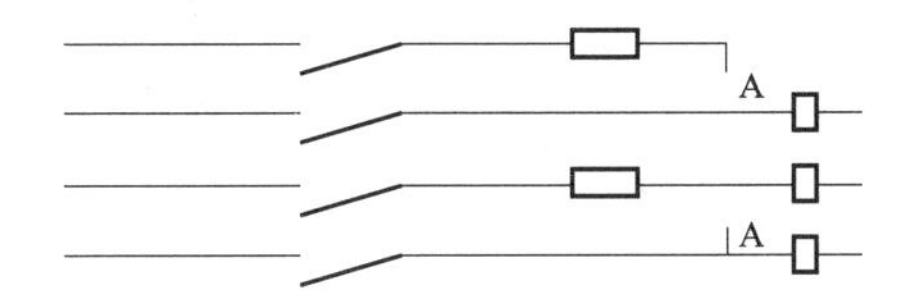

图1－28　同一张图纸上连接线的中断处理

如果在同一张图上有两条或两条以上中断线，必须用不同的标记把它们区分开，例如用不同的字母来表示，如图1－29所示。

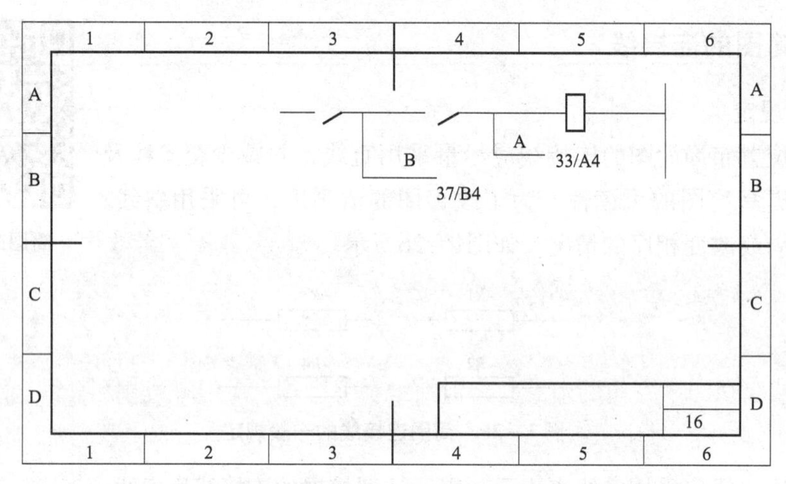

图1－29　同一张图上有两条或两条以上中断线的处理

当需用多张电气图来表示同一电路时，连到另一张图上的连接线，应画成中断形式，并在中断处注明图号、张次、图幅分区代号等标记，如图1－30所示。

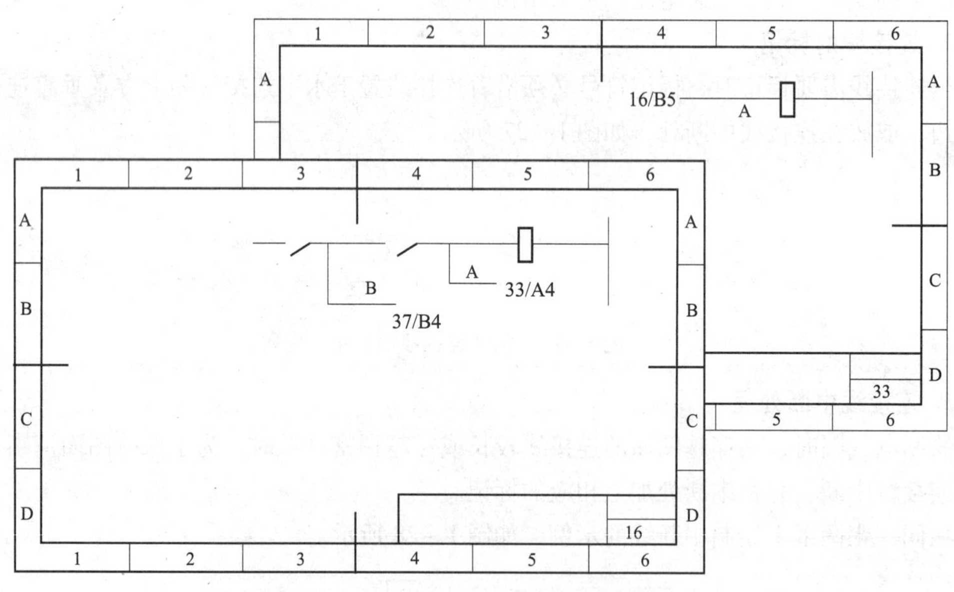

图1－30　多张图纸有多条连接线的中断处理

平行走向的连接线组也可中断，但需在图上线组的末端加注适当的标记，如图1－31所示。

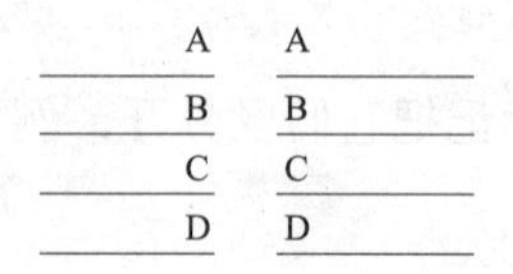

图1－31　平行走向连接线组的中断处理

4. 连接线的接点

连接线的接点按照标准有两种表示方式，一种为T形连接表示方式，当布局比较方便时，应优先选用此种表达方式，如图1－32（a）所示。另一种为双重接点连接表示方式，若采用此种表达方式表示，则图中所有连接点都应加上小圆点，不加小圆点的十字交叉线被认为是两线跨接而过，并不相连，如图 1－32（b）所示。需要注意的是，在同一张图上，只能采用其中一种方法。图 1－32 中两个电路是等效的。

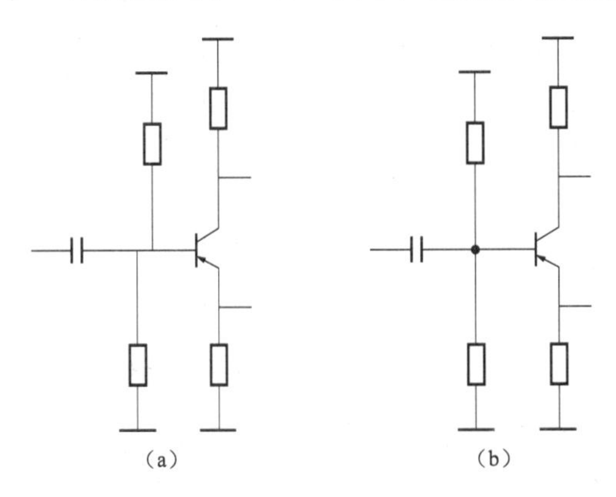

图 1－32　连接线的接点

（a）T 形连接；（b）双重接点连接

此外，利用计算机辅助设计系统所绘制的电气简图也需要在每个接点上加一个小圆点。

5. 平行连接线

平行连接线有两种表示方法，一种是一根图线表示法，如图 1－33（a）所示。另一种是多线表示法，如图 1－33（b）所示。

（1）采用多线表示法时，当平行走向的连接线数大于等于 6 根时，就应将它们分组排列。在概略图、功能图和电路图中，应按照功能来分组。对于不能按功能分组的其余情形，则应按不多于 5 根线分为一组进行排列。

（2）当采用一根图线表示法时，多根平行走向的连接线可采用下列方法之一来表示：

①短垂线法。平行连接线被中断，留有一点间隔，画上短垂线，两短垂线之间用一根横线相连，如图 1－34（a）所示。

②倾斜相接法。单根连接线汇入线束时，应倾斜相接，如图 1－34（b）所示。

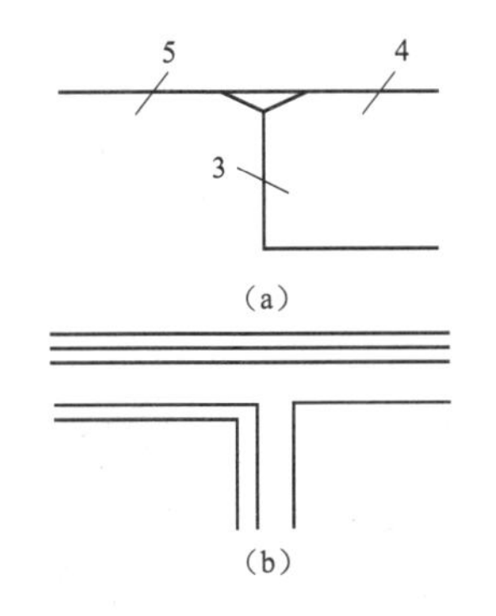

图 1－33　平行连接线的画法

（a）一根图线表示法；（b）多线表示法

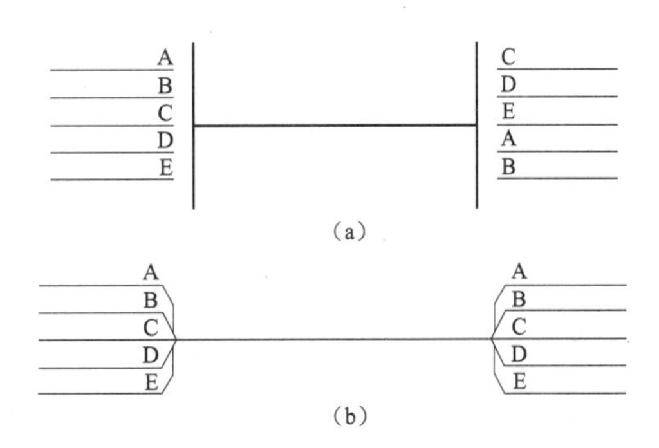

图 1－34　一根图线表示法

（a）短垂线法；（b）倾斜相接法

如果连接线的顺序相同，但次序不明显，如图1－35所示，当线束折弯时，必须在每端注明第一根连接线，例如用一个圆点。

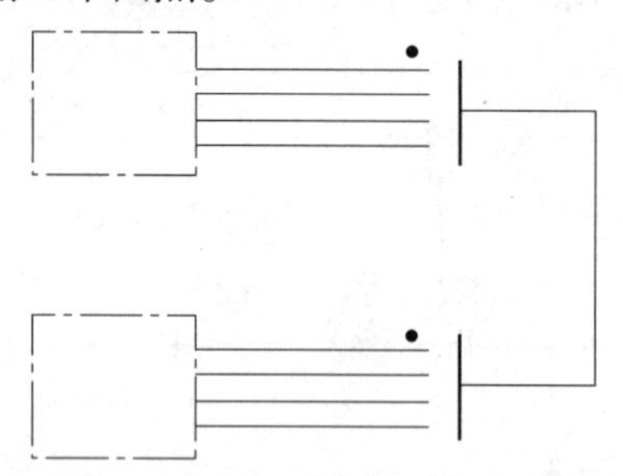

图1－35　用圆点注明第一根连接线

如端点顺序不同，应在每一端标出每根连接线的标记。

3.5　围框和机壳

围框和机壳

1. 围框

（1）表示功能单元、功能组、结构单元应采用框线符号（即点画线）绘制。围框最好是有规则的形状，并且不应与任何元件符号相交，如图1－36所示。此外，如有需要也可采用不规则形状的围框。

（2）在复杂简图中，若表示一个单元的围框中包围了不属于此单元的部件，此时应用双点画线绘制一个围框并将此部件围住，如图1－36所示，控制开关－S1和－S2不是－Q1单元的部件。

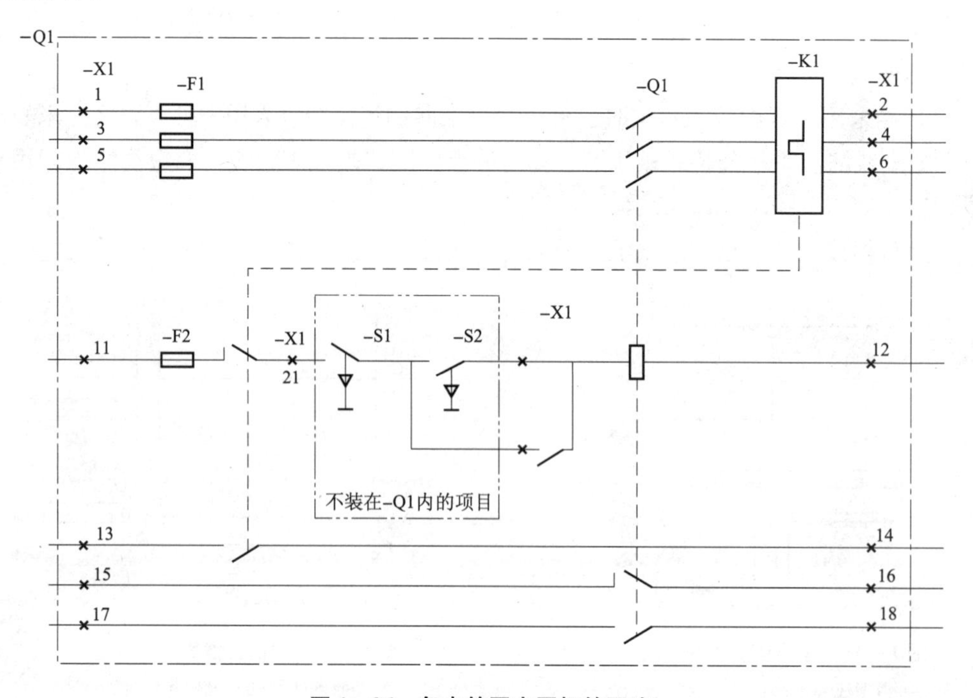

图1－36　复杂简图中围框的画法

（3）当单元中含有连接器符号时，应表示出一对连接器的哪一部分属于该单元，哪一部分不属于该单元，如图 1－37（a）所示。如果一对连接器的双方都是该单元必不可少的部分，则必须在围框内表示出两个连接器符号，如图 1－37（b）所示。

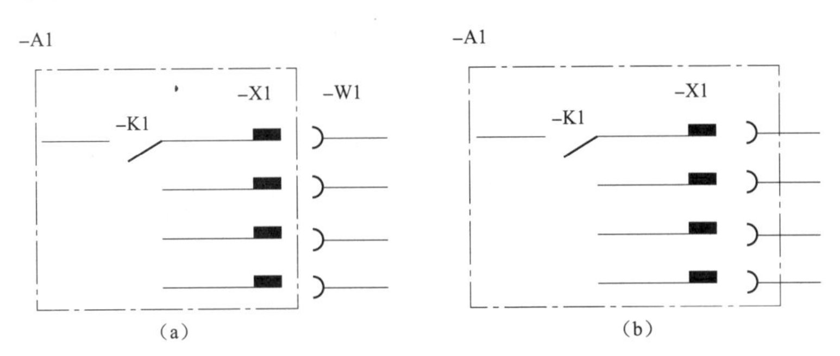

图 1－37　含有连接器符号时围框的画法

（a）插头是单元－A1 的组成，插座是电缆－W1 的组成部分；

（b）插头和插座都是单元－A1 的组成部分

2. 导电的机架、机壳和屏蔽罩

应采用 GB/T 4728—2008 中规定的符号，清楚地表示出与结构单元相关的导电机架、机壳或屏蔽罩的连接：用 02－15－04 符号表示接机壳或接底板；用 02－01－04 或 02－01－05 符号表示接外壳或接管壳；用 02－01－07 符号表示屏蔽；用 03－02－01 符号表示导线的连接。连接到机壳的示例如图 1－38（a）所示。连接到外壳的示例如图 1－38（b）表示。

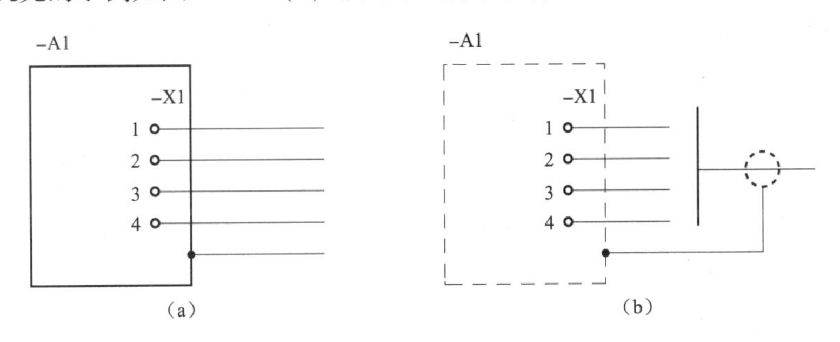

图 1－38　机壳的画法

（a）连接到机壳的示例；（b）连接到外壳的示例

3.6　项目代号和端子代号

项目代号和端子代号

1. 项目代号的定义

在图上通常用一个图形符号表示的基本件、部件、组件、功能单元、设备、系统等，称为项目。项目的大小可能相差很大，例如电容器、端子板、发电机、电源装置、电力系统都可称为项目。

项目代号是用以识别图、表、表格中和设备上的项目种类，并提供项目的层次关系、实际位置等信息的一种特定的代码。通过项目代号可以将不同的图或其他技术文件上的项目（软件）与实际设备中的该项目（硬件）一一对应和联系在一起。

2. 项目代号的组成

一个完整的项目代号由4个代号段组成，分别是：

（1）种类代号段，其前缀符号为“-”。

（2）高层代号段，其前缀符号为“=”。

（3）位置代号段，其前缀符号为“+”。

（4）端子代号段，其前缀符号为“:”。

种类代号是用以识别项目种类的代号，称为种类代号。种类代号段是项目代号的核心部分。种类代号一般是由字母代码和数字组成的，其中的字母代码必须是标准中规定的文字符号，例如-K1表示第1个继电器K，-QS3表示第3个隔离开关QS。

高层代号指系统或设备中任何较高层次（对给予代号的项目而言）项目的代号。例如，某电力系统S中的一个变电所，则电力系统S的代号可称为高层代号，记作“=S”。所以，高层代号具有“总代号”的含义。高层代号可用任意选定的字符、数字表示，如=S、=1等。当高层代号与种类代号需要同时标注时，通常将高层代号标在前面，种类代号标在后面，例如：1号变电所的开关Q2，则标记为“=1-Q2”。

位置代号是指项目在组件、设备、系统或建筑物中的实际位置的代号。位置代号一般由自行选定的字符或数字来表示。如果需要，应给出相应的项目位置的示意图。例如：105室B列第3号机柜的位置代号可表示为：+105+B+3。

端子代号是指用以同外电路进行电气连接的电器的导电件的代号。端子代号通常用数字或大写字母来表示。例如：端子板X的5号端子，可标记为“-X：5”；继电器K4的B号端子，可标记为“-K4：B”。

项目代号是用来识别项目的特定代码，一个项目可由一个代号段组成（较简单的电气图只需标注种类代号或高层代号），也可由几个代号段组成。例如：S1系统中的开关Q4，在H84位置中，其中的A号端子，可标记为：“+H84=S1-Q4：A。”

3. 项目代号的位置和取向

每个表示元件或其组成部分的符号都必须标注其项目代号。一套文件中所有代号（包括项目代号和端子代号）应该保持一致。项目代号应标注在符号的旁边，如果符号有水平连接线，应标注在符号上面，如果符号有垂直连接线，应标注在符号左边，如图1-39所示。如果需要，可把项目代号标注在符号轮廓线里面。表示在同一张图上的所有或多数元件项目代号的公用部分仅需表示在标题栏中。项目代号应尽可能地水平取向。

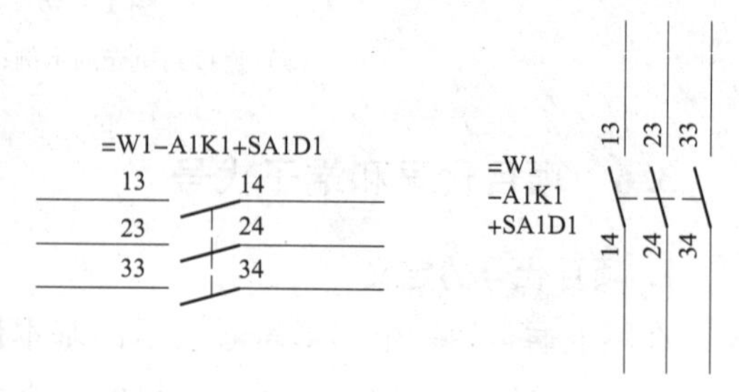

图1-39　项目代号的位置及取向

4. 端子代号的位置和取向

端子代号应靠近端子，最好标在水平连接线的上边或垂直连接线的左边，端子代号的取向应与连接线的方向保持一致，如图1-39所示。元件或装置的端子代号应放置于该元件或装置轮廓线和围框线的外边。而一个单元内部元件的端子代号应标注在该单元轮廓线或围框线的里边。

3.7　位置标记、技术数据和说明性标记

位置标记、技术数据和说明性标记

1. 字母符号

关于电气图中使用的量和单位的字母符号应符合 IEC 27 和 GB 3102—1993 的规定。按照 IEC 的规定，如果图形符号表示的物理属性十分明显，则这些数值可以简化。例如：6.3 kΩ、0.6 pF、5 mH 等可简化为：电阻器为 6.3 k、电容器为 0.6 p、电感为 5 m。

2. 位置标记

电气图采用图幅分区法进行位置标记，这种标记法示例如表 1－10 所示。当符号或元件的图幅分区代号与实际设备的其他代号有可能引起混淆时，则图幅分区代号应当用括号括起来或将分区标记放在统一位置。

表 1－10　图幅分区法进行位置标记

符号或元件的位置	标记写法
同一张图上的 B 行	B
同一张图上的 3 列	3
同一张图的 B3 区	B3
第 34 张图上的 B3 区	34/B3
图号为 4568，单张图上的 B3 区	图 4568/B3
图号为 5796 的第 34 张图上的 B3 区	图 5796/34/B3
=S1 系统单张图上的 B3 区	=S1/B3
=S1 系统多张图上第 34 张的 B3 区	=S1/34/B3

3. 元件的技术数据

元件的技术数据可以放在符号的外边，也可以放在符号里边。

（1）元件的技术数据放在符号外边。元件的技术数据必须靠近符号。当元件垂直布置时，技术数据标在元件左边；当元件水平布置时，技术数据标在元件的上方；技术数据应放在项目代号的下面，如图 1－40 所示。

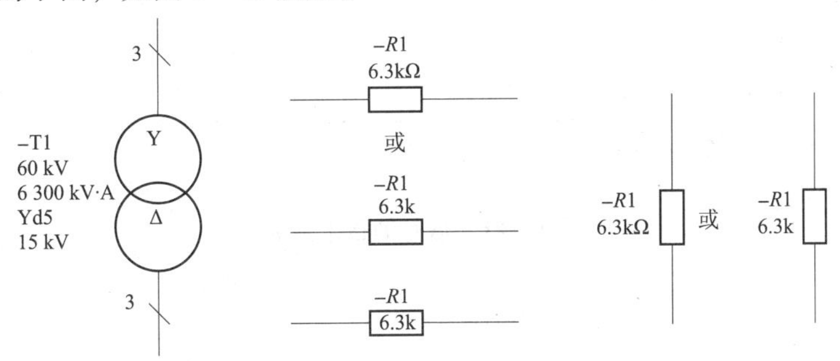

图 1－40　元件的技术数据

（2）元件的技术数据放在符号内。电气数据，如电阻值，可放在像继电器线圈和二进制逻辑元件的矩形符号内。

4. 信号的技术数据

波形可用一种规范化的方式来表示，如图1－41（a）所示，也可按示波器屏幕上正常显示的波形，尽量满足应用需要详细地加以表示。如果需要，应通过坐标轴表示波形的电压、电平等。技术数据应沿着连接线的方向置于水平连接线的上边或垂直连接线的左边，且不能与连接线接触或相交。如果不可能靠近连接线表示信息，则应表示在远离连接线的封闭符号内（最好在圆圈内）通过一个引线引到连接线上，如图1－41（b）所示。技术数据也可以放在其有关连接线的其他地方，例如用信号代号或项目代号和端子代号来表示，如图1－41（c）所示。

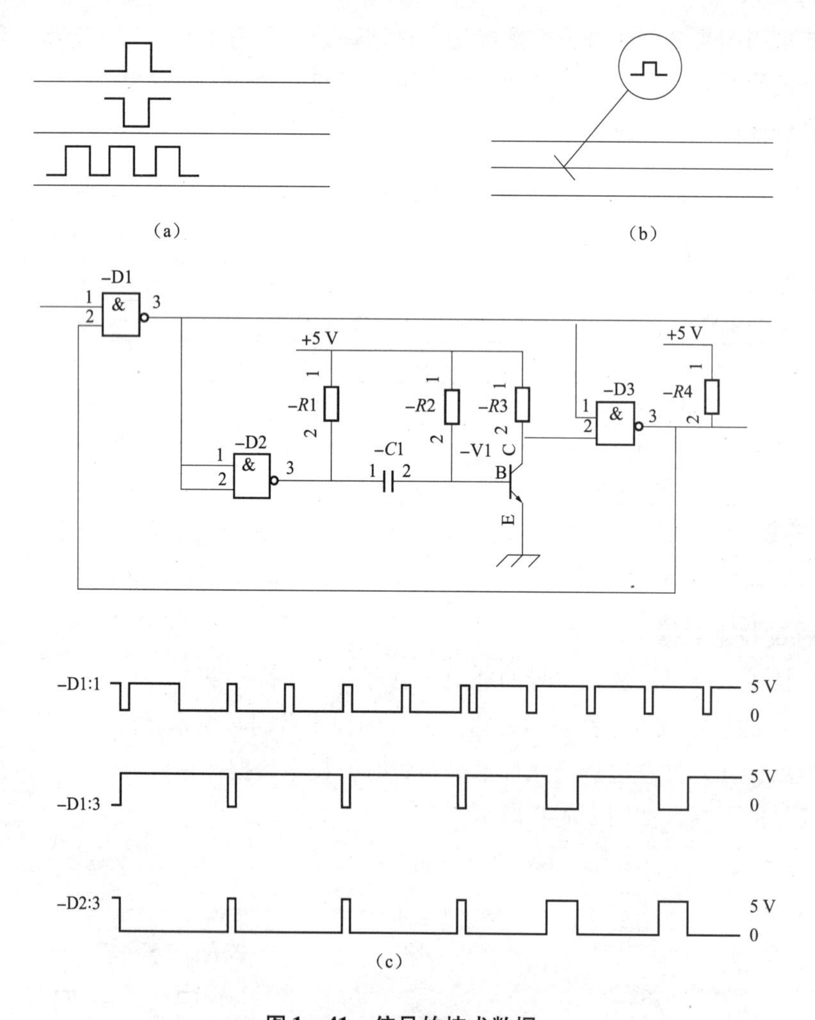

图1－41　信号的技术数据

（a）规范化的方式表示；（b）表示在远离连接线的封闭符号内；
（c）用信号代号或项目代号和端子代号表示

5. 注释和标识

1）注释

绘制电气图时，当遇到含义不便于用图示形式表示的情况时，可采用文字注释的方式。注释有两种表达方式：一是简单的注释可直接放在所要说明的对象附近；二是当对象附近不能注释时，可加标记，而将注释放在图上的其他位置。如图中有多个注释时，应把这些注释集中起来，按标记顺序放在图框附近，以便于阅读。对于一份多张的电气图，应把一般性的注释写在第一张图上，其他注释写在有关的张次上。

2）标识

如果在设备面板上有人—机控制功能等的信息标识，则应在有关电气图的图形符号附近加上同样的标识。

6. 二进制逻辑元件符号所含信息

二进制逻辑元件符号的一般信息可在符号的轮廓线内标出。有关一般限定符号的补充信息则应在方括号内标出。上述规则对非标准的输入/输出标记的补充信息同样适用，如图 1－42 所示的［T1］，表示对总限定符号 X/Y 进行补充说明，这个图形符号还有一个附表［T1］。

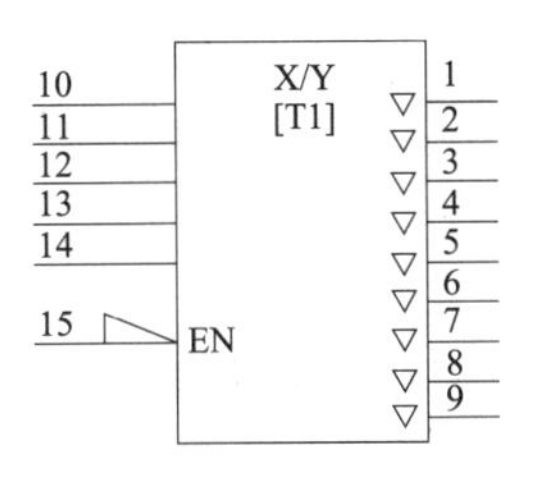

图 1－42　二进制逻辑元件符号的画法

第二篇

AutoCAD 2007 基本操作及绘图环境

本篇旨在学习 AutoCAD 2007 的基本操作，学习绘图环境设置和图层设置，并针对图形对象的常用操作进行讲授，使学生能够使用 AutoCAD 2007 进行绘图环境设置和简单的对象操作，为后面的学习做技能准备。

项目学习要求

基本要求：熟悉 AutoCAD 2007 的工作界面；熟练掌握 AutoCAD 2007 的绘图环境、图层概念、图形对象的操作方法。

能力提升要求：学生能够根据任务要求，设置绘图环境、设置图层，并对对象进行基本的编辑操作。

项目1　AutoCAD 2007 用户界面及基本操作

软件的工作界面

工作界面就是指软件中面向操作者而专门设计的用于操作使用及反馈信息的指令部分。优秀的软件界面有简便易用、突出重点、容错高等特点。

一般软件的工作界面主要包括：软件启动封面、软件整体框架、软件面板、菜单界面、按钮界面、标签、图标、滚动条、菜单栏及状态栏属性的界面等。

软件的工作界面要具有以下特点：

1. 易用性

按钮名称应该易懂，用词准确，摒弃模棱两可的字眼，要与同一界面上的其他按钮易于区分，能望文知意最好。理想的情况是用户不用查阅帮助就能知道该界面的功能并进行相关的正确操作。

2. 规范性

通常界面设计都按 Windows 界面的规范来设计，即包含“菜单条、工具栏、工具箱、状态栏、滚动条、右键快捷菜单”的标准格式，可以说：界面遵循规范化的程度越高，则易用性相应的就越好。小型软件一般不提供工具箱。

3. 帮助设施

系统应该提供详尽而可靠的帮助文档，在用户产生迷惑时可以自己寻求解决方法。

4. 合理性

屏幕对角线相交的位置是用户直视的地方，正上方四分之一处为易吸引用户注意力的位置，在放置窗体时要注意利用这两个位置。

5. 美观与协调性

界面应该大小适合美学观点，感觉协调舒适，能在有效的范围内吸引用户的注意力。

6. 菜单位置

菜单是界面上最重要的元素，菜单位置按功能来组织。

7. 独特性

如果一味地遵循业界的界面标准，则会丧失自己的个性。在框架符合以上规范的情况下，设计具有自己独特风格的界面尤为重要，尤其在商业软件流通中有着很好的潜移默化的广告效用。

8. 快捷方式的组合

在菜单及按钮中使用快捷键可以让喜欢使用键盘的用户操作得更快一些。在 Windows 及其应用软件中快捷键的使用大多是一致的。

9. 安全性考虑

在界面上通过下列方式来控制出错概率，会大大减少系统因用户人为错误引起的破坏。开发者应当尽量周全地考虑到各种可能发生的问题，使出错的可能降至最低。

如应用出现保护性错误而退出系统，这种错误最容易使用户对软件失去信心。因为这意味着用户要中断思路，并费时费力地重新登录，而且已进行的操作也会因没有存盘而全部丢失。

10. 多窗口的应用与系统资源

设计优秀的软件不仅要有完备的功能，而且要尽可能的占用最低限度的资源。

软件的界面设计要符合如下规范：

（1）滚动条的长度要根据显示信息的长度或宽度能及时变换，以利于用户了解显示信息的位置和百分比。

（2）状态条的高度以放置 5 号字为宜，滚动条的宽度比状态条的略窄。

（3）菜单和工具栏要有清楚的界限；菜单要求突出显示，这样在移走工具栏时仍有立体感。

（4）菜单和状态条中通常使用 5 号字体。工具栏一般比菜单要宽，但不要宽得太多，否则看起来很不协调。

AutoCAD 2007 的打开和关闭

1.1　AutoCAD 2007 的启动

启动 AutoCAD 2007 的方法有以下三种：

（1）从 Windows“开始”菜单中选择“程序”中的 AutoCAD 2007 选项。

（2）在 Windows 资源管理器中双击 AutoCAD 2007 的文档文件。

（3）在桌面上建立 AutoCAD 2007 的快捷图标，然后双击该快捷图标。

1.2 AutoCAD 2007 的退出

退出 AutoCAD 2007 有以下几种方法：

（1）命令：Close 或 Quit。

（2）单击右上角关闭按钮。

（3）“文档”菜单，在“文档”菜单上单击“退出”子菜单。

（4）快捷键键入【Alt + F4】。

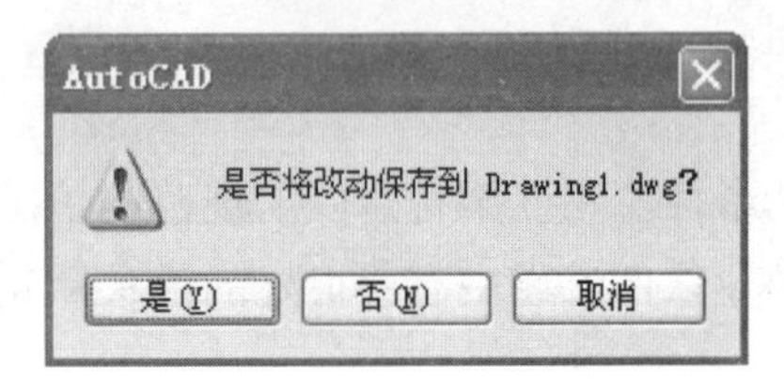

图 2－1　保存文件对话框

采用以上方式中的任意一种都将关闭当前文档。若没有存档，AutoCAD 2007 会弹出如图 2－1所示的对话框，单击“是（Y）”按钮或回车，表示将当前档存盘后关闭；单击“否（N）”按钮，将不保存当前图形直接退出 AutoCAD 2007；若单击“取消”按钮，将取消退出 AutoCAD 2007 的操作。

1.3 AutoCAD 2007 的工作界面

AutoCAD 2007 的工作界面

中文版 AutoCAD 2007 是最经典的绘图软件，它为用户提供了“AutoCAD 经典”和“三维建模”两种工作空间模式。对于习惯于 AutoCAD 2007 传统界面用户来说，可以采用“AutoCAD 经典”工作空间，其主要由标题栏、菜单栏、工具栏、绘图窗口、文本窗口、命令行和状态行等元素组成，如图 2－2 所示。

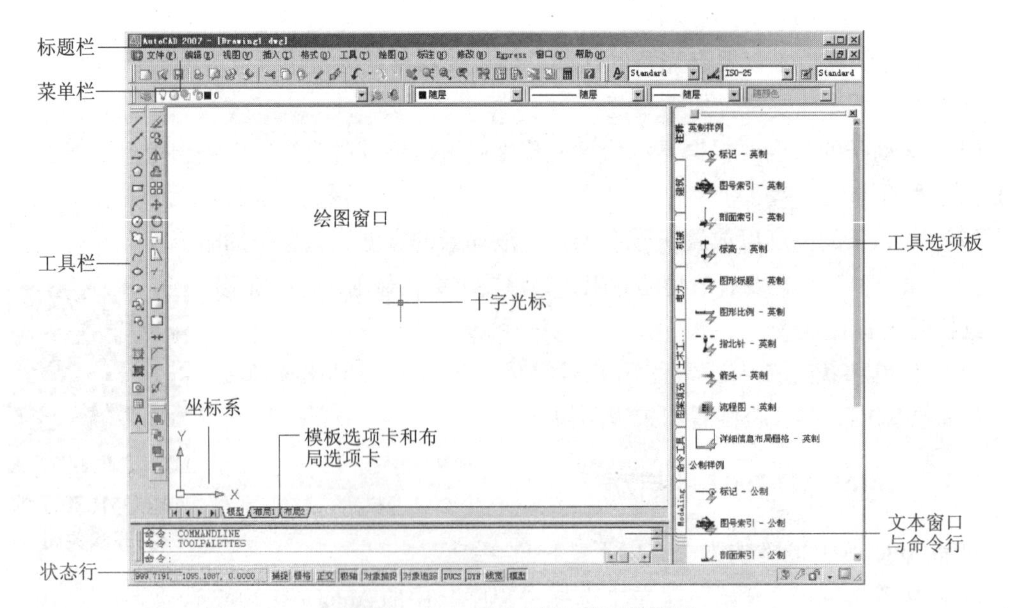

图 2－2　AutoCAD 2007 的工作界面

1. 标题栏

标题栏位于应用程序窗口的最上面，用于显示当前正在运行的程序名及文件名等信息，如果是 AutoCAD 2007 默认的图形文件，其名称为 DrawingN. dwg （ N 是数字）。单击标题栏右端的按钮，可以最小化、最大化或关闭应用程序窗口。标题栏最左边是应用程序的小图标，单击它将会弹出一个 AutoCAD 2007 窗口控制下拉菜单，可以执行最小化或最大化窗口、恢复窗口、移动窗口、关闭 AutoCAD 2007 等操作。

2. 菜单栏与快捷菜单

中文版 AutoCAD 2007 的菜单栏由“文件”“编辑”“视图”等菜单组成，几乎包括了 AutoCAD 2007 中全部的功能和命令。

快捷菜单又称为上下文相关菜单。在绘图区域、工具栏、状态行、模型与布局选项卡以及一些对话框上右击时，将弹出一个快捷菜单，该菜单中的命令与 AutoCAD 2007 当前状态相关。使用它们可以在不启动菜单栏的情况下快速、高效地完成某些操作。图2－3 所示为菜单栏与快捷菜单。

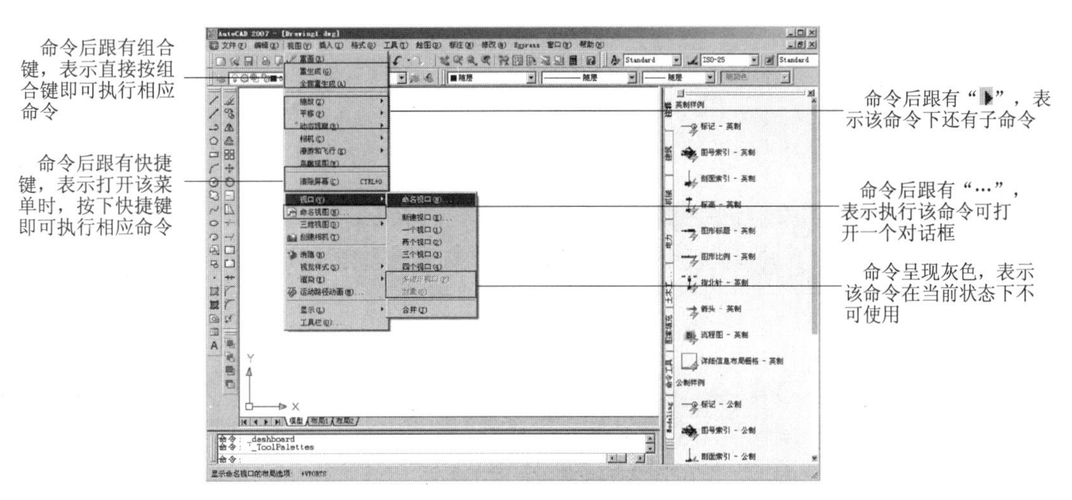

图 2－3　菜单栏与快捷菜单

3. 工具栏

工具栏是应用程序调用命令的另一种方式，它包含许多由图标表示的命令按钮，如图 2－4 所示。在 AutoCAD 2007 中，系统共提供了二十多个已命名的工具栏。默认情况下，“标准”“属性”“绘图”和“修改”等工具栏处于打开状态。

如果要显示当前隐藏的工具栏，可在任意工具栏上右击，此时将弹出一个快捷菜单，通过选择命令可以显示或关闭相应的工具栏。

4. 绘图窗口

在 AutoCAD 2007 中，绘图窗口是用户绘图的工作区域，所有的绘图结果都反映在这个窗口中。可以根据需要关闭其周围和里面的各个工具栏，以增大绘图空间。如果图纸比较大，需要查看未显示部分时，可以单击窗口右边与下边滚动条上的箭头，或拖动滚动条上的滑块来移动图纸。

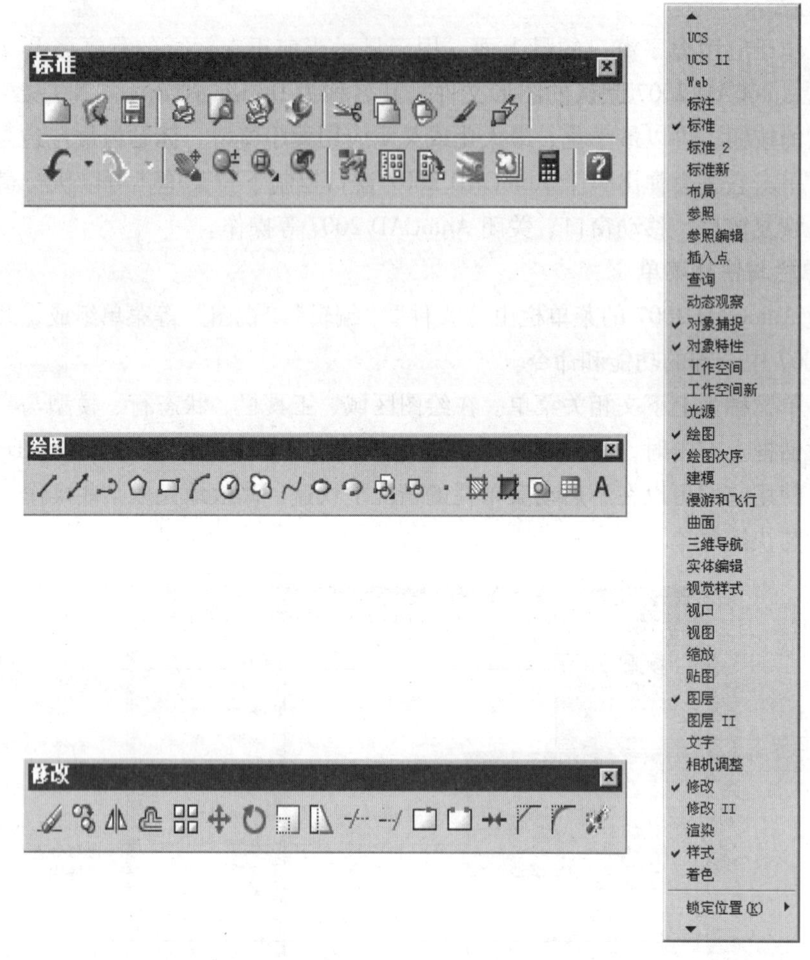

图 2-4　工具栏

在绘图窗口中除了显示当前的绘图结果外，还显示了当前使用的坐标系类型以及坐标原点、*X* 轴、*Y* 轴、*Z* 轴的方向等。默认情况下，坐标系为世界坐标系（WCS）。

绘图窗口的下方有“模型”和“布局”选项卡，单击其标签可以在模型空间或图纸空间之间来回切换。

5. 命令行与文本窗口

“命令行”窗口位于绘图窗口的底部，用于接收用户输入的命令，并显示 AutoCAD 2007 提示信息，如图 2-5（a）所示。在 AutoCAD 2007 中，“命令行”窗口可以拖放为浮动窗口。

“AutoCAD 文本窗口”是记录 AutoCAD 2007 命令的窗口，是放大的“命令行”窗口，它记录了已执行的命令，也可以用来输入新命令，如图 2-5（b）所示。在 AutoCAD 2007 中，可以选择“视图”|“显示”|“文本窗口”命令、执行 TEXTSCR 命令或按 F2 键来打开 AutoCAD 2007 文本窗口，它记录了对文档进行的所有操作。

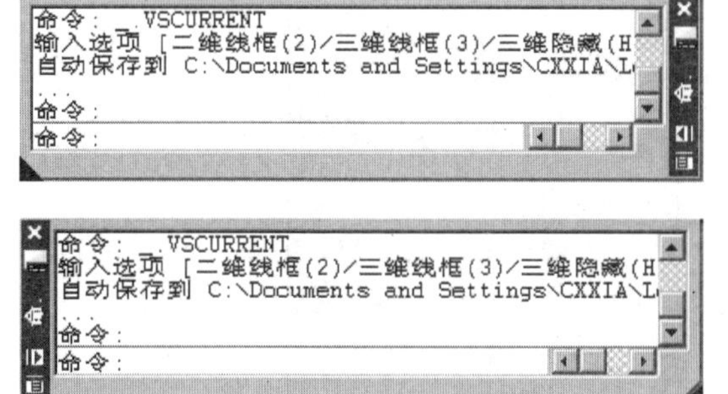

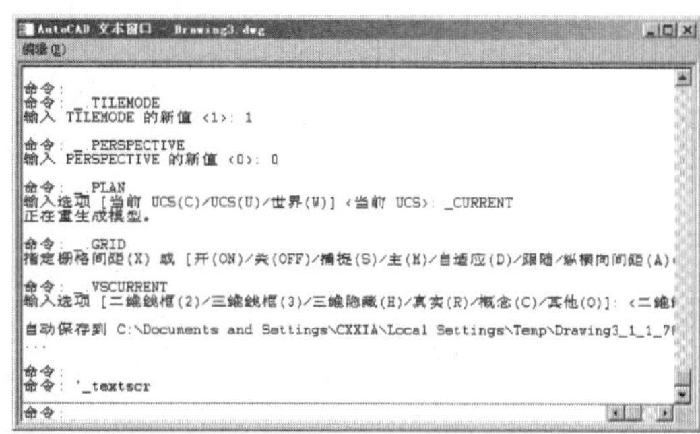

（a）　　　　（b）

图 2－5　命令行与文本窗口

（a）命令行；（b）文本窗口

6. 状态行

状态行用来显示 AutoCAD 2007 当前的状态，如当前光标的坐标、命令和按钮的说明等，如图 2－6 所示。

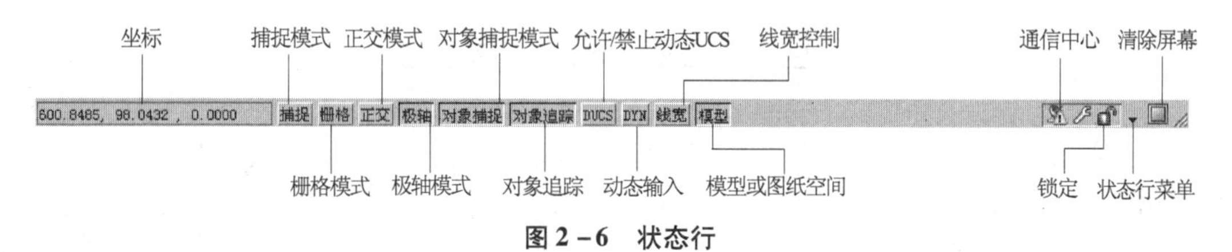

图 2－6　状态行

在绘图窗口中移动光标时，状态行的“坐标”区将动态地显示当前坐标值。坐标显示取决于所选择的模式和程序中运行的命令，共有“相对”“绝对”和“无”3 种模式。

状态行中还包括如“捕捉”“栅格”“正交”“极轴”“对象捕捉”“对象追踪”“DUCS”“DYN”“线宽”“模型”（或“图纸”）10 个功能按钮。

7. AutoCAD 2007 的三维建模界面组成

在 AutoCAD 2007 中，选择“工具”|“工作空间”|“三维建模”命令，或在“工作空间”工具栏的下拉列表框中选择“三维建模”选项，都可以快速切换到“三维建模”工作空间界面，如图 2－7 所示。

“三维建模”工作空间界面对于用户在三维空间中绘制图形来说更加方便。默认情况下，“栅格”以网格的形式显示，增加了绘图的三维空间感。另外，“面板”选项板集成了“三维制作控制台”“三维导航控制台”“光源控制台”“视觉样式控制台”和“材质控制台”等选项组，从而使用户绘制三维图形、观察图形、创建动画、设置光源、为三维对象附加材质等操作提供了非常便利的环境。

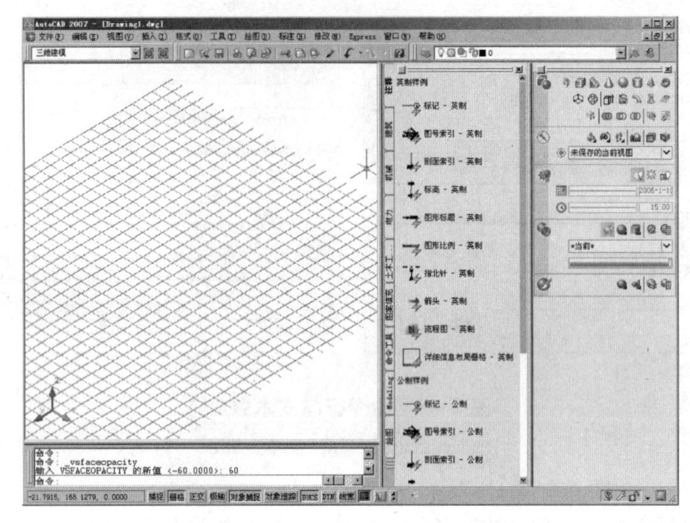

图 2－7　“三维建模”工作空间界面

项目2　绘图环境及图层设置

图层

合适的绘图环境，不仅可以简化大量的调整、修改工作，而且有利于统一格式，便于图形的管理和使用。本项目介绍图形环境设置方面的知识，其中包括绘图界限、单位、图层、颜色、线型、线宽、选项设置等。

当确定了图形单位和出图比例，并设置好图形界限和系统环境以后，接下来就要根据所绘制的图形来设置一些常用的图层。

创建图层之前，需要考虑诸多问题。例如，图层如何划分，图层的属性如何设置，以及0图层的作用。图层的划分在不同的行业中有着不同的规范。就电气工程制图而言，有以下原则：

（1）按图形类别划分图层。

（2）按线型、线宽划分图层。

（3）设置图形颜色。

（4）0层保持空白。

（5）个体服从全局。

图层就像是含有文字或图形等元素的胶片，一张张按顺序叠放在一起，组合起来形成页面的最终效果。图层可以将页面上的元素精确定位。图层中可以加入文本、图片、表格、插件，也可以在里面再嵌套图层。

每一个图层都是由许多像素组成的，而图层又通过上下叠加的方式来组成整个图像。打个比喻，每一个图层就好似是一个透明的“玻璃”，而图层内容就画在这些“玻璃”上，如果“玻璃”什么都没有，这就是个完全透明的空图层，当各“玻璃”都有图像时，自上而下俯视所有图层，从而形成图像显示效果。

举个例子说明：比如我们在纸上画一个人脸，先画脸庞，再画眼睛和鼻子，然后是嘴巴。画完以后发现眼睛的位置歪了一些。那么只能把眼睛擦除掉重新画，并且还要对脸庞做一些相应的修补，这当然很不方便。在设计的过程中也是这样，很少有一次成型的作品，常常是经历若干次修改以后才得到比较满意的效果。

那么想象一下，如果我们不是直接画在纸上，而是先在纸上铺一层透明的塑料薄膜，把脸庞画在这张透明薄膜上。画完后再铺一层透明薄膜画上眼睛，再铺一张画鼻子。将脸庞、鼻子、眼睛分为三个透明薄膜层，最后将这三个透明薄膜层重叠。这样完成之后的成品，和先前那幅在视觉效果上是一致的。

虽然视觉效果一致，但分层绘制的作品具有很强的可修改性，如果觉得眼睛的位置不对，可以单独修改眼睛所在的那层薄膜以达到效果。甚至可以把这张薄膜丢弃重新再画眼睛。而其余的脸庞鼻子等部分不受影响，因为它们被画在不同层的薄膜上。这种方式，极大地提高了后期修改的便利性，最大可能地避免重复劳动。

2.1　图形文件管理

图形文件管理

在 AutoCAD 2007 中，图形文件管理包括创建新的图形文件、打开已有的图形文件、保存图形文件以及关闭图形文件等操作。

1. 创建新图形文件

选择“文件” | “新建”命令（NEW），或在“标准”工具栏中单击“新建”按钮，可以创建新图形文件，此时将打开“选择样板”对话框。

在“选择样板”对话框中，可以在“名称”列表框中选中某一样板文件，这时在其右面的“预览”框中将显示出该样板的预览图像，如图 2－8 所示。单击“打开”按钮，可以以选中的样板文件为样板创建新图形，此时会显示图形文件的布局（选择样板文件 acad. dwt 或 acadiso. dwt 除外），如图 2－9 所示。例如，以样板文件 ISO A3－Color Dependent Plot Styles 创建新图形文件。

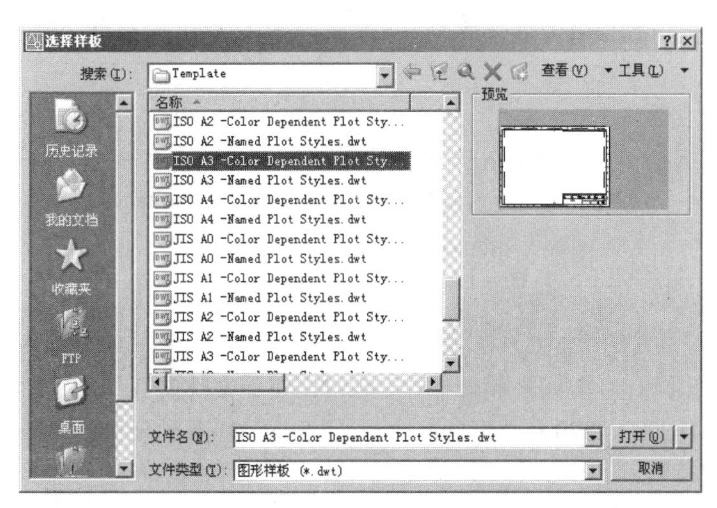

图 2－8　“选择样板”对话框

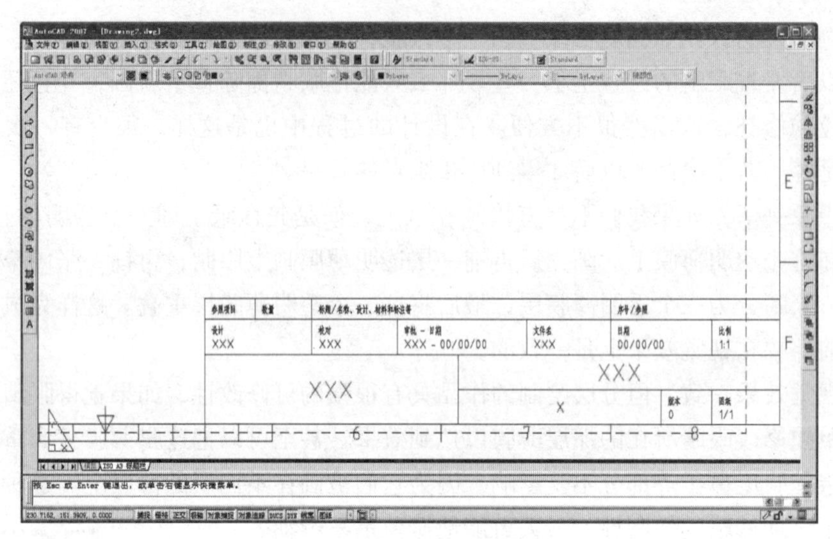

图 2-9　创建新图形文件

2. 打开图形文件

选择“文件”|“打开”命令（OPEN），或在“标准”工具栏中单击“打开”按钮，可以打开已有的图形文件，此时将打开“选择文件”对话框。选择需要打开的图形文件，在右面的“预览”框中将显示出该图形的预览图像。默认情况下，打开的图形文件的格式为.dwg。

在AutoCAD 2007中，可以以“打开”“以只读方式打开”“局部打开”和“以只读方式局部打开”4种方式打开图形文件。当以“打开”“局部打开”方式打开图形时，可以对打开的图形进行编辑，如果以“以只读方式打开”“以只读方式局部打开”方式打开图形时，则无法对打开的图形进行编辑。

如果选择以“局部打开”“以只读方式局部打开”打开图形，这时将打开“局部打开”对话框，可以在“要加载几何图形的视图”选项组中选择要打开的视图，在“要加载几何图形的图层”选项组中选择要打开的图层，然后单击“打开”按钮，即可在视图中打开选中图层上的对象。

3. 保存图形文件

在AutoCAD 2007中，可以使用多种方式将所绘图形以文件形式存入磁盘。例如，可以选择“文件”|“保存”命令（QSAVE），或在“标准”工具栏中单击“保存”按钮，以当前使用的文件名保存图形；也可以选择“文件”|“另存为”命令（SAVEAS），将当前图形以新的名称保存。

在第一次保存创建的图形时，系统将打开“图形另存为”对话框。默认情况下，文件以“AutoCAD 2007图形（*.dwg）”格式保存，也可以在“文件类型”下拉列表框中选择其他格式，如AutoCAD 2000/LT2000图形（*.dwg）、AutoCAD图形标准（*.dws）等格式。

4. 关闭图形文件

选择“文件”|“关闭”命令（CLOSE），或在绘图窗口中单击“关闭”按钮，可以关

闭当前图形文件。如果当前图形没有存盘，系统将弹出AutoCAD 警告对话框，询问是否保存文件，如图2-10所示。此时，单击“是（Y）”按钮或直接按 Enter 键，可以保存当前图形文件并将其关闭；单击“否（N）”按钮，可以关闭当前图形文件但不存盘；单击“取消”按钮，取消关闭当前图形文件操作，即不保存也不关闭。

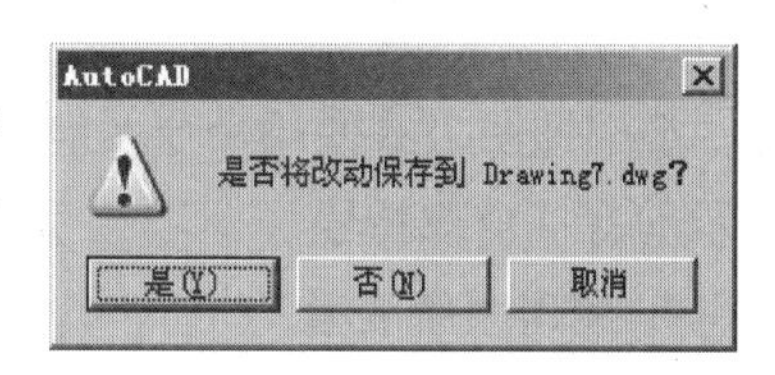

图 2-10 AutoCAD 警告对话框

如果当前所编辑的图形文件没有命名，那么单击“是（Y）”按钮后，AutoCAD 2007 会打开“图形另存为”对话框，要求用户确定图形文件存放的位置和名称。

2.2 使用命令与系统变量

在 AutoCAD 2007 中，菜单命令、工具按钮、命令和系统变量大都是相互对应的。可以选择某一菜单命令，或单击某个工具按钮，或在命令行中输入命令和系统变量来执行相应命令。可以说，命令是 AutoCAD 2007 绘制与编辑图形的核心。

1. 使用鼠标操作执行命令

在绘图窗口，光标通常显示为“十”字线形式。当光标移至菜单选项、工具或对话框内时，它会变成一个箭头。无论光标是“十”字线形式还是箭头形式，当单击或者按动鼠标键时，都会执行相应的命令或动作。在 AutoCAD 2007 中，鼠标键是按照下述规则定义的。

（1）拾取键：通常指鼠标左键，用于指定屏幕上的点，也可以用来选择 Windows 对象、AutoCAD 对象、工具栏按钮和菜单命令等。

（2）回车键：指鼠标右键，相当于 Enter 键，用于结束当前使用的命令，此时系统将根据当前绘图状态而弹出不同的快捷菜单。

（3）弹出菜单：当使用 Shift 键和鼠标右键的组合时，系统将弹出一个快捷菜单，用于设置捕捉点的方法。对于 3 键鼠标，弹出按钮通常是鼠标的中间按钮。

2. 使用命令行

在 AutoCAD 2007 中，默认情况下“命令行”是一个可固定的窗口，可以在当前命令行提示下输入命令、对象参数等内容。对大多数命令，“命令行”中可以显示执行完的两条命令提示（也叫命令历史），而对于一些输出命令，例如 TIME、LIST 命令，需要在放大的“命令行”或“AutoCAD 文本窗口”中才能完全显示。

在“命令行”窗口中右击，AutoCAD 2007 将显示一个快捷菜单。通过它可以选择最近使用过的 6 个命令、复制选定的文字或全部命令历史记录、粘贴文字，以及打开“选项”对话框。

在命令行中，还可以使用 BackSpace 或 Delete 键删除命令行中的文字；也可以选中命令历史，并执行“粘贴到命令行”命令，将其粘贴到命令行中。

3. 使用透明命令

在 AutoCAD 2007 中，透明命令是指在执行其他命令的过程中可以执行的命令。常使用的透明命令多为修改图形设置的命令、绘图辅助工具命令，例如 SNAP、GRID、

ZOOM 等。

要以透明方式使用命令，应在输入命令之前输入单引号（′）。命令行中，透明命令的提示前有一个双折号（ >> ）。完成透明命令后，将继续执行原命令。

4. 使用系统变量

在 AutoCAD 2007 中，系统变量用于控制某些功能和设计环境、命令的工作方式，它可以打开或关闭捕捉、栅格或正交等绘图模式，设置默认的填充图案，或存储当前图形和 AutoCAD 配置的有关信息。

系统变量通常是 6 ~ 10 个字符长的缩写名称。许多系统变量有简单的开关设置，例如 GRIDMODE 系统变量用来显示或关闭栅格，当在命令行的“输入 GRIDMODE 的新值 <1 >:”提示下输入 0 时，可以关闭栅格显示；输入 1 时，可以打开栅格显示。有些系统变量则用来存储数值或文字，例如 DATE 系统变量用来存储当前日期。

可以在对话框中修改系统变量，也可以直接在命令行中修改系统变量。例如要使用 ISOLINES 系统变量修改曲面的线框密度，可在命令行提示下输入该系统变量名称并按 Enter键，然后输入新的系统变量值并按 Enter 键即可，详细操作如下。

命令：ISOLINES（输入系统变量名称）。

输入 ISOLINES 的新值 <4 >：32（输入系统变量的新值）。

2.3 设置参数选项

设置参数

通常情况下，安装好 AutoCAD 2007 后就可以在其默认状态下绘制图形，但有时为了使用特殊的定点设备、打印机，或提高绘图效率，用户需要在绘制图形前先对系统参数进行必要的设置。

选择“工具”|“选项”命令（OPTIONS），可打开“选项”对话框。在该对话框中包含“文件”“显示”“打开和保存”“打印和发布”“系统”“用户系统配置”“草图”“三维建模”“选择”和“配置”10 个选项卡，如图 2 – 11 所示。

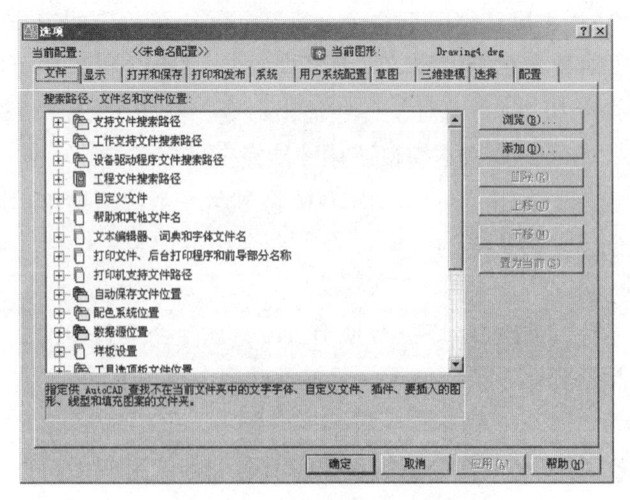

图 2 – 11 “选项”对话框

2.4　设置图形单位

在 AutoCAD 2007 中，用户可以采用 1:1 的比例因子绘图，因此，所有的直线、圆和其他对象都可以以真实大小来绘制。例如，如果一个零件长 200 cm，那么它也可以按 200 cm 的真实大小来绘制，在需要打印出图时，再将图形按图纸大小进行缩放。

在中文版 AutoCAD 2007 中，用户可以选择“格式”｜“单位”命令，在打开的“图形单位”对话框中设置绘图时使用的长度单位、角度单位，以及单位的显示格式和精度等参数，如图 2－12 所示。

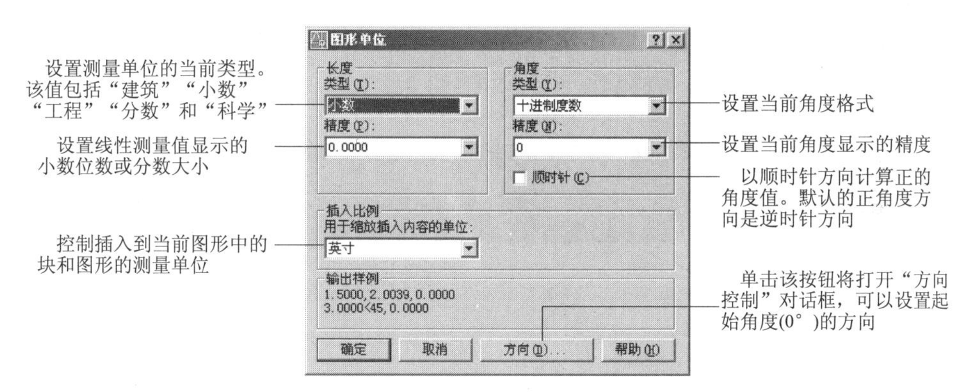

图 2－12　“图形单位”对话框

2.5　设置绘图图限

在中文版 AutoCAD 2007 中，用户不仅可以通过设置参数选项和图形单位来设置绘图环境，还可以设置绘图图限。使用 LIMITS 命令可以在模型空间中设置一个想象的矩形绘图区域，称为图限，如图 2－13 所示。它确定的区域是可见栅格指示的区域，也是选择“视图”｜“缩放”｜“全部”命令时决定显示多大图形的一个参数。

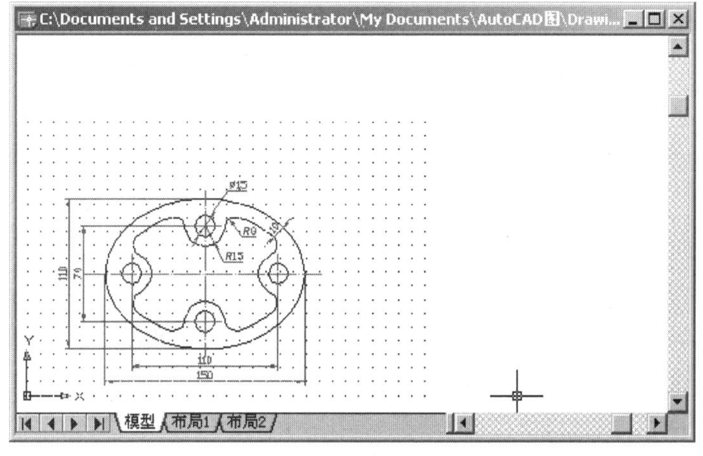

图 2－13　设置绘图图限

2.6 规划和管理图层

规划和管理图层

1. “图层特性管理器”对话框的组成

图层是AutoCAD 2007提供的一个管理图形对象的工具，用户可以根据图层对图形几何对象、文字、标注等进行归类处理，使用图层来管理它们，不仅能使图形的各种信息清晰、有序，便于观察，而且也会给图形的编辑、修改和输出带来很大的方便。

AutoCAD 2007提供了图层特性管理器，利用该工具用户可以很方便地创建图层以及设置其基本属性。选择“格式”|“图层”命令，即可打开“图层特性管理器”对话框，如图2-14所示。

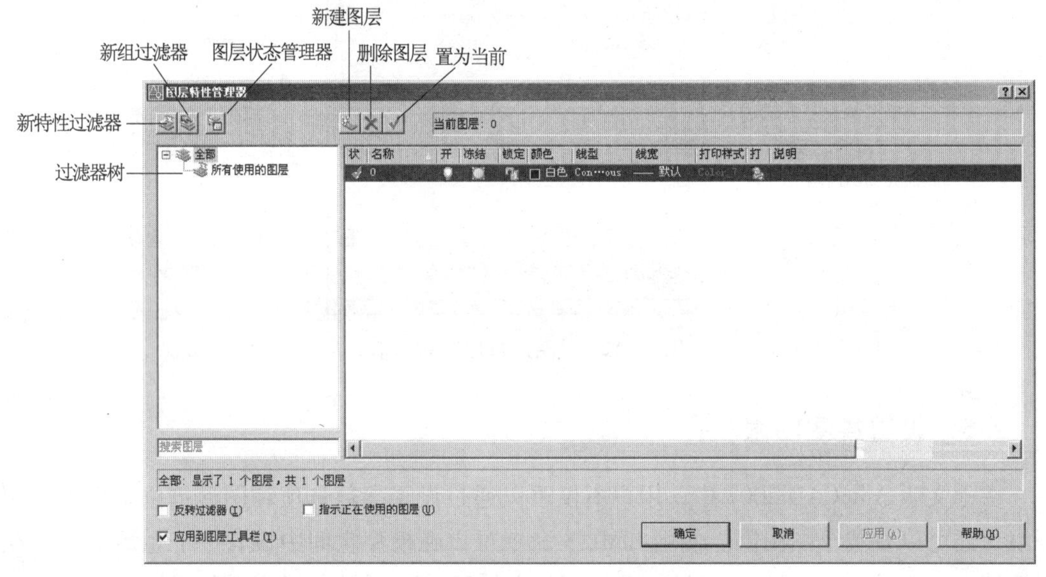

图2-14 “图层特性管理器”对话框

2. 创建新图层

开始绘制新图形时，AutoCAD将自动创建一个名为0的特殊图层。默认情况下，图层0将被指定使用7号颜色（白色或黑色，由背景色决定，本书中将背景色设置为白色，因此，图层颜色就是黑色）、Continuous线型、“默认”线宽及normal打印样式，用户不能删除或重命名该图层0。在绘图过程中，如果用户要使用更多的图层来组织图形，就需要先创建新图层。

在“图层特性管理器”对话框中单击“新建图层”按钮，可以创建一个名称为“图层1”的新图层。默认情况下，新建图层与当前图层的状态、颜色、线型、线宽等设置相同。

当创建了图层后，图层的名称将显示在图层列表框中，如果要更改图层名称，可单击该图层名，然后输入一个新的图层名并按Enter键即可。

3. 设置图层颜色

颜色在图形中具有非常重要的作用，可用来表示不同的组件、功能和区域。图层的颜色实际上是图层中图形对象的颜色。每个图层都拥有自己的颜色，对不同的图层可以设置相同的颜色，也可以设置不同的颜色，绘制复杂图形时就可以很容易区分图形的各部分。

新建图层后，要改变图层的颜色，可在“图层特性管理器”对话框中单击图层的“颜色”列对应的图标，打开“选择颜色”对话框，如图 2－15 所示。

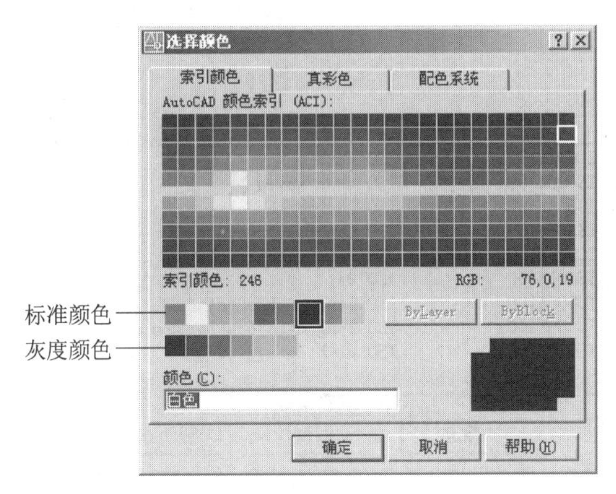

图 2－15　“选择颜色”对话框

4. 使用与管理线型

线型是指图形基本元素中线条的组成和显示方式，如虚线和实线等。在 AutoCAD 2007 中既有简单线型，也有由一些特殊符号组成的复杂线型，以满足不同国家或行业标准的要求。

1）设置图层线型

在绘制图形时要使用线型来区分图形元素，这就需要对线型进行设置。默认情况下，图层的线型为 Continuous。要改变线型，可在图层列表中单击“线型”列的 Continuous，打开“选择线型”对话框，在“已加载的线型”列表框中选择一种线型，然后单击“确定”按钮，如图 2－16 所示。

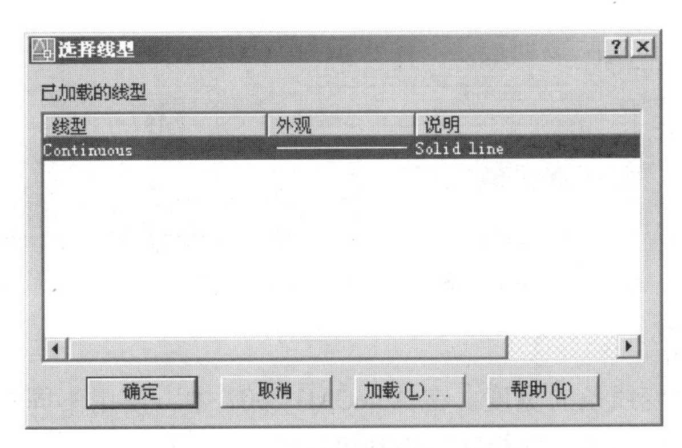

图 2－16　“选择线型”对话框

2）加载线型

默认情况下，在“选择线型”对话框的“已加载的线型”列表框中只有 Continuous 一种线型，如果要使用其他线型，必须将其添加到“已加载的线型”列表框中。可单击“加载”按钮打开“加载或重载线型”对话框，从当前线型库中选择需要加载的线型，然后单击“确定”按钮，如图2－17所示。

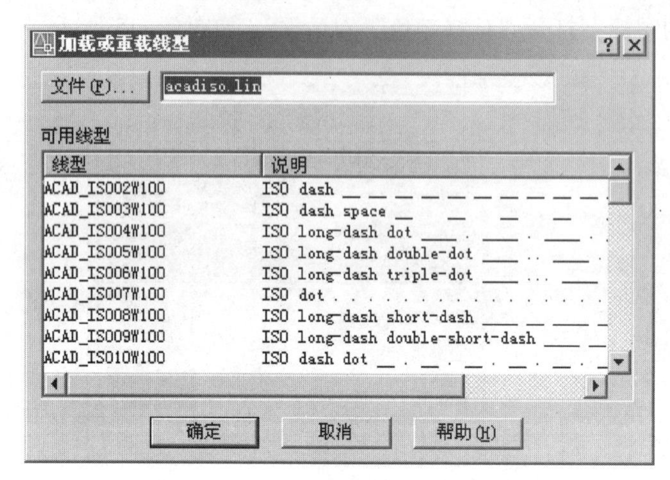

图2－17　“加载或重载线型”对话框

3）设置线型比例

选择“格式”｜“线型”命令，打开“线型管理器”对话框，可设置图形中的线型比例，从而改变非连续线型的外观，如图2－18所示。

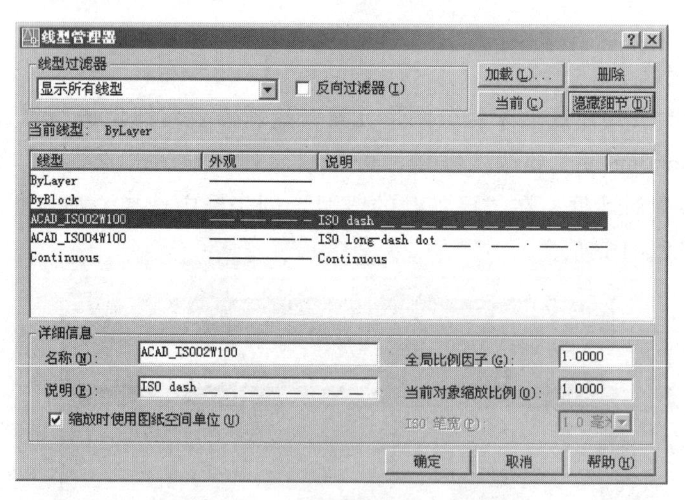

图2－18　“线型管理器”对话框

5. 设置图层线宽

线宽设置就是改变线条的宽度。在AutoCAD 2007中，使用不同宽度的线条表现对象的大小或类型，可以提高图形的表达能力和可读性。

要设置图层的线宽，可以在“图层特性管理器”对话框的“线宽”列中单击该图层对应的线宽“——默认”，打开“线宽”对话框，有20多种线宽可供选择，如图2－19（a）所示。也可以选择“格式”｜“线宽”命令，打开“线宽设置”对话框，通过调整线宽比例，使图形中的线宽显示得更宽或更窄，如图 2－19（b）所示。

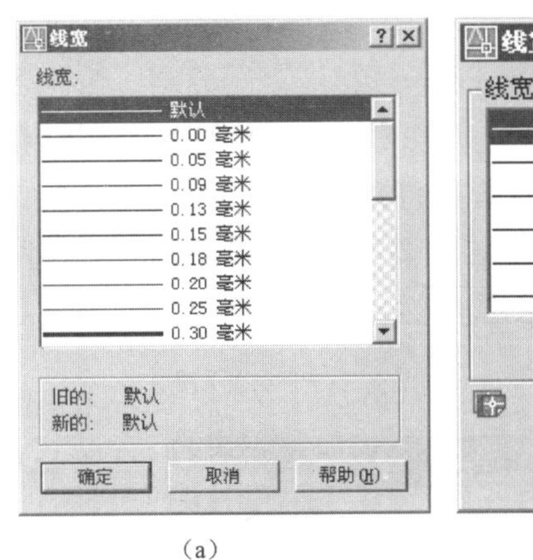

（a）

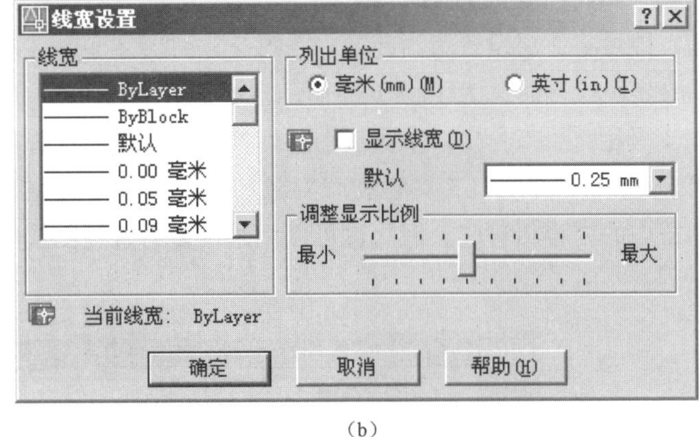

（b）

图 2－19　设置图层线宽

（a）线宽列表；（b）“线宽设置”对话框

6. 管理图层

在 AutoCAD 2007 中，使用“图层特性管理器”对话框不仅可以创建图层，设置图层的颜色、线型和线宽，还可以对图层进行更多的设置与管理，如图层的切换、重命名、删除及图层的显示控制等。

1）设置图层特性

使用图层绘制图形时，新对象的各种特性将默认为随层（Bylayer），由当前图层的默认设置决定。也可以单独设置对象的特性，新设置的特性将覆盖原来随层的特性。在“图层特性管理器”对话框中，每个图层都包含状态、名称、打开/关闭、冻结/解冻、锁定/解锁、线型、颜色、线宽和打印样式等特性，如图 2－20 所示。

图 2－20　设置图层特性

2）切换当前层

在“图层特性管理器”对话框的图层列表中，选择某一图层后，单击“当前图层”按钮，即可将该层设置为当前层。

在实际绘图时，为了便于操作，主要通过“图层”工具栏（图2－21）和“对象特性”工具栏（图2－22）来实现图层切换，这时只需选择要将其设置为当前层的图层名称即可。此外，“图层”工具栏和“对象特性”工具栏中的主要选项与“图层特性管理器”对话框中的内容相对应，因此也可以用来设置与管理图层特性。

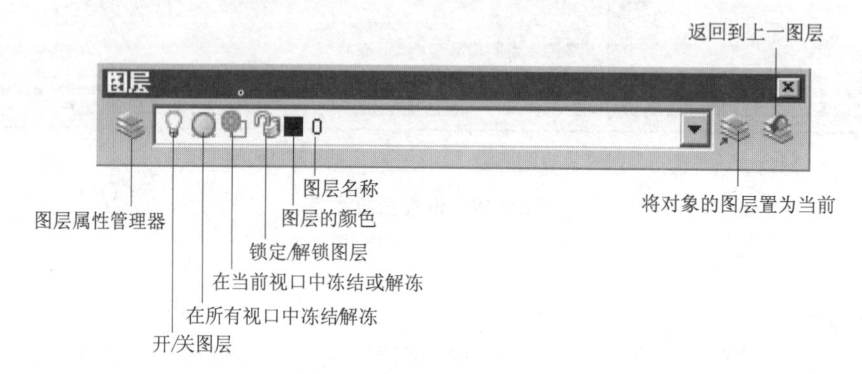

图2－21 “图层”工具栏

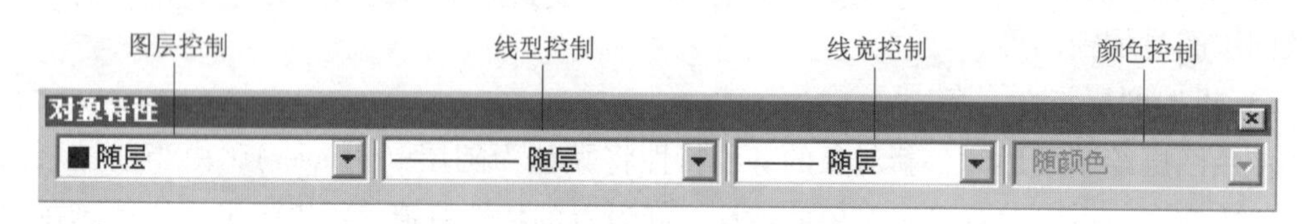

图2－22 “对象特性”工具栏

3）使用“图层过滤器特性”对话框过滤图层

在AutoCAD 2007中，图层过滤功能大大简化了在图层方面的操作。图形中包含大量图层时，在“图层特性管理器”对话框中单击“新特性过滤器”按钮，可以使用打开的“图层过滤器特性”对话框来命名图层过滤器，如图2－23所示。

4）使用“新组过滤器”过滤图层

在AutoCAD 2007中，还可以通过“新组过滤器”过滤图层。可在“图层特性管理器”对话框中单击“新组过滤器”按钮，并在对话框左侧过滤器树列表中添加一个“组过滤器1”（也可以根据需要命名组过滤器）。在过滤器树中单击“所有使用的图层”节点或其他过滤器，显示对应的图层信息，然后将需要分组过滤的图层拖动到创建的“组过滤器1”上即可，如图2－24所示。

5）保存与恢复图层状态

图层设置包括图层状态和图层特性。图层状态包括图层是否打开、冻结、锁定、打印和在新视口中自动冻结。图层特性包括颜色、线型、线宽和打印样式，可以选择要保存的图层状态和图层特性。例如，可以选择只保存图形中图层的“冻结/解冻”设置，忽略所

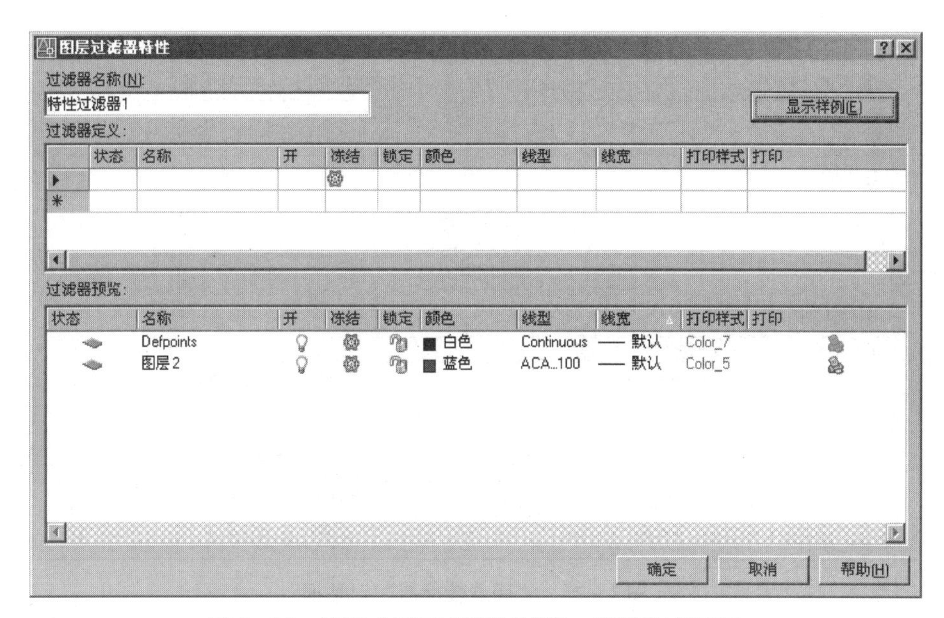

图 2－23 使用“图层过滤器特性”对话框过滤图层

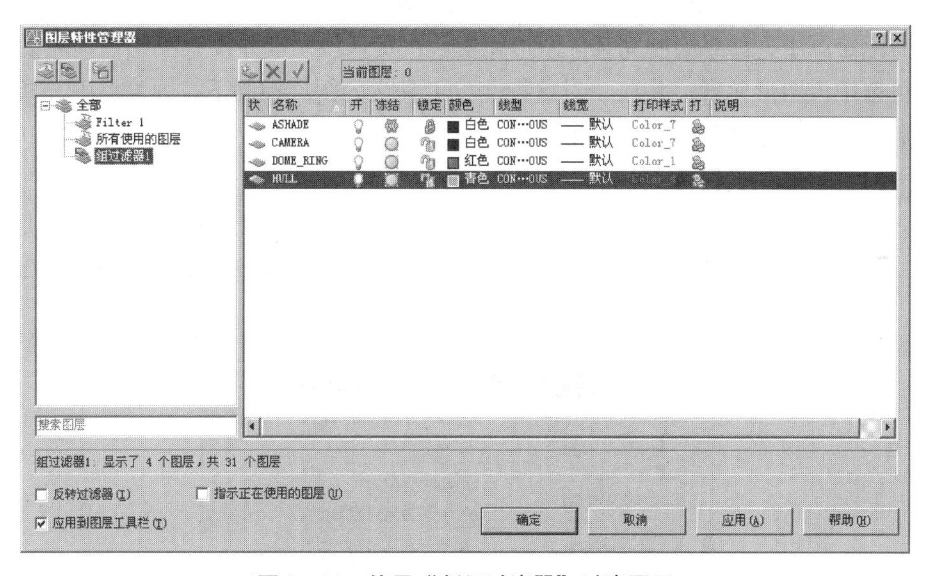

图 2－24 使用“新组过滤器”过滤图层

有其他设置。恢复图层状态时，除了每个图层的冻结或解冻设置以外，其他设置仍保持当前设置。在 AutoCAD 2007 中，可以使用“图层状态管理器”对话框来管理所有图层的状态。

6）转换图层

使用“图层转换器”可以转换图层，实现图形的标准化和规范化。“图层转换器”能够转换当前图形中的图层，使之与其他图形的图层结构或 CAD 标准文件相匹配，如图 2－25所示。例如，如果打开一个与本公司图层结构不一致的图形时，可以使用“图层转换器”转换图层名称和属性，以符合本公司的图形标准。

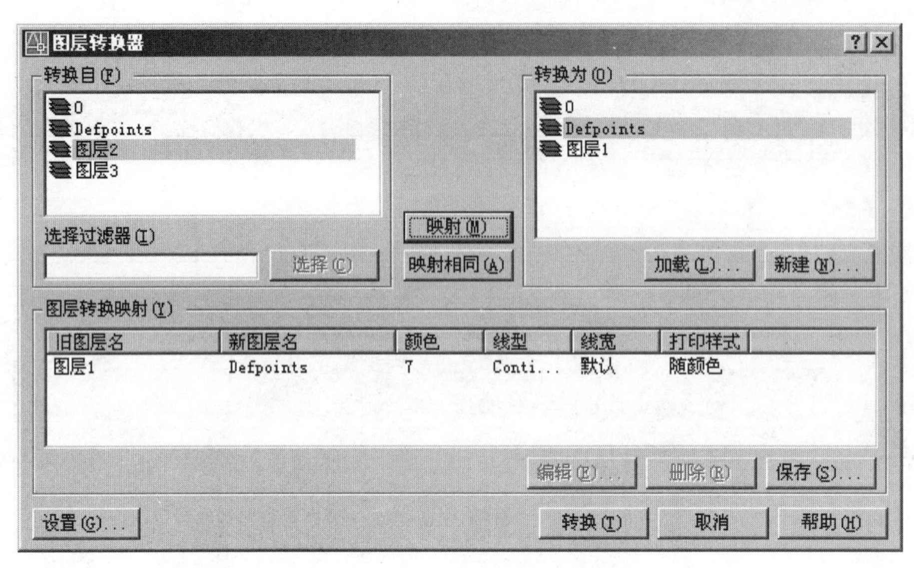

图2－25　“图层转换器”对话框

7）改变对象所在图层

在实际绘图中，如果绘制完某一图形元素后，发现该元素并没有绘制在预先设置的图层上，可选中该图形元素，并在“对象特性”工具栏的图层控制下拉列表框中选择预设层名，然后按下Esc键来改变对象所在图层。

8）使用图层工具管理图层

在AutoCAD 2007中新增了图层管理工具，利用该功能用户可以更加方便地管理图层。选择“格式”｜“图层工具”命令中的子命令，就可以通过图层工具来管理图层，如图2－26所示。

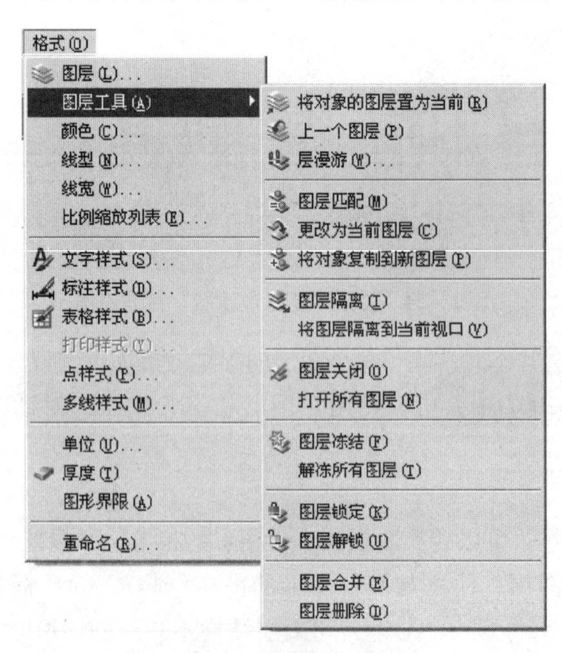

图2－26　图层工具

2.7　常用辅助对象工具的设置

常用辅助对象工具的设置

为了快速准确地绘图，AutoCAD 2007 提供了辅助绘图工具供用户选择。下面介绍常用的几种，它们位于底部的状态栏上，可以通过单击开启或关闭。

1. 捕捉

捕捉是 AutoCAD 约束鼠标每次移动的步长，即规定鼠标每次在 X 轴和 Y 轴的移动距离，通过这个固定的间距可以控制绘图精确度。如果这个固定间距是 1，在捕捉模式打开的状态下，用鼠标拾取点的坐标值都是 1 的整数倍。使用命令“Snap”或直接用鼠标单击状态栏上的“捕捉”附签或按下 F9 键可控制捕捉的开启或关闭。

2. 栅格

栅格是一种可见的位置参考图标，它是由一系列有规则的点组成，类似于在图形下放置带栅格的纸。栅格有助于排列物体并可看清它们之间的距离。如与捕捉功能配合使用，对提高绘图的精确度作用更大。

3. 正交模式

当用户绘制水平或垂直直线时，可以使用 AutoCAD 2007 的正交模式进行图形绘制。使用正交模式，还可以方便绘制或编辑水平或垂直的图形对象。使用“Ortho”命令或直接用鼠标单击状态栏上的“正交”或按下 F8 键，即可打开或关闭正交状态。

4. “草图设置”对话框

AutoCAD 2007 提供了一个“草图设置”对话框，用于设置栅格的各项参数和状态、捕捉各项参数和状态及捕捉的样式和类型、对象捕捉的相应状态、角度追踪和对象追踪的相应参数等。打开方式有以下两种：

1）“工具”菜单

在“工具”菜单下拉菜单中选择“草图设置”选项，打开“草图设置”对话框。

2）快捷方式

用鼠标右键单击状态栏上的“捕捉”“栅格”“正交”“极轴”“对象捕捉”及“对象追踪”按钮，并从弹出的快捷菜单中选择“设置”选项。

在“草图设置”对话框中，共有 3 张选项卡：“捕捉和栅格”“极轴追踪”和“对象捕捉”。

（1）“捕捉和栅格”选项卡：如图 2 – 27 所示，用于设置栅格的各项参数和状态、捕捉各项参数和状态及捕捉的样式和类型。

（2）“极轴追踪”选项卡：如图 2 – 28 所示，用于设置角度追踪和对象追踪的相应参数。该功能可以在 AutoCAD 要求指定一个点时，按预先设置的角度增量显示一条参考线，用户可以沿参考线追踪得到光标点。

（3）“对象捕捉”选项卡：如图 2 – 29 所示，用于设置对象捕捉的相应状态。

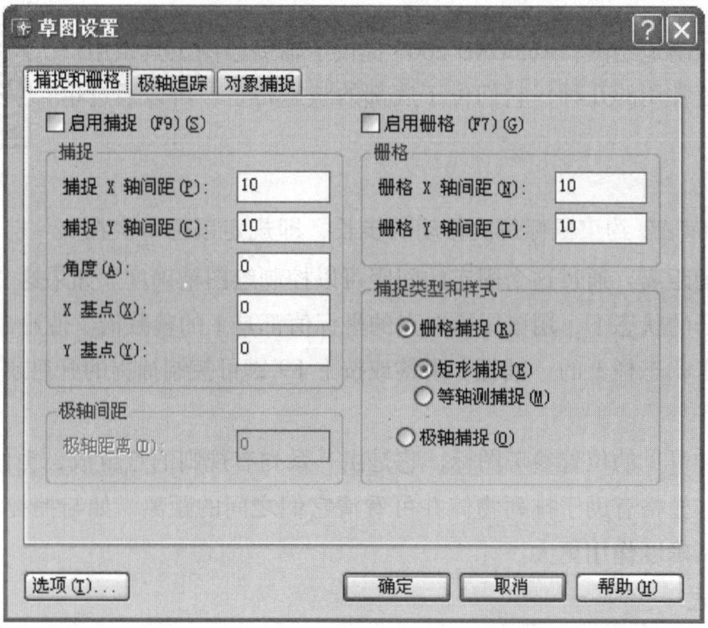

草图设置

捕捉和栅格 | 极轴追踪 | 对象捕捉

启用捕捉 (F9)(S)　　启用栅格 (F7)(G)

捕捉

捕捉 X 轴间距(P): 10

捕捉 Y 轴间距(C): 10

角度(A): 0

X 基点(X): 0

Y 基点(Y): 0

栅格

栅格 X 轴间距(N): 10

栅格 Y 轴间距(I): 10

捕捉类型和样式

栅格捕捉(R)

矩形捕捉(E)

等轴测捕捉(M)

极轴捕捉(O)

极轴间距

极轴距离(D): 0

选项(T)...　确定　取消　帮助(H)

图 2－27 “捕捉和栅格”选项卡

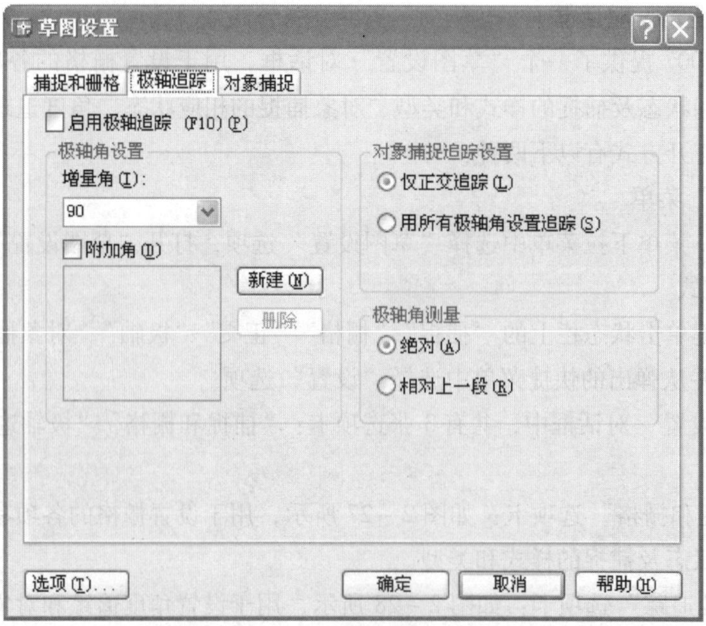

草图设置

捕捉和栅格 | 极轴追踪 | 对象捕捉

启用极轴追踪 (F10)(P)

极轴角设置

增量角(I):

90

附加角(D)

新建(N)

删除

对象捕捉追踪设置

仅正交追踪(L)

用所有极轴角设置追踪(S)

极轴角测量

绝对(A)

相对上一段(R)

选项(T)...　确定　取消　帮助(H)

图 2－28 “极轴追踪”选项卡

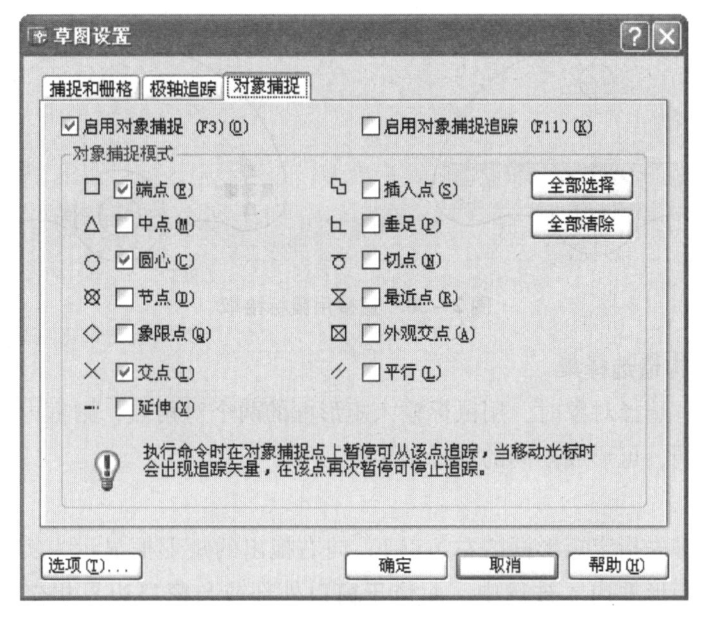

图 2－29　“对象捕捉”选项卡

项目3　图形对象的常用操作

在 AutoCAD 2007 中，单纯地使用绘图命令或绘图工具只能创建出一些基本图形对象，要绘制较为复杂的图形，就必须借助于图形编辑命令。在编辑图形之前，选择对象后，图形对象通常会显示夹点。夹点是一种集成的编辑模式，提供了一种方便快捷的编辑操作途径。例如，使用夹点可以对对象进行拉伸、移动、旋转、缩放及镜像等操作。

图形对象的常用操作

另外，AutoCAD 2007 的“修改”菜单中包含了大部分编辑命令，通过选择该菜单中的命令或子命令，可以帮助用户合理地构造和组织图形，保证绘图的准确性，简化绘图操作。

3.1　选择图形对象

在 AutoCAD 2007 中对图形进行编辑和修改时，经常需要选择一个或多个对象进行编辑。系统提供了多种选择方式。

1. 直接用鼠标拾取

直接用鼠标左键单击图形对象，被选中的图形将变成虚线并亮显，可连续选中多个物件，如图 2－30 所示。

2. 全部选择

在“选择对象”提示下输入 All 并回车，系统将自动选择当前图形的所有对象，如图 2－31 所示。

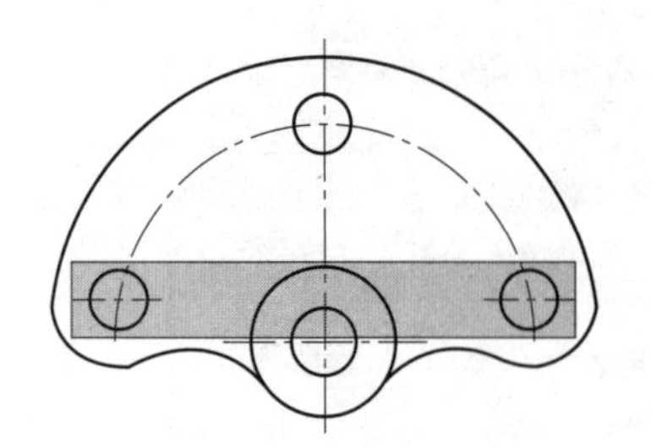
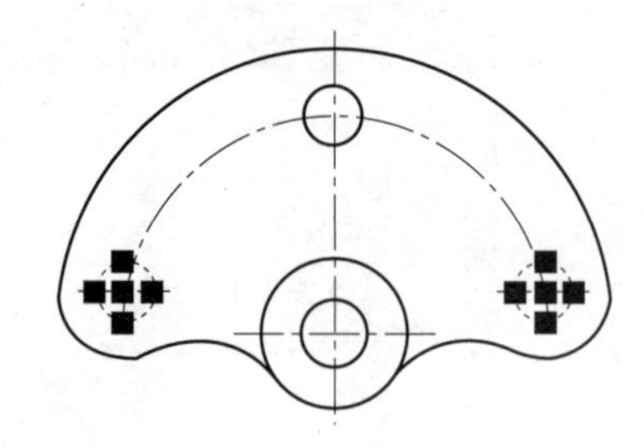

图2－30　直接用鼠标拾取

3. 用矩形框构造选择集

当系统提示：选择对象时，用鼠标输入矩形框的两个对角点，则框内对象被选中。对角点指定顺序不同，可形成不同的选择结果。

1）窗口方式

单击鼠标左键先指定矩形框的左角点1，向右拖出的矩形框显示为实线。此时只有图形对象完全处在矩形框内才被选中，而位于窗口外部或与窗口边界相交的对象不能被选中，如图2－32所示。

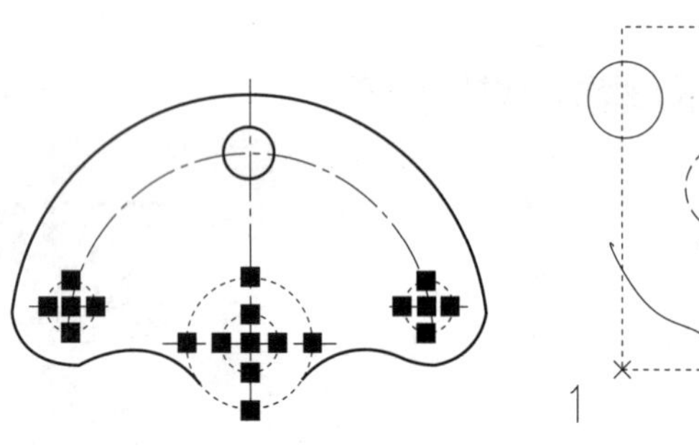

图2－31　全部选择

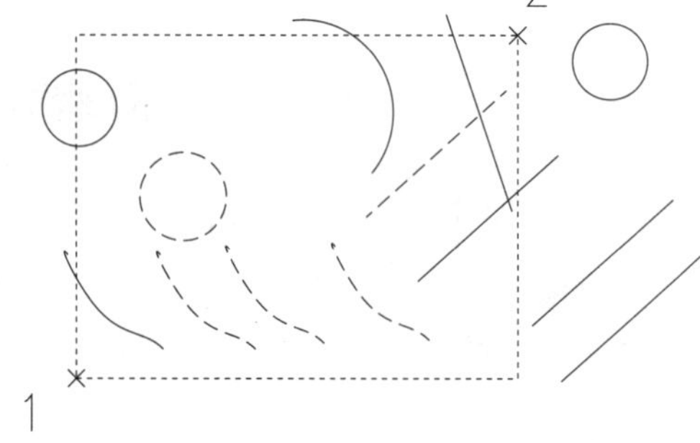

图2－32　窗口方式

2）交叉方式

单击鼠标左键先指定矩形框的右角点1，向左拖出的矩形框显示为虚线。此时完全处在矩形框内的图形对象和与窗口边界相交即部分处在矩形框内的图形对象均被选中，如图2－33所示。

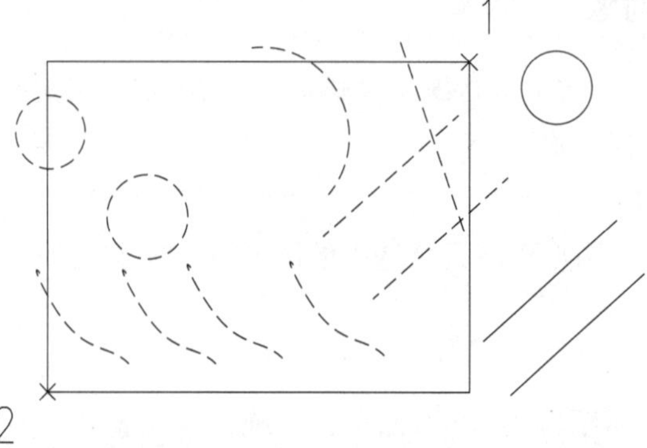

图2－33　交叉方式

3.2　删除图形对象

在 AutoCAD 2007 中，可以用“删除”命令，删除选中的对象。选择“修改”|“删除”命令（ERASE），或在“修改”工具栏中单击“删除”按钮，都可以删除图形中选中的对象。

通常，当发出“删除”命令后，需要选择要删除的对象，然后按 Enter 键或 Space 键结束对象选择，同时删除已选择的对象。如果在“选项”对话框的“选择”选项卡中，选中“选择模式”选项组中的“先选择后执行”复选框，就可以先选择对象，然后单击“删除”按钮删除，如图 2－34 所示。

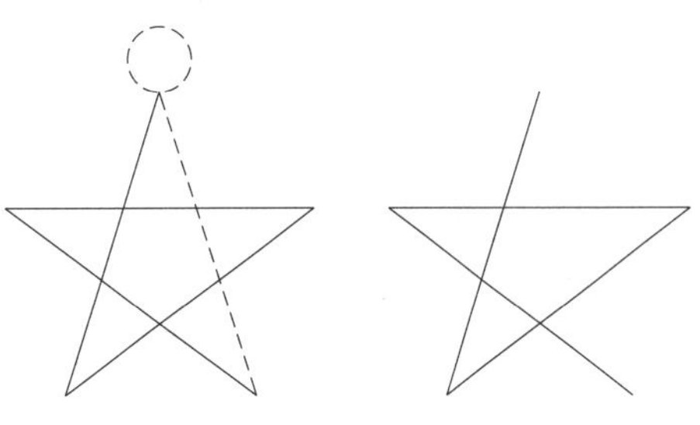

图 2－34　删除图形对象

3.3　命令的重复、撤销与重做

1. 命令的重复

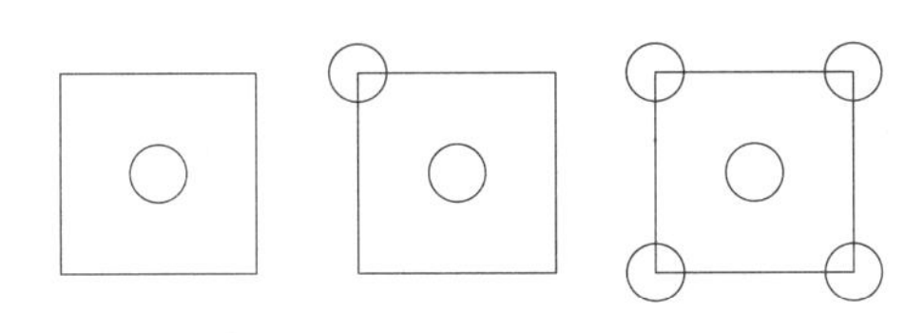

图 2－35　命令的重复

当需要重复执行上一个命令时，可按以下操作：

（1）按〈Enter〉键或〈空格〉键。

（2）在绘图区单击鼠标右键，在快捷菜单选择“重复×××命令”。

命令的重复如图 2－35 所示。

2. 命令的撤销

当需要撤销上一命令时，可按以下操作：

（1）单击工具栏“放弃”按钮。

（2）在菜单栏选取“编辑”→“放弃”命令。

（3）在命令行输入“U”（Undo）命令，按〈Enter〉键。

用户可以重复输入“U”命令或单击“放弃”按钮来取消自从打开当前图形以来的所有命令。当要撤销一个正在执行的命令，可以按〈Esc〉键，有时需要按〈Esc〉键二至三次才可以回到“命令:”提示状态，这是一个常用的操作。

命令的撤销如图 2－36 所示。

3. 命令的重做

当需要恢复刚被“U”命令撤销的命令时，可操作：

（1）工具栏：“重做”按钮。

（2）菜单栏：“编辑”→“重做”命令。

（3）命令行：“REDO”命令，按〈Enter〉键，命令执行后，恢复到上一次操作。

命令的重做如图 2－37 所示。

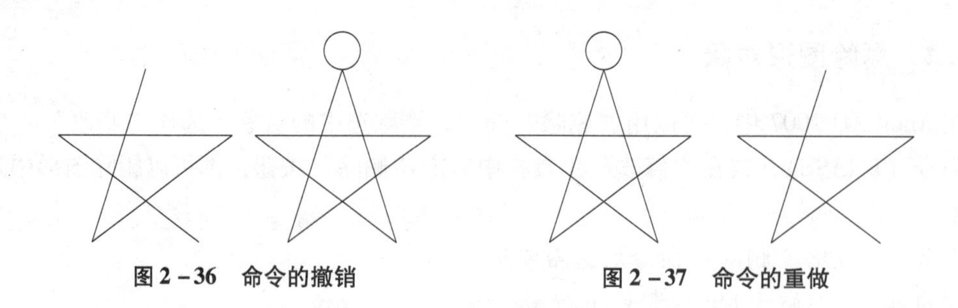

图2-36　命令的撤销　　　　图2-37　命令的重做

3.4　缩放视图

按一定比例、观察位置和角度显示的图形称为视图。在AutoCAD 2007中，可以通过缩放视图来观察图形对象。缩放视图可以增加或减少图形对象的屏幕显示尺寸，但对象的真实尺寸保持不变。通过改变显示区域和图形对象的大小更准确、更详细地绘图。

1. “缩放”菜单和“缩放”工具栏

在AutoCAD 2007中，选择“视图”|“缩放”命令（ZOOM）中的子命令或使用“缩放”工具栏，可以缩放视图。

通常，在绘制图形的局部细节时，需要使用缩放工具放大该绘图区域，当绘制完成后，再使用缩放工具缩小图形来观察图形的整体效果。常用的缩放命令或工具有“实时”“窗口”“动态”和“中心点”，如图2-38所示。

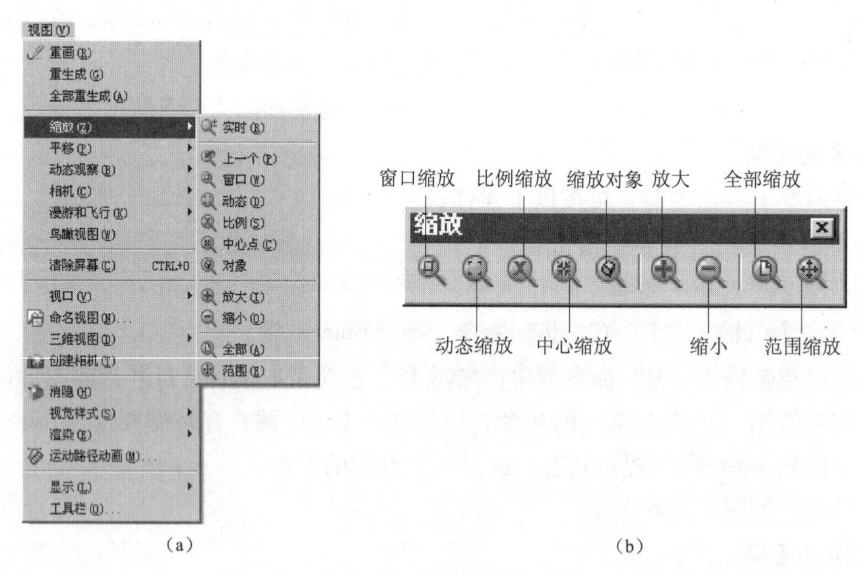

图2-38　“缩放”菜单和“缩放”工具栏

(a)“缩放”菜单；(b)“缩放”工具栏

2. 实时缩放视图

选择“视图”|“缩放”|“实时”命令，或在“标准”工具栏中单击“实时缩放”按钮，进入实时缩放模式，此时鼠标指针呈“双箭头”形状。此时向上拖动光标可

放大整个图形；向下拖动光标可缩小整个图形；释放鼠标后停止缩放。

3. 窗口缩放视图

选择“视图”｜“缩放”｜“窗口”命令，可以在屏幕上拾取两个对角点以确定一个矩形窗口，之后系统将矩形范围内的图形放大至整个屏幕。

在使用窗口缩放时，如果系统变量 REGENAUTO 设置为关闭状态，则与当前显示设置的界线相比，拾取区域显得过小。系统提示将重新生成图形，并询问是否继续下去，此时应回答 No，并重新选择较大的窗口区域。

4. 动态缩放视图

选择“视图”｜“缩放”｜“动态”命令，可以动态缩放视图。当进入动态缩放模式时，在屏幕中将显示一个带“×”的矩形方框。单击鼠标左键，此时选择窗口中心的“×”消失，显示一个位于右边框的方向箭头，拖动鼠标可改变选择窗口的大小，以确定选择区域大小，最后按〈Enter〉键，即可缩放图形。

5. 设置视图中心点

选择“视图”｜“缩放”｜“中心点”命令，在图形中指定一点，然后指定一个缩放比例因子或者指定高度值来显示一个新视图，而选择的点将作为该新视图的中心点。如果输入的数值比默认值小，则会增大图像。如果输入的数值比默认值大，则会缩小图像。

要指定相对的显示比例，可输入带×的比例因子数值。例如，输入 2×将显示比当前视图大两倍的视图。如果正在使用浮动视口，则可以输入×p 来相对于图纸空间进行比例缩放。

3.5　平移视图

使用平移视图命令，可以重新定位图形，以便看清图形的其他部分。此时不会改变图形中对象的位置或比例，只改变视图。

1. “平移”菜单

选择“视图”｜“平移”命令中的子命令，单击“标准”工具栏中的“实时平移”按钮，或在命令行直接输入 PAN 命令，都可以平移视图。

使用平移命令平移视图时，视图的显示比例不变。除了可以上、下、左、右平移视图外，还可以使用“实时”和“定点”命令平移视图，如图 2－39 所示。

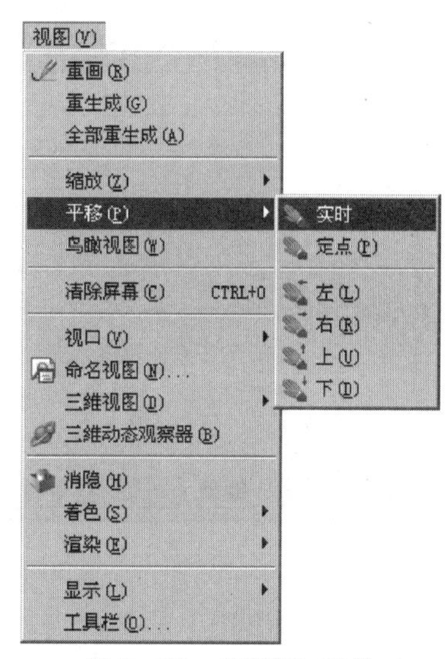

图 2－39　“平移”菜单

2. 实时平移

选择“视图”｜“平移”｜“实时”命令，此时光标指针变成一只小手，按住鼠标左键拖动，窗口内的图形就可按光标移动的方向移动，如图 2－40 所示。释放鼠标，可返回到平移等待状态。按 Esc 键或 Enter 键退出实时平移模式。

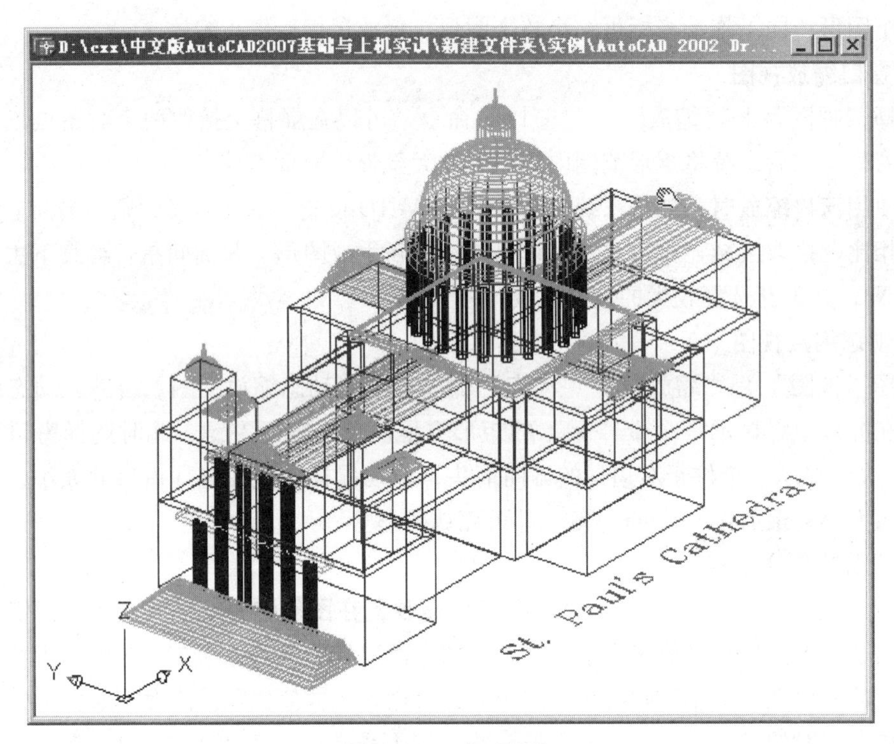

图2-40　实时平移

3. 定点平移

选择“视图”｜“平移”｜“定点”命令，可以通过指定基点和位移值来平移视图。

在AutoCAD 2007中，“平移”功能通常又称为摇镜，它相当于将一个镜头对准视图，当镜头移动时，视口中的图形也跟着移动。

定点平移如图2-41所示。

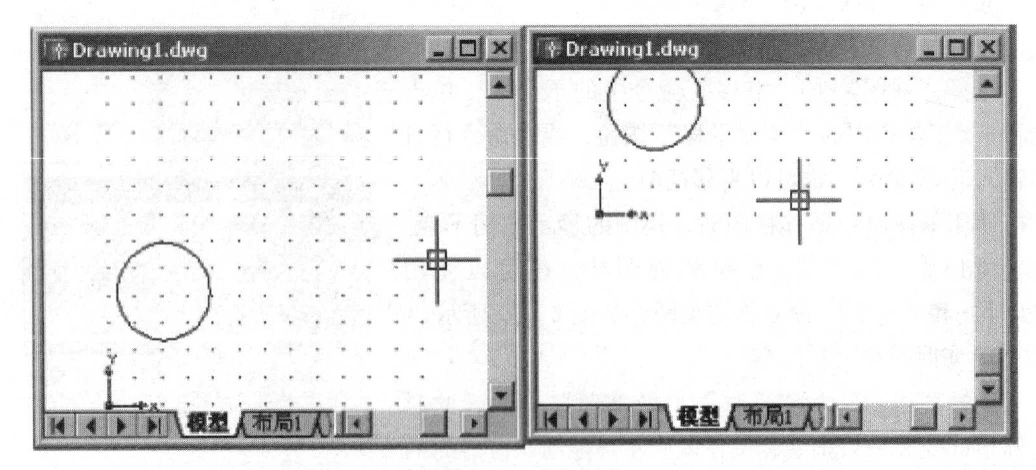

图2-41　定点平移

第三篇

电气元件图的绘制

本篇旨在学习常见电气元件图的绘制，通过对电气元件绘制，使学生能够通过一些简单命令绘制常见电气元件图。

项目学习要求

基本要求：熟练掌握按钮、开关、熔断器、断电器、电动机、继电器、灯具、变压器及各种电子元器件的绘制方法。

能力提升要求：学生能够根据任务要求自己选择合适的绘图方法，简单高效地完成各种电气元件图的绘制。

项目1 开关和按钮的绘制

在本项目中，我们将重点详细介绍无保持功能常开开关、无保持功能蘑菇头常开触点开关、带旋转装置的蘑菇头常开触点开关和常开触点正极闭合开关的绘制，重点学习直线命令、圆命令的绘制，巩固对象捕捉等命令的调用。

1.1 无保持功能常开开关绘制

无保持功能常开开关绘制 1

（1）启动 AutoCAD 2007 绘图程序。

（2）用鼠标左键单击工具栏按钮，在弹出的“选择样板”对话框选择合适的样板，这里选择“acadiso. dwt”样板，单击“打开”，如图 3－1 所示。

（3）打开正交模式、对象捕捉。

（4）单击直线按钮，或者命令行输入“_line”命令，或者菜单栏单击“绘图|直线”。在绘图区随意单击一点来指定直线第一点。

（5）鼠标向屏幕下方移动，输入 30，回车。

（6）单击菜单栏“绘图|点|定数等分”，选择步骤（3）所画直线，命令行“输入线段数目或［块（B）］”输入 3，回车，如图 3－2 所示。

（7）菜单栏单击“格式|点样式”选择合适的点样式，单击“确定”，如图 3－3 所示。

图3－1 “选择样板”对话框

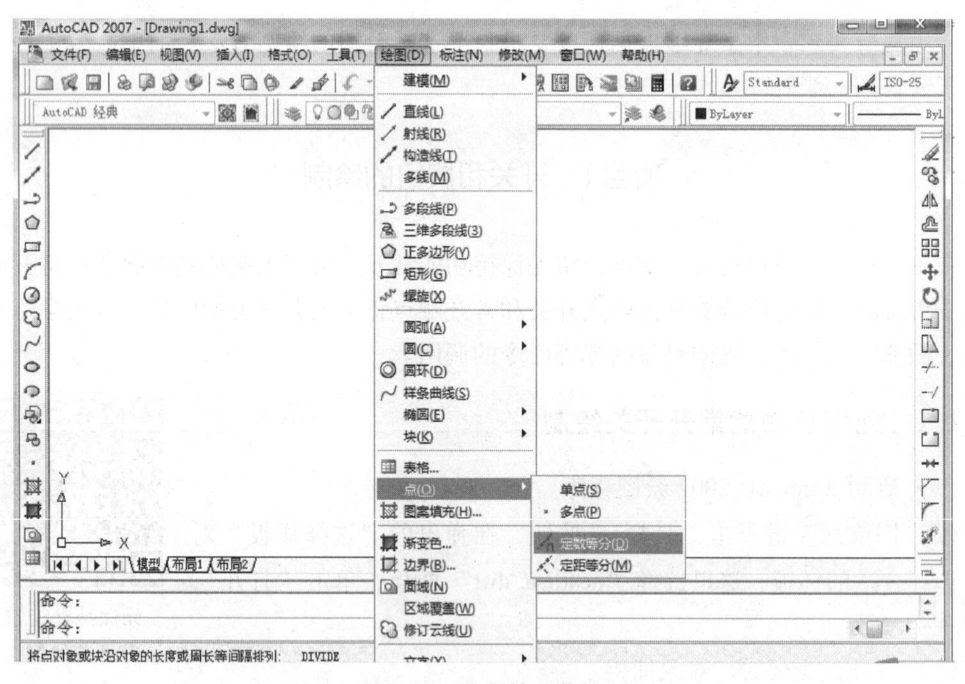

图3－2 定数等分菜单

（8）步骤（7）后得到的图形如图3－4所示，单击右侧修改工具栏“打断于点”。

①_ break 选择对象：单击前5个步骤得到的直线。

②指定第一个打断点：选择其中一个节点。

③重复步骤①②把线段分成三段，如图3－4所示。

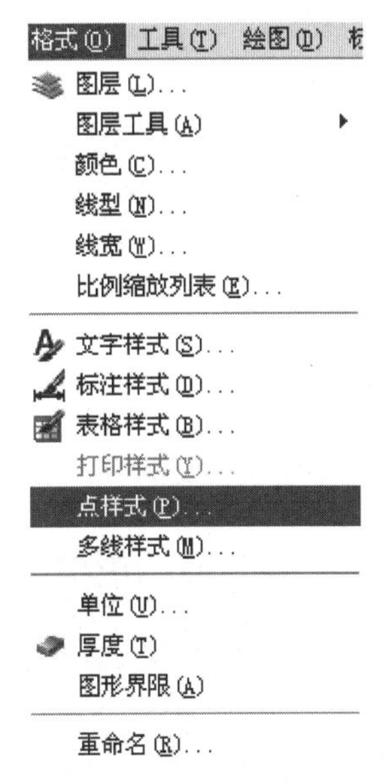

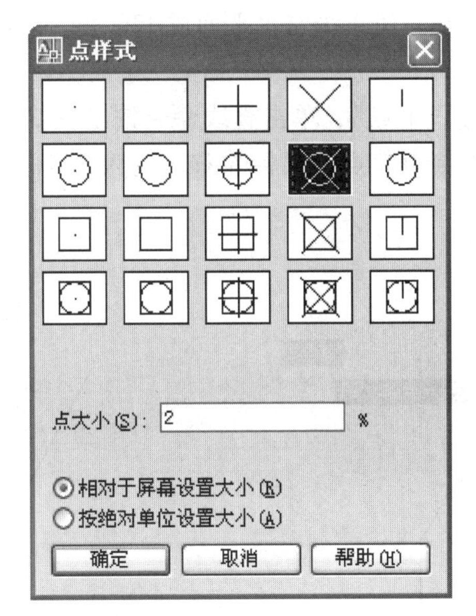

图 3－3　选择点样式

图 3－4　显示点样式

(9) 鼠标单击步骤 (1) ～步骤 (6) 得到的直线中间段和两节点，按 delete 删除。

(10) 关掉正交模式，打开对象捕捉，设置对象捕捉为端点捕捉，如图 3－5 所示。

(11) 单击直线按钮，选择下线段端点为起点，如图 3－6 所示。

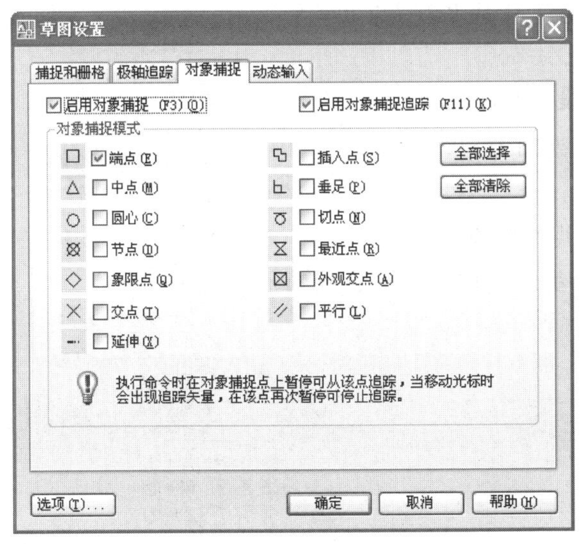

图 3－5　对象捕捉设置

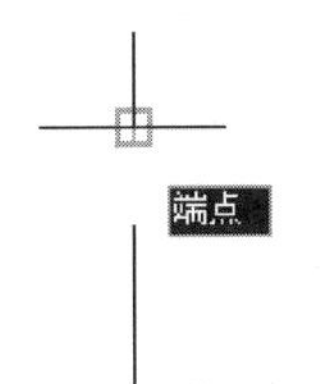

图 3－6　捕捉端点

无保持功能常开开关绘制 2

（12）鼠标向左上方滑动，使直线与水平面成120°角，线段长度输入13，回车，按Esc退出，如图3－7所示。

（13）设置对象捕捉为“中点”，单击直线命令按钮，将鼠标放于斜线，提示中点显示“△”标志，以中点为起点，鼠标左移，输入3.5，回车，按Esc退出，如图3－8所示。

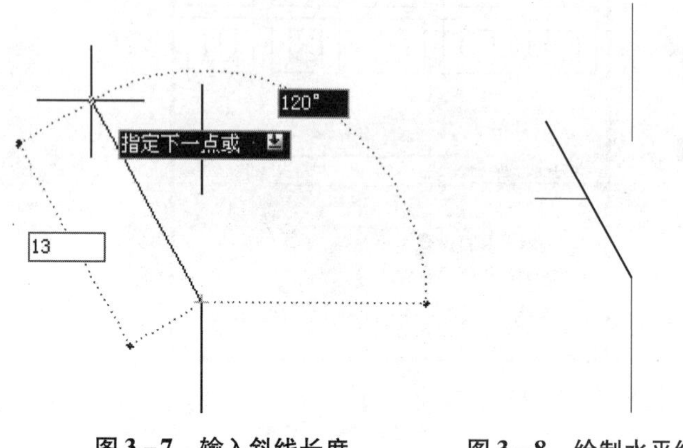

图3－7　输入斜线长度　　　图3－8　绘制水平线

无保持功能常开开关绘制3

（14）与步骤（13）所得直线水平，相距2.5mm处作与步骤（11）等长的线段，如图3－9所示。

（15）与步骤（14）所画线段左端对齐，在其上方2.5 mm平行画出3 mm线段。

（16）向下偏移步骤（15）得到的线段，偏移距离5 mm：

①单击修改工具栏“偏移”命令，如图3－10所示。

②指定偏移距离：输入5，回车。

③选择偏移的对象：单击步骤（13）得到的线段。

④指定要偏移的那一侧上的点：单击步骤（13）所得直线的下侧。

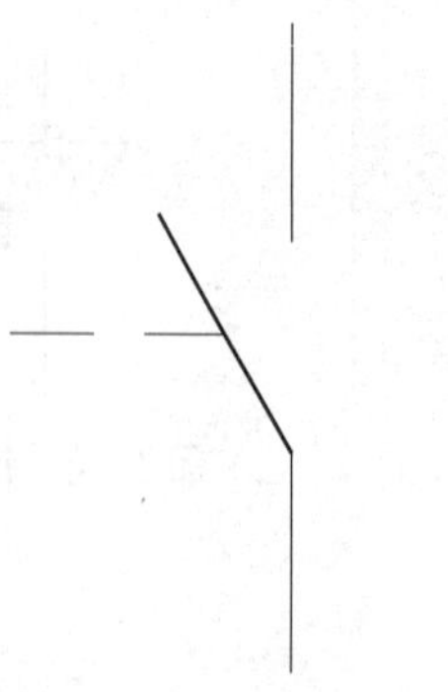

图3－9　绘制第二段水平线

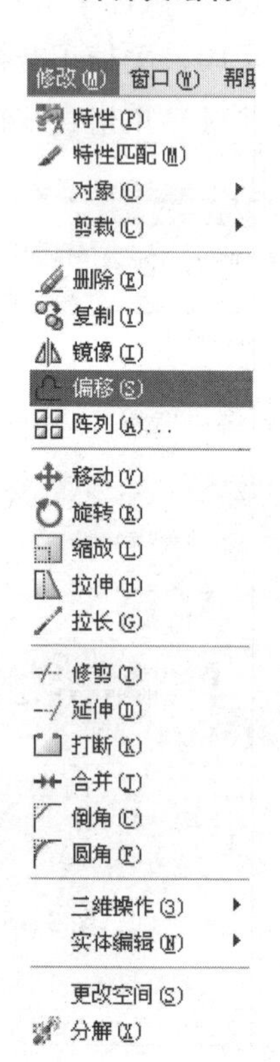

图3－10　偏移菜单

（17）用直线命令连接三条线段左侧端点，如图3－11所示。

绘图练习：绘制下列常见开关，如图 3－12 所示。

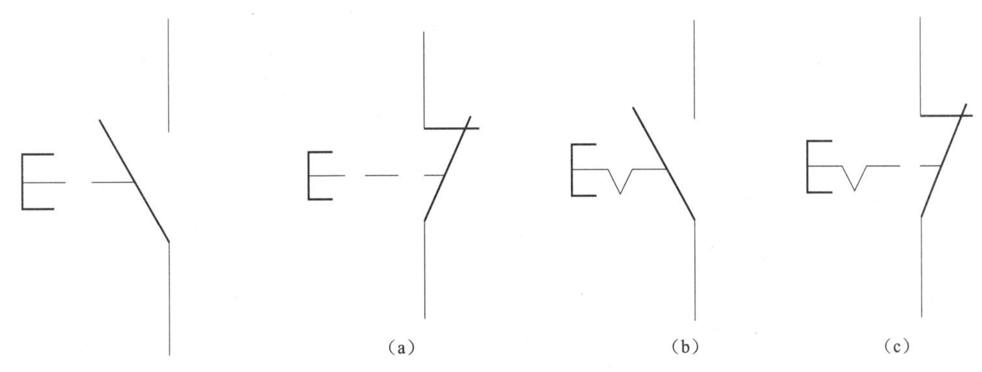

图 3－11　绘制最左端线段

图 3－12　常见开关

(a) 无保持功能常闭开关；(b) 闭锁式常开开关；(c) 闭锁式常闭开关

1.2　无保持功能蘑菇头常开触点开关绘制

无保持功能蘑菇头常开触点开关绘制

本项目中，将会对无保持功能蘑菇头常开触点开关绘制方法进行详细介绍。

绘制无保持功能蘑菇头常开触点开关与绘制无保持功能常开开关相似，右半部分绘制方法相同，这里介绍一种新的画法。

(1) 单击绘图 ，或菜单栏“绘图 | 直线”，启动直线命令，绘制 10 mm 长竖直线。

(2) 复制步骤 (1) 所得直线，向下平移 20 mm。

①单击修改工具栏 图标，或者工具栏“修改 | 复制”。

②选择对象，单击步骤 (1) 所绘直线，回车。

③选择基点：选择直线端点。

④鼠标向下移动，输入距离 20，回车。

(3) 单击直线按钮 ，选择下线段端点为起点，向左上画出与水平线成 120°直线，长度为 13 mm，回车。

(4) 重新启动直线命令，打开对象捕捉，设置对象捕捉为“端点、中点”，向左画出 2.5 mm 线段，间隔 2.5 mm 再画出一条 2.5 mm 线段，如图 3－13 所示。

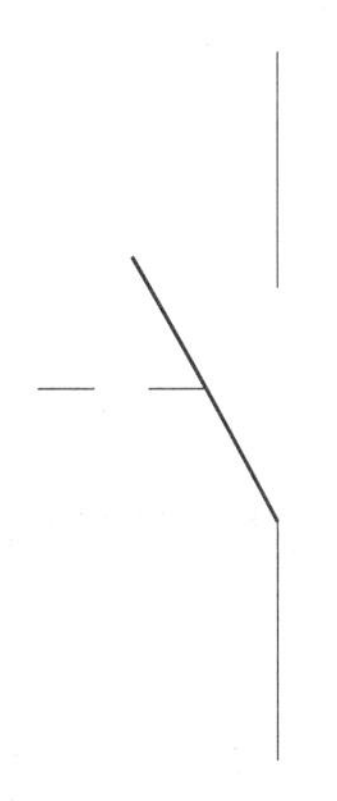

图 3－13　绘制水平虚线

(5) 在最左端画出如图 3－14 所示两条 3.5 mm 竖直线，以两条竖直线为端点，画出半径为 4 mm 的圆弧：

①菜单栏“绘图 | 圆弧 | 起点、端点、半径 (R)”，启动绘制圆弧命令，如图 3－14 所示。

②_arc 指定圆弧的起点或 [圆心 (C)]，单击竖直线上端点。

③指定第二个端点，单击竖直线的下端点。

④_r 指定圆弧的半径：命令栏输入 4，回车。

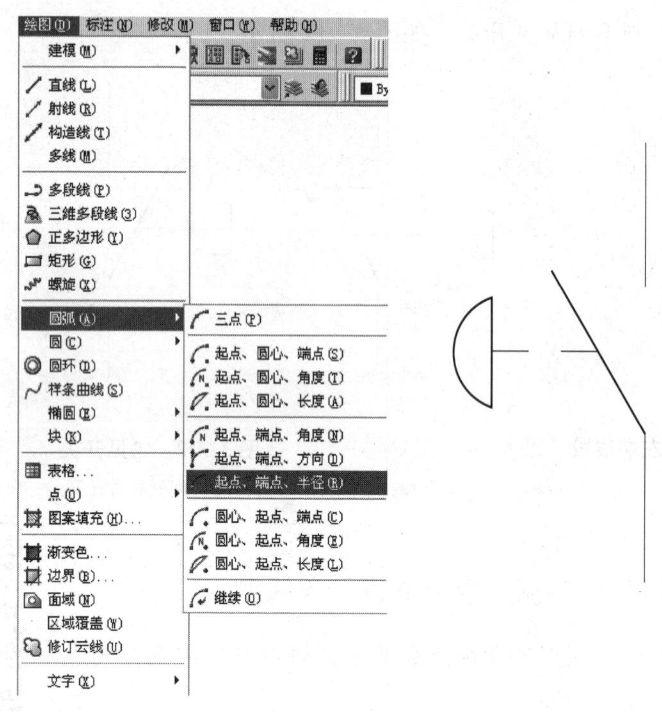

图 3－14　绘制圆弧按钮

绘图练习：绘制下列蘑菇头触点开关，如图 3－15 所示。

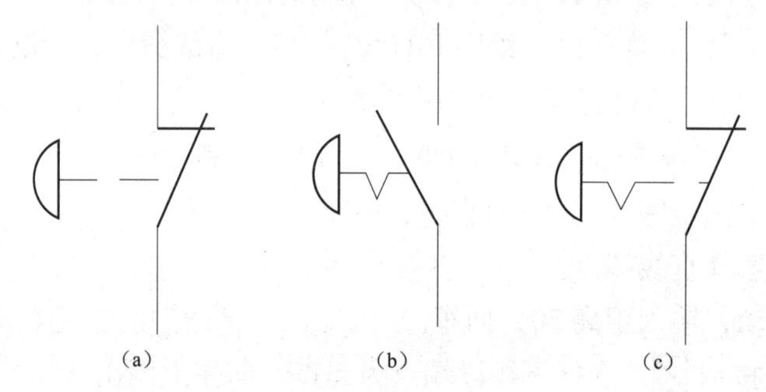

图 3－15　蘑菇头触点开关

a）无保持功能蘑菇头常闭触点开关；(b）闭锁式蘑菇头常开触点开关；(c）闭锁式蘑菇头常闭触点开关

1.3　带旋转装置的蘑菇头常开触点开关绘制

带旋转装置的蘑菇头常开触点开关绘制

本项目中，将会对带旋转装置的蘑菇头常开触点开关进行绘制。

带旋转装置的蘑菇头常开触点开关右侧绘制方法与无保持功能蘑菇头常开触点开关右侧绘制相同，不再赘述。绘制方法如下：

(1) 由项目 1.2 中步骤 (1)、(2)、(3) 得到右侧部分。

(2) 对象捕捉设置为“中点”，选择工具栏“直线”命令，鼠标捕捉到斜线中点，向左画出 3 mm 线段。

(3) 画出两条 3 mm，夹角为 60°的线段：

①单击工具栏“直线”命令，以最左侧端点为起点，与水平面夹角 120°，输入长度 3，回车，按 Esc 退出，如图 3 – 16 所示。

②单击工具栏“直线”命令，以步骤①所画直线最左侧为起点，与水平面夹角 120°，输入长度 3，回车，按 ESC 退出，单击“直线”命令，打开“正交”，从最左侧端点往左延伸 3 mm 线段，如图 3 – 17 所示。

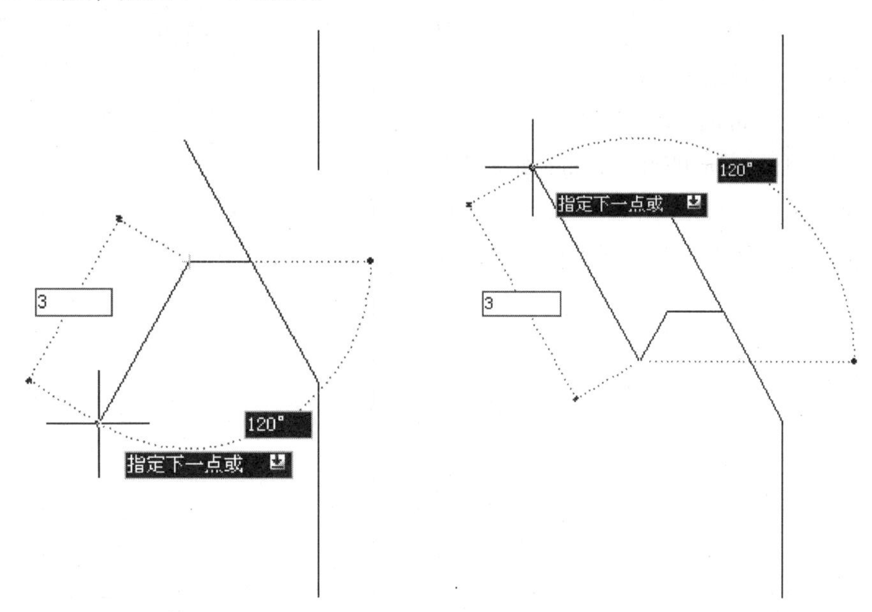

图 3 – 16　输入折线长度　　　　图 3 – 17　绘制另一条折线

（4）单击工具栏“直线”命令，间隔 1 mm，画出 2 mm 线段。

（5）在最左端画出如图 3 – 18 所示两条 3.5 mm 竖直线，以两条竖直线为端点，画出半径为 4 mm 的圆弧，具体操作步骤参考项目 1.2（5）。

（6）画出最后的四条 2.5 mm 线段，如图 3 – 18 所示。

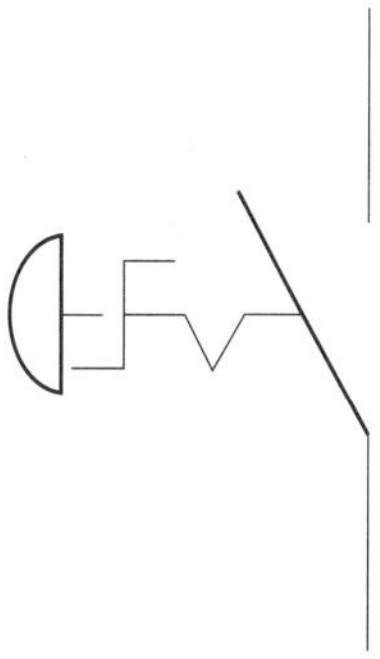

绘图练习：绘制下列特殊的蘑菇头触点开关，如图 3 – 19 所示。

图 3 – 18　绘制蘑菇按钮

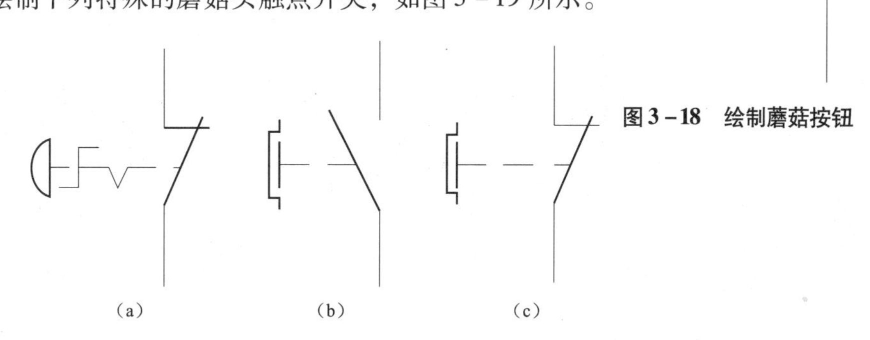

图 3 – 19　特殊的蘑菇头触点开关

(a) 带旋转装置的蘑菇头常闭触点开关；
(b) 凹式常开触点开关；(c) 凹式常闭触点开关

1.4　常开触点正极闭合开关绘制

常开触点正极闭合开关绘制

常开触点正极闭合开关如图3－20所示，其右侧与前三个开关右侧相同，画法也相同。绘制方法如下：

（1）由项目1.2中步骤（1）、（2）、（3）得到右侧部分。

（2）对象捕捉设置为“中点”，选择工具栏“直线”命令，鼠标捕捉到斜线中点，画出3.5 mm线段。

（3）间隔2.5 mm，画出倒“山”字形，最长线段为3.5 mm，其余都为2.5 mm。

（4）在“山”字形的上方5 mm处画出⊖图形：

①山字形上方5 mm画出半径2.5 mm圆，如图3－21所示。

②过圆心画出箭头，长度3.5 mm，短线的2.2 mm，与水平面夹角为30°，如图3－22所示。

图3－20　常开触点正极闭合开关　　图3－21　绘制半径2.5 mm圆　　图3－22　绘制箭头

绘图练习：绘制下列照明开关，如图3－23所示。

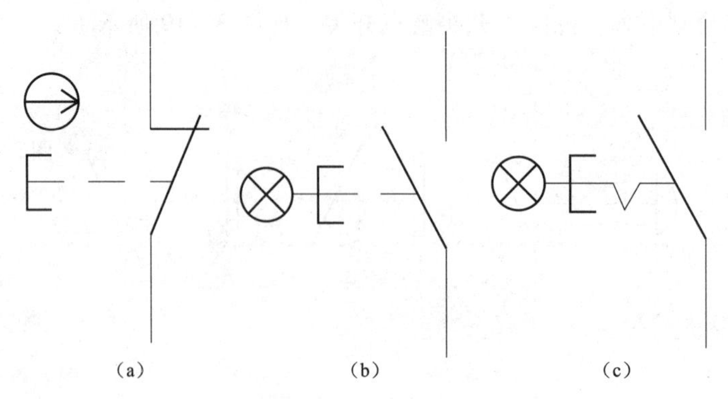

图3－23　照明开关

（a）常闭按钮正极闭合开关；（b）照明按钮常开触点开关；（c）照明非自动复位按钮常开触点开关

项目2　变压器和灯的绘制

本项目中，我们将学习常见变压器和灯的绘制，通过学习单相变压器的绘制、三相星—三角变压器的绘制、变压器闪烁指示灯的绘制和 LED 灯的绘制，掌握常见变压器和灯的绘制方法。

2.1　单相变压器的绘制

单相变压器的绘制

（1）启动 AutoCAD 2007 绘图程序。

（2）用鼠标左键单击工具栏按钮，在弹出的“选择样板”对话框选择合适的样板，这里我们选择“acadiso. dwt”样板，单击“打开”按钮，如图 3 – 24 所示。

图 3 – 24　“选择样板”对话框

（3）单击标题栏“图层特性管理器”按钮，如图 3 – 25 所示。

图 3 – 25　标题栏

①单击“图层特性管理器”按钮会弹出如图 3 – 26 所示的对话框。

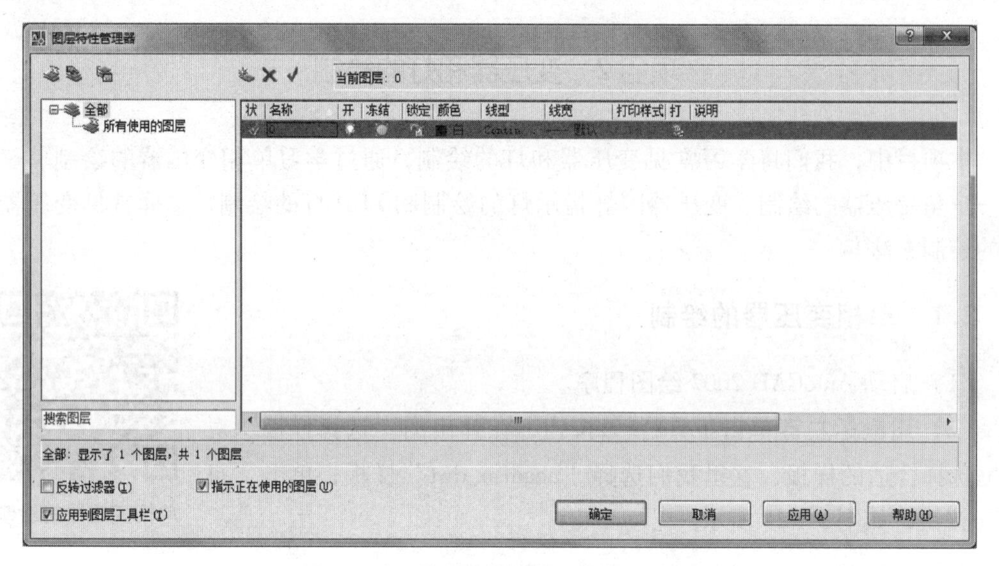

图 3－26 “图层特性管理器”对话框

②单击“新建图层”按钮，新建两个图层“图层1”“图层2”，如图3－27所示。

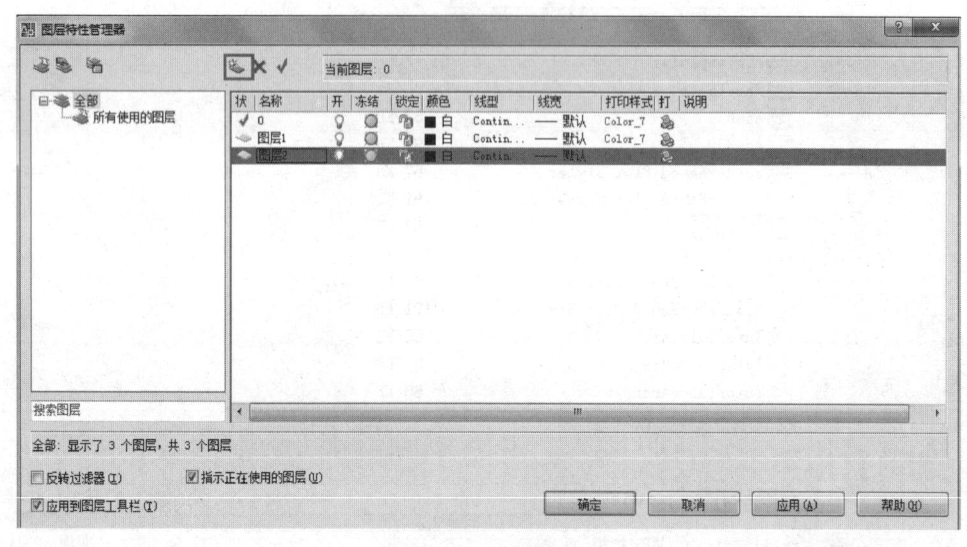

图 3－27 新建图层

③选中“图层1”，单击左键“图层1”，此时可以对图层进行重命名，重命名为“实线”，图层2命名为“虚线”，如图3－28所示。

④单击“虚线”图层中“线型”按钮，即黑色实线框中位置，如图3－29所示。

⑤单击后会弹出如图3－30所示对话框，单击加载，选中合适的线型，单击“确定”。选中加载的线型，单击“确定”，这样该图层就被设置成虚线层。

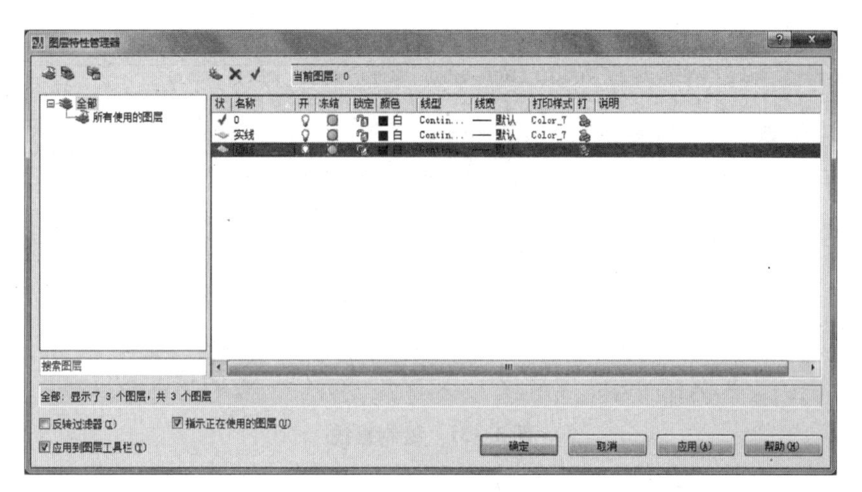

图 3－28　图层重命名

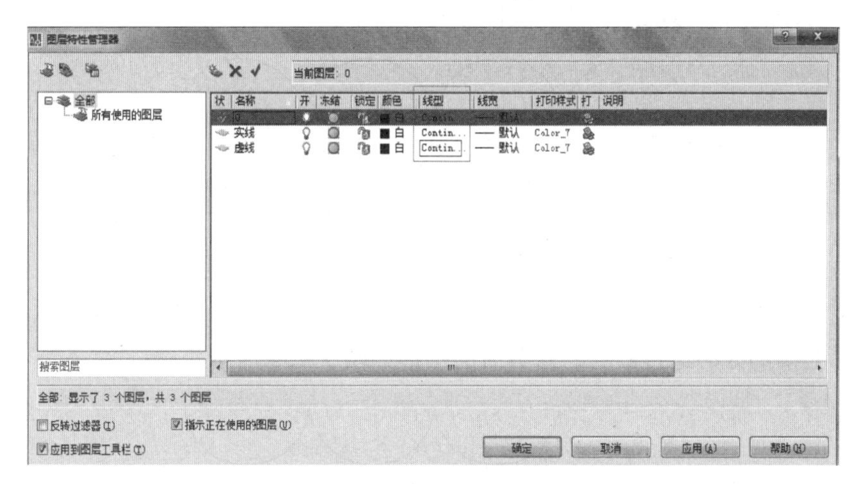

图 3－29　单击线型

图 3－30　设置图层

（4）先将当前图层设置为“实线”，然后画一条长为 20 mm 的直线，并定数等分为 8 段，具体操作可参考项目 1. 1（4）、（5）、（6），如图 3－31 所示。

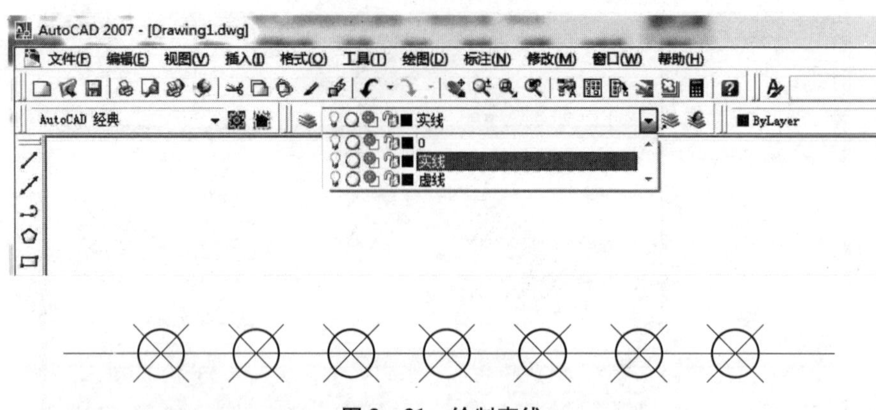

图 3－31　绘制直线

（5）以其中从左边数第1、3、5、7个点为圆心，画出半径为2. 5 mm的圆，这样就得到四个相切的圆，最后修改点样式，如图3－32所示。

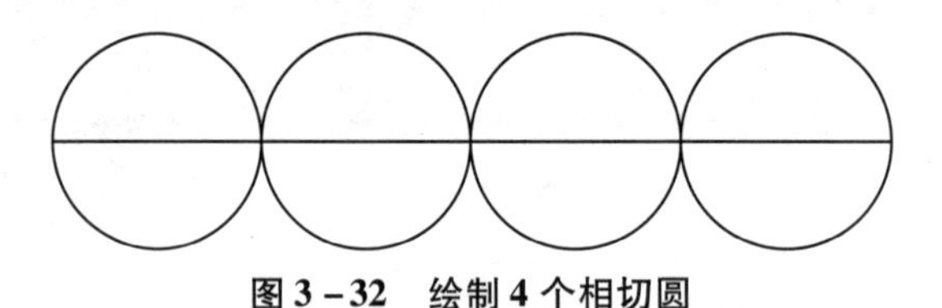

图 3－32　绘制 4 个相切圆

①单击修改工具栏“修剪”命令。

②选中图中所有图形，回车。

③选中上半部分的进行修剪，修剪后的图形如图3－33所示。

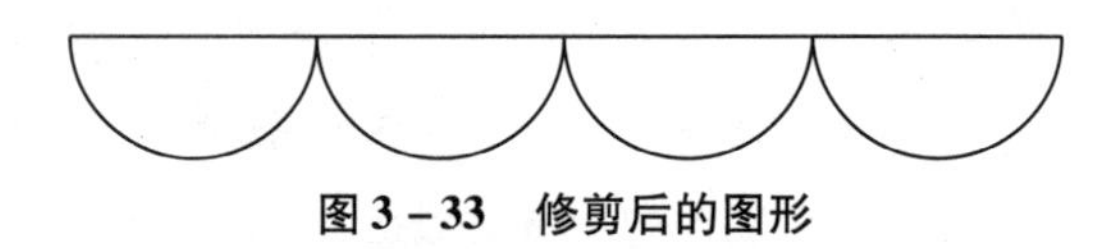

图 3－33　修剪后的图形

（6）画出两条10 mm线圈引线，图形如图3－34所示。

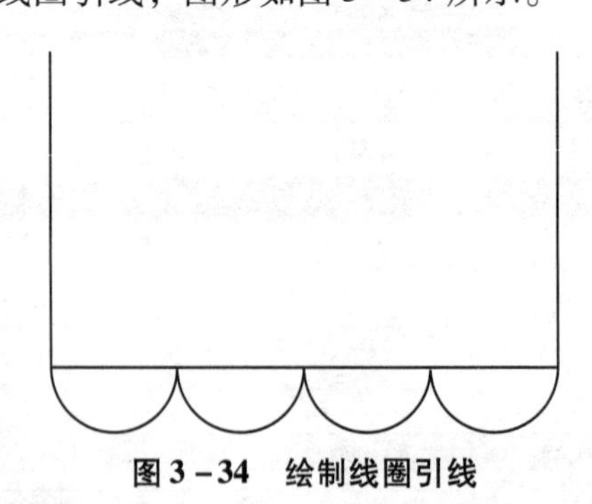

图 3－34　绘制线圈引线

（7）切换当前图层设置为“虚线”，在右侧工具栏选中“偏移”命令，根据提示，输入偏移距离5 mm，如图3－35所示，回车。选中穿过圆心的直线，然后在直线下方任意位置单击，得到与该直线平行的一条长为20 mm的直线。然后把穿过圆心的直线删除，如图3－36所示。

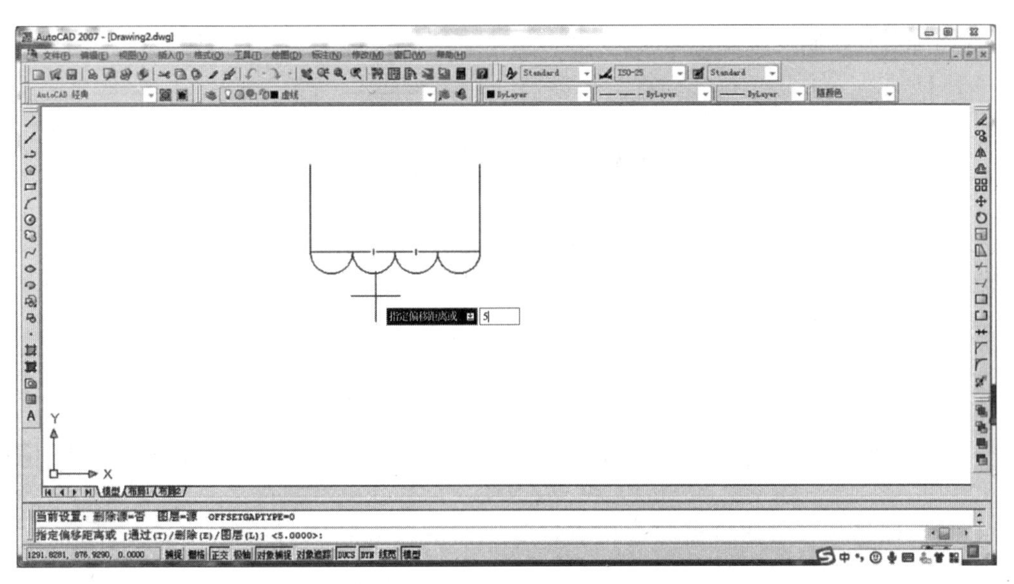

图 3－35　绘制平行间距为 5 mm

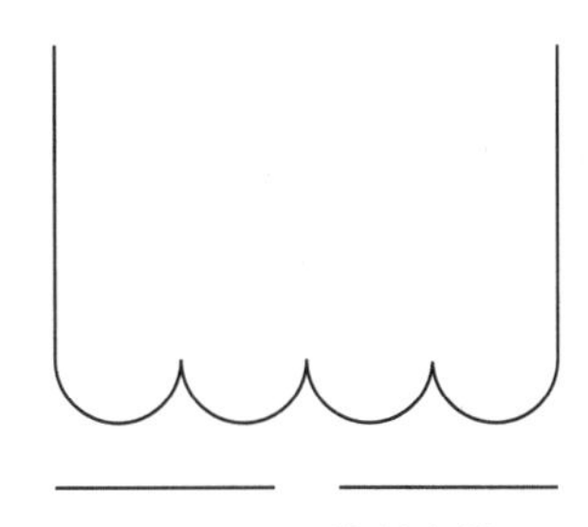

图 3－36　绘制虚线

(8) 选中"镜像"命令，对称得到变压器图形的另一边。

① 框选图形，回车，如图 3－37 所示。

②指定镜像线的第一点，选中虚线的左端点。

③指定镜像线的第二点，选中虚线的右端点，回车。

④得到的图形如图 3－38 所示。

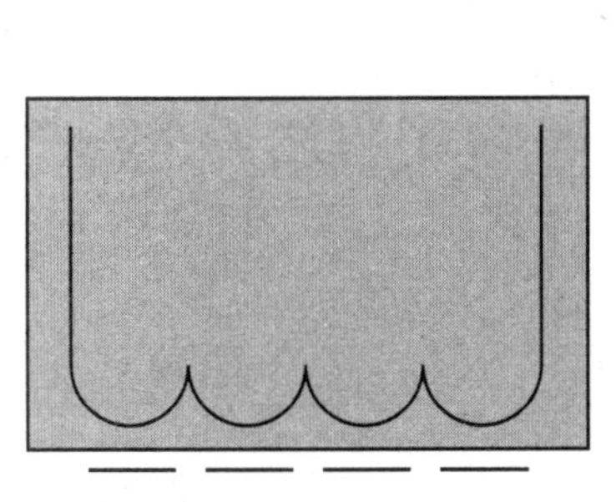

图 3－37　框选图形

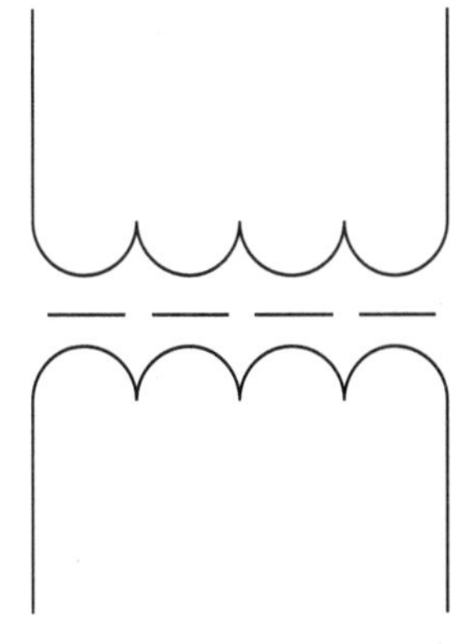

图 3－38　镜像图形

绘图练习：绘制变压器，如图3－39所示。

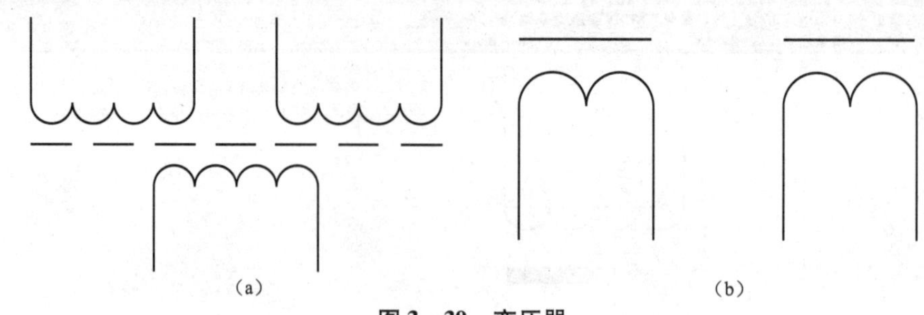

图3－39　变压器

(a) 双相变压器；(b) 带两个辅助的普通磁路

2.2　三相星—三角变压器的绘制

三相星—三角变压器的绘制

根据三相星—三角变压器图形特点，变压器的线圈画法与项目2.1类似，在此介绍一种新的画法，具体绘图步骤如下：

(1) 绘制4个纵向相切的圆。具体：绘制一个半径为2.5 mm的圆，再画第2个圆，启用画圆命令后，直接输入FROM回车，要求输入一个基点，选中第1个圆的圆心为基点。指定基点后提示，输入【偏移】：@5＜90，回车，输入圆半径2.5。(@5＜90，表示以上一个基点以90角度偏移5 mm的距离)，得到2个纵向相切的圆，如图3－40所示。用上述方法，再画出剩余的2个相切的圆，最终得到4个纵向相切的圆。

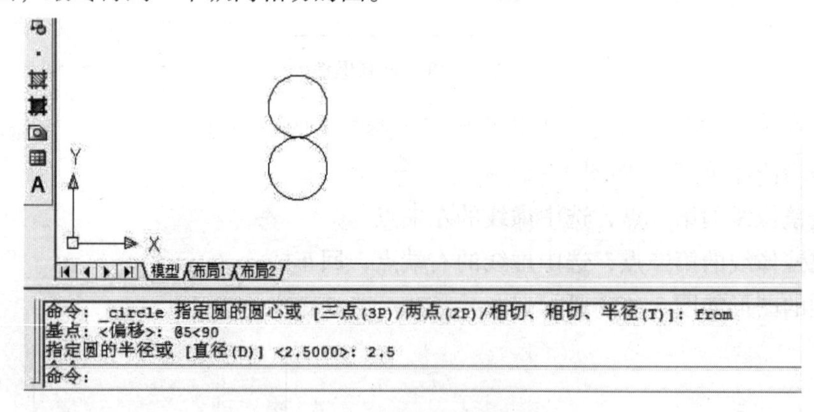

图3－40　2个纵向相切的圆

(2) 画一条穿过圆心的直线，然后修剪掉圆的左半部分，具体操作参考项目2.1 (5) 得到变压器线圈，如图3－41所示。

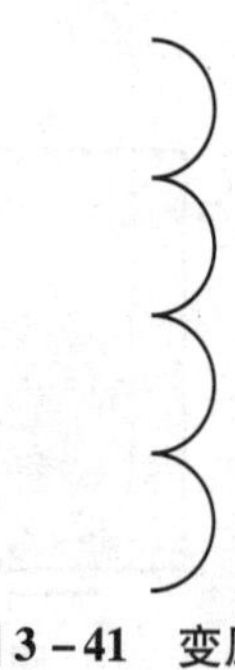

图3－41　变压器线圈

(3) 运用“阵列”命令，将线圈进行阵列复制：

①在修改工具栏中选择“阵列”命令，会弹出“阵列”对话框，如图3－42所示。

②选择“矩形阵列”，在行(W)、列(O)中分别填写2、3，即两行三列。

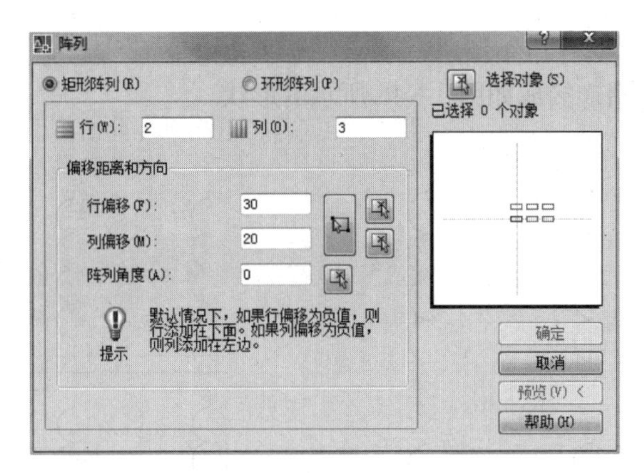

图 3－42　“阵列”对话框

③行偏移（F）、列偏移（M）、阵列角度（A）分别填写 30、20、0，即行偏移 30 mm，列偏移 20 mm，阵列角度为 0°。

④单击“选择对象”框选图形，回车，如图 3－43 所示。

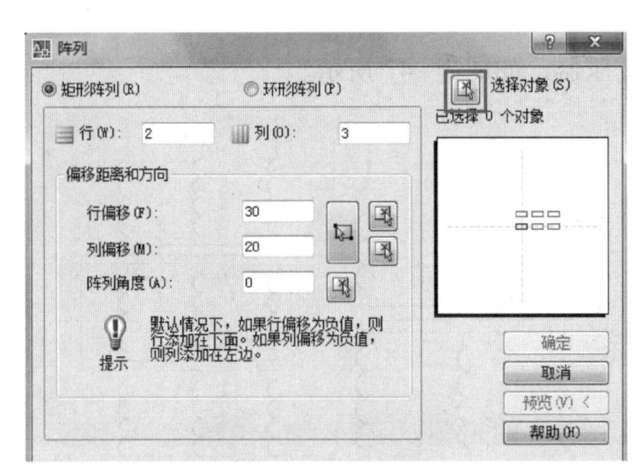

图 3－43　阵列设置

⑤单击“确定”，如图 3－44 所示。

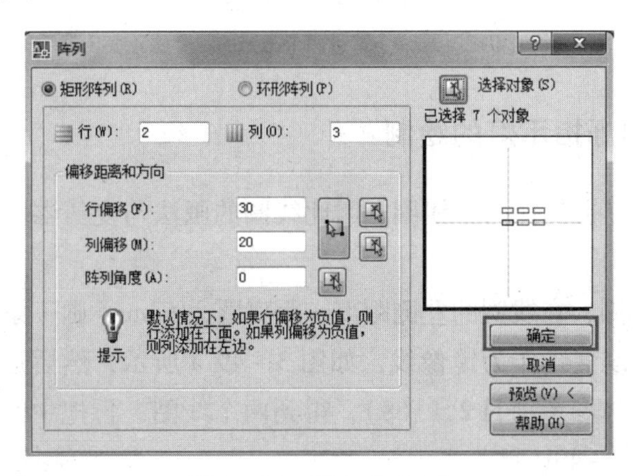

图 3－44　单击“确定”

生成的线圈如图 3－45 所示。

（4）用直线将线圈连接成如图 3－46 所示的形状。

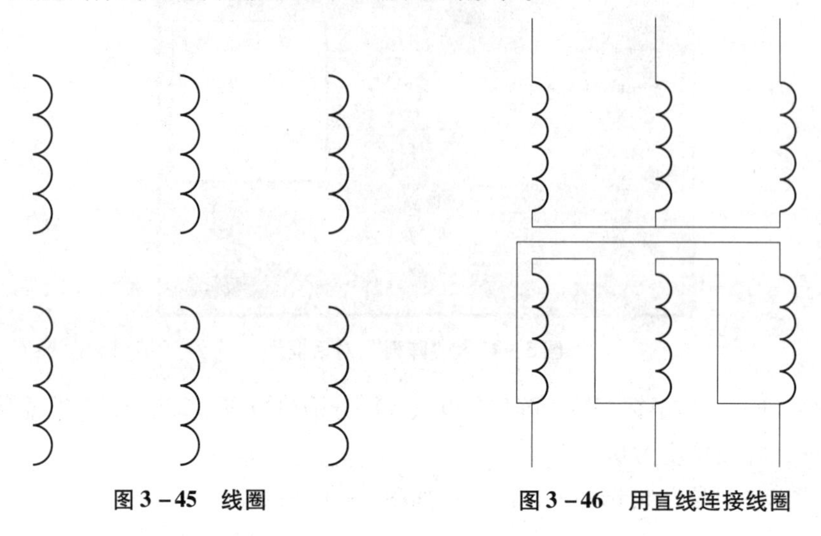

图 3－45　线圈　　　　图 3－46　用直线连接线圈

绘图练习：绘制变压器，如图 3－47 所示。

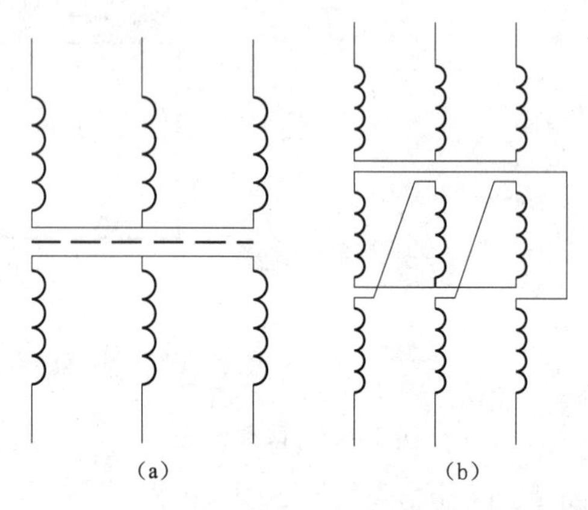

图 3－47　变压器

（a）三相变压器；（b）带两个磁路的独立磁路变压器

2.3　变压器闪烁指示灯的绘制

变压器闪烁指示灯也包括两个线圈，因此线圈的画法与变压器相似，如图 3－48 所示。

变压器闪烁指示灯的绘制

（1）先画纵向线圈，在线圈的左侧距离，距离圆心 5mm，画一条任意长竖直的直线，该直线作为镜像线，如图 3－49 a 所示，然后运用“镜像”命令，具体参考项目 2.1（8），得到两个线圈，再把中间的镜像线删除，如图 3－49b 所示。

（2）距离右侧线圈 10 mm 处，画出半径 5 mm 的圆。具体：启用画圆命令后，直接输入 FROM 回车，要求输入一个基点，选中中间两个圆的交点为基点。指定基点后提示，输入【偏移】：@5 <0，回车，输入圆半径 5（@5 <0，表示以上一个基点以 0 角度偏移 5 mm 的距离），如图 3 – 50 所示。

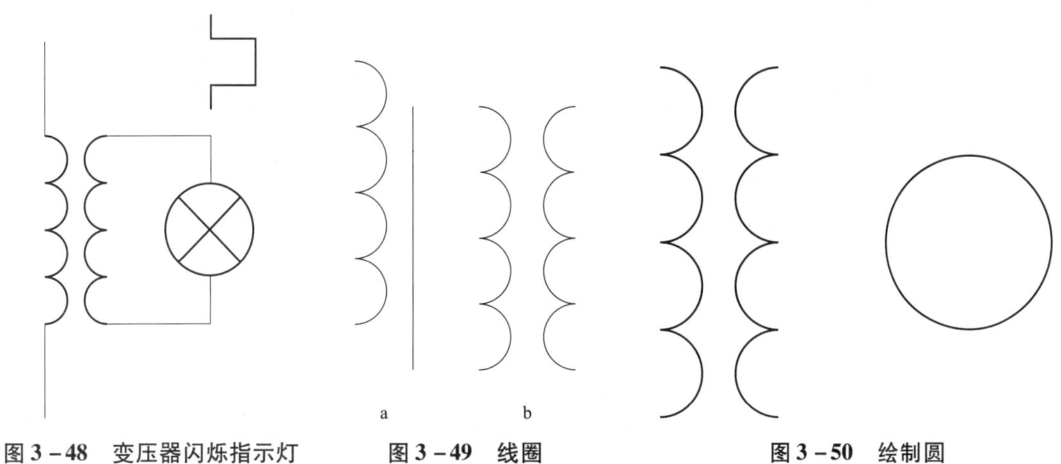

图 3 – 48　变压器闪烁指示灯　　**图 3 – 49　线圈**　　**图 3 – 50　绘制圆**

（3）将圆 8 等分，依次单击“绘图 | 点 | 定数等分”。

①选择要定数等分的对象，单击半径 5 mm 的圆。

②输入线段数目或［B］：8，回车。

③格式 | 点样式，选择一种“点样式”，单击“确定”，如图 3 – 51 所示。

④8 等分的圆上会出现如图 3 – 52 所示的点样式。

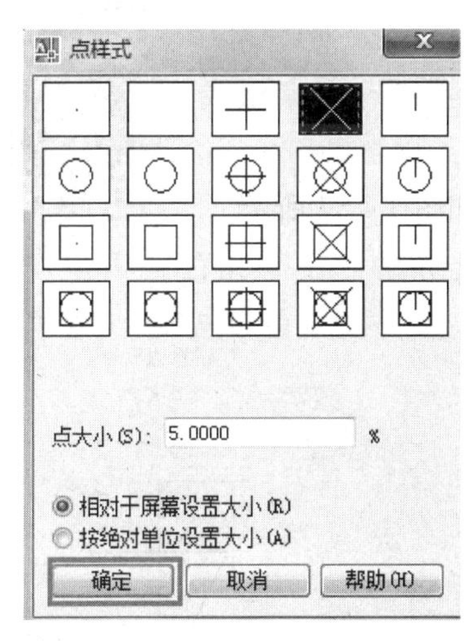

图 3 – 51

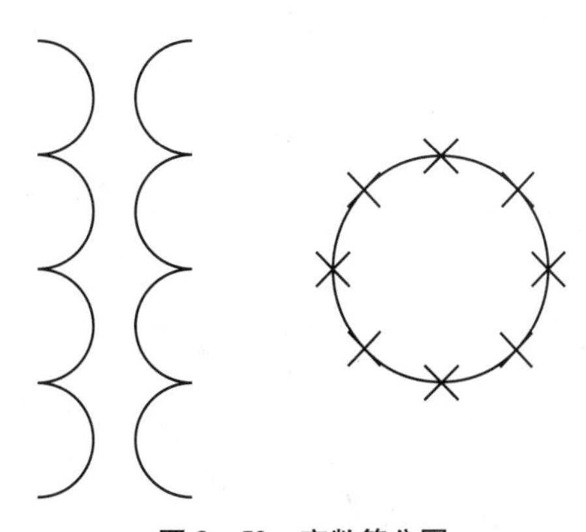

图 3 – 52　定数等分圆

（4）用直线连接对角两点，如图 3 – 53 所示。

（5）用“直线”命令完成剩余的图形，如图 3 – 54 所示。

绘图练习：绘制以下三种灯，如图 3 – 55 所示。

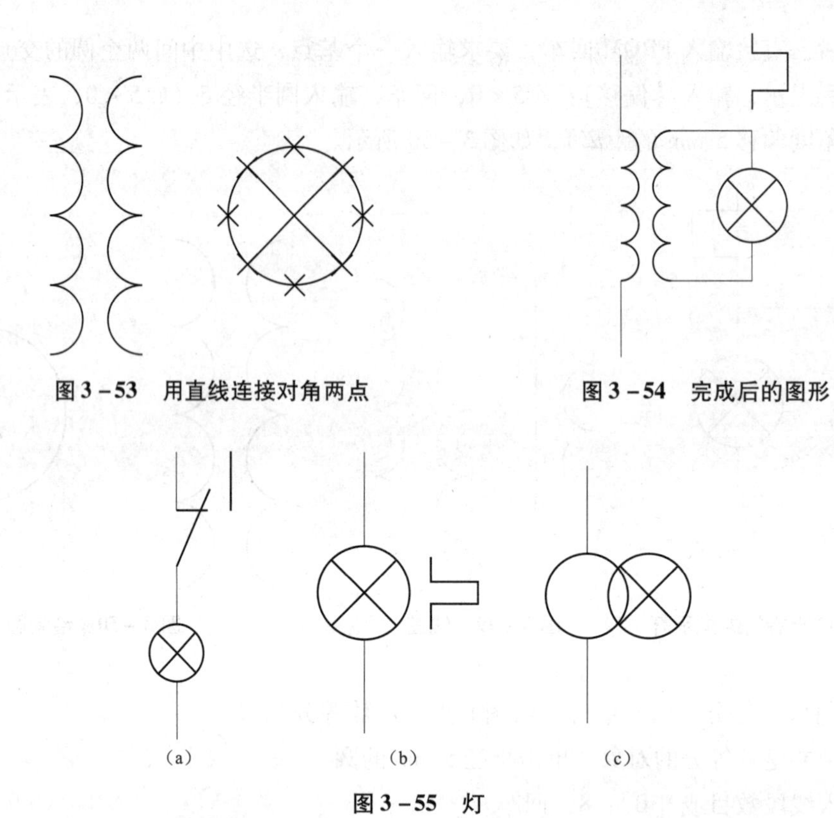

图 3－53　用直线连接对角两点

图 3－54　完成后的图形

图 3－55　灯

（a）按钮测试指示灯；（b）灯标；（c）变压器指示灯

2.4　LED 灯的绘制

LED 灯的绘制

如图 3－56 所示，LED 灯由三角形、直线和箭头 3 个元素组成。

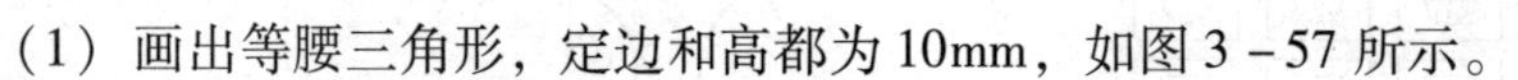

绘图步骤可以是等腰三角形、直线、箭头。

（1）画出等腰三角形，定边和高都为 10mm，如图 3－57 所示。

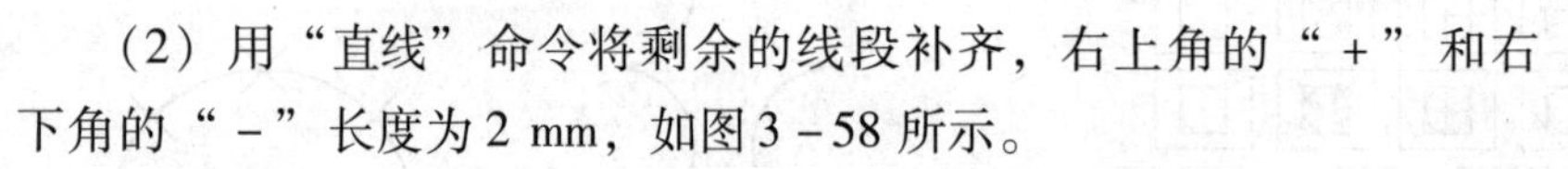

（2）用“直线”命令将剩余的线段补齐，右上角的“＋”和右下角的“－”长度为 2 mm，如图 3－58 所示。

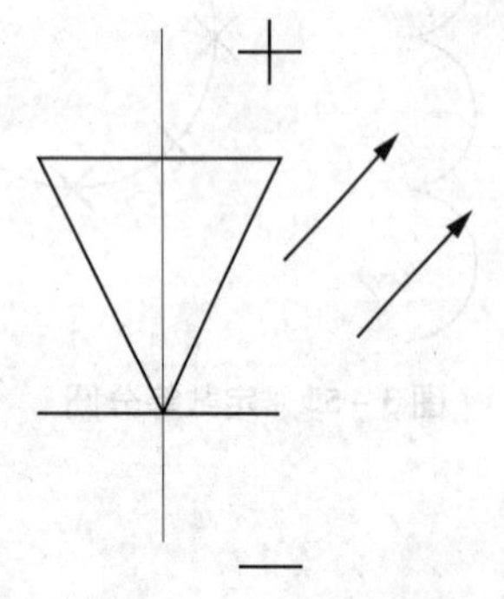

图 3－56　LED 灯 CAD 图

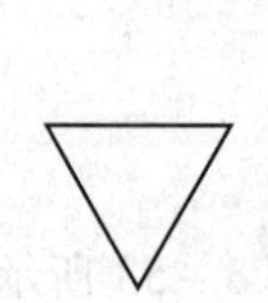

图 3－57　绘制等腰三角形

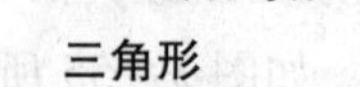

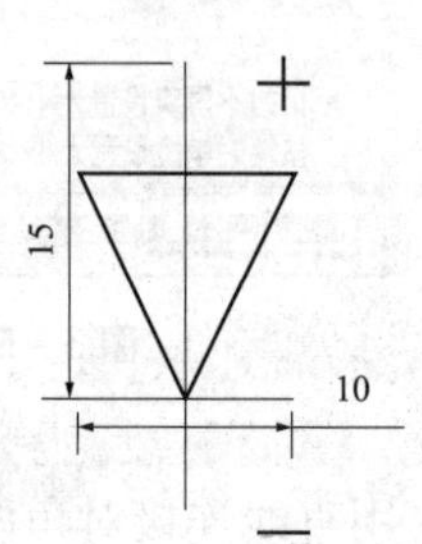

图 3－58　绘制“十”和“一”号

（3）绘制箭头，如图 3－59 所示。

①绘图工具栏里选择“多段线”命令。

②指定起点：在绘图区随意单击一点。

③命令框里输 W。

④指定起点宽度：输入 0，回车，即起点宽度为 0。

⑤指定端点宽度：输入 1.5，回车，即箭头底部宽度 1.5 mm。

⑥高度输入 3 mm，回车。

⑦箭头尾部直线为 5 mm。

⑧修改工具栏里选择“旋转”命令，将箭头进行顺时针旋转 45°。

⑨通过镜像偏移命令，将箭头偏移 5 mm，并将两箭头平移到图中合适位置，如图 3－60 所示。

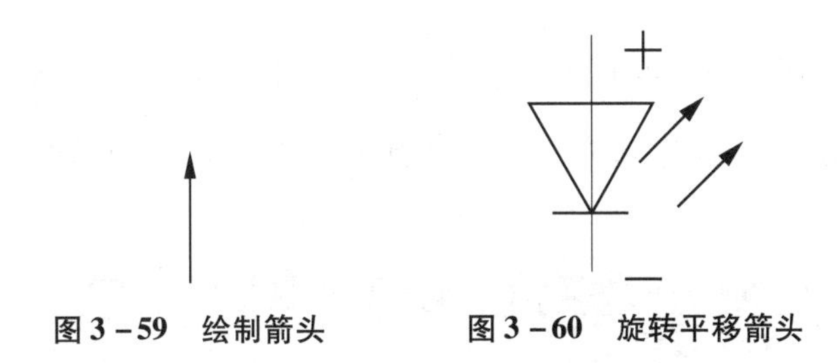

图 3－59　绘制箭头　　　　**图 3－60　旋转平移箭头**

绘图练习：绘制 LED 灯，如图 3－61 所示。

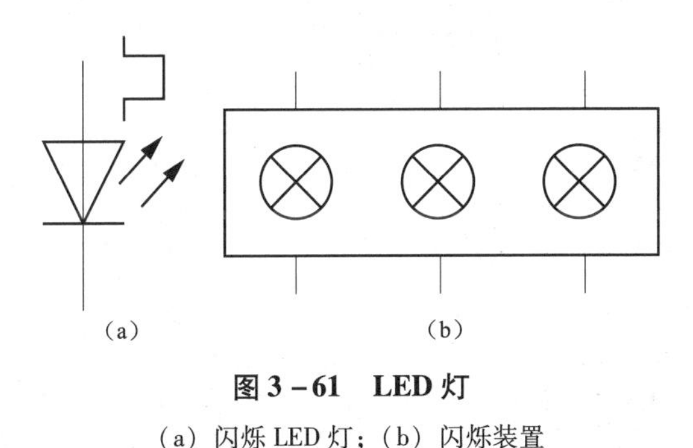

图 3－61　LED 灯

（a）闪烁 LED 灯；（b）闪烁装置

项目 3　断路器和继电器的绘制

本项目中，我们将学习常见断路器和继电器的绘制，通过学习单级断路器的绘制、带电路保护断路器的绘制、闭锁式继电器的绘制和带集成块二极管继电器的绘制，掌握常见断路器和继电器的绘制方法。

断路器的绘制

3.1　单级断路器的绘制

单级断路器和开关的绘制相似。

（1）先用直线命令绘制开关，如图 3－62 所示。

（2）绘制黑色方块：

①绘制边长为 2. 5 mm 的方框，如图 3－63 所示，方框距离直线末端 2. 5 mm。

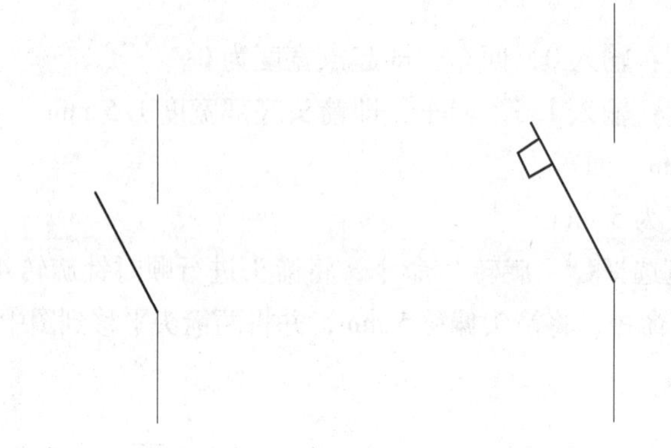

图 3－62　绘制开关　　　　图 3－63　绘制方块

②单击绘图工具栏里“图案填充”，会弹出“图案填充和渐变色”对话框，如图 3－64所示。

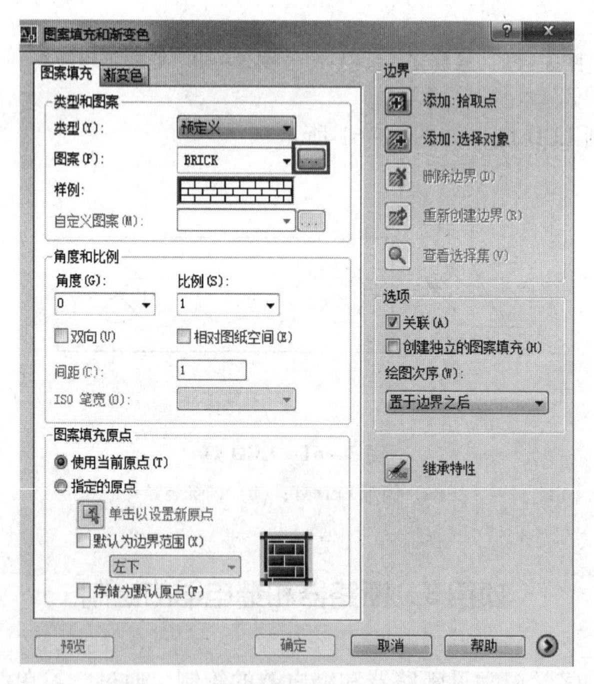

图 3－64　“图案填充和渐变色”对话框

③点开上图标记的按钮，会弹出“图案填充”选项对话框，选择“solid”单击“确定”。

④回到“图案填充和渐变色”对话框，单击“添加：拾取点”。

⑤回到绘图区，鼠标单击小方框内部，回车。

⑥回到“图案填充和渐变色”对话框，单击“确定”，得到的图形如图 3－65 所示。

（3）通过直线命令，完成剩余操作，交叉线段长度为 3 mm，如图 3－66 所示。

图 3－65　填充方块　　**图 3－66　绘制交叉线段**

绘图练习：绘制断路器，如图 3－67 所示。

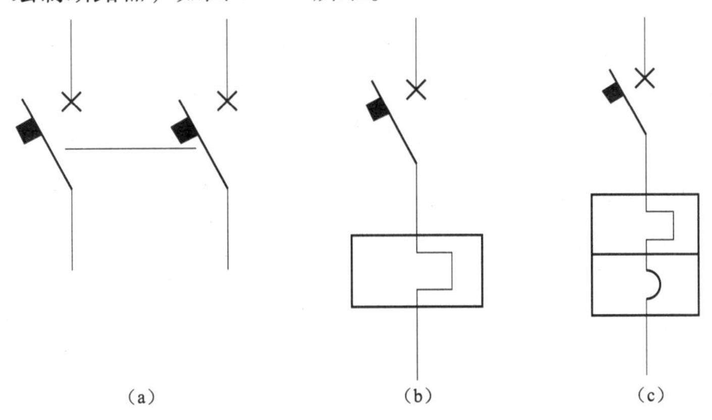

图 3－67　断路器的绘制

（a）双极断路器；（b）带热保护断路器；（c）带电磁保护/热保护断路器

3.2　带电路保护断路器的绘制

带电路保护断路器的绘制

带电路保护断路器如图 3－68 所示，图中线型有实线和虚线两种，因此需要建两个图层，具体绘制步骤如下：

（1）建立两个图层，分别将图层重命名为“实线”和“虚线”。

（2）将“实线”图层设置为当前图层，绘制开关部分，如图 3－69 所示。

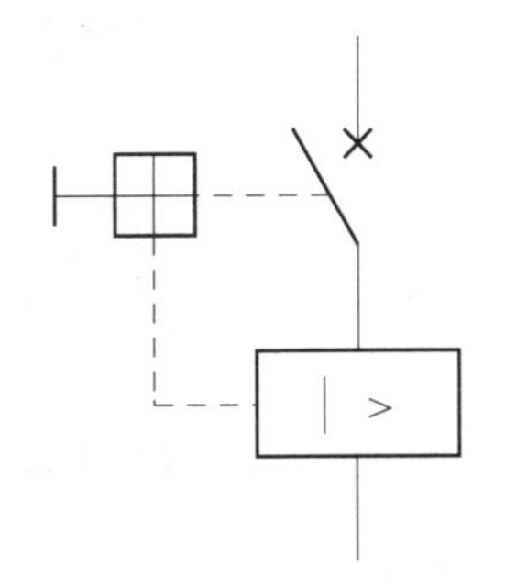

图 3－68　带电路保护断路器

图 3－69　开关部分

（3）距离斜线中点13 mm，运用直线命令绘制“田”字形，正方形边长为10，如图3－70所示。

（4）运用直线命令绘制长宽分别为20 mm和10 mm的长方形，如图3－71所示。

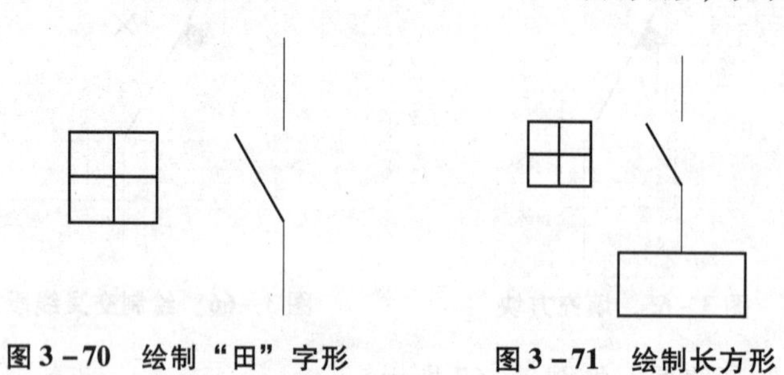

图3－70　绘制“田”字形　　图3－71　绘制长方形

（5）运用直线命令绘制长方形下方10 mm线段，线段起点为长方形边的中点，如图3－72所示。

（6）绘制“田”字形左侧部分，横线的长度为6 mm，竖线的长度为5 mm，如图3－73所示。

图3－72　绘制长方形下方线段　　图3－73　绘制“田”字形左侧部分

（7）通过直线命令，绘制开关部分交叉线段，交叉线段长度为3 mm，如图3－74所示。

（8）将当前图层设置为“虚线”，运用直线命令，用虚线补齐图中所缺部分，如图3－75所示。

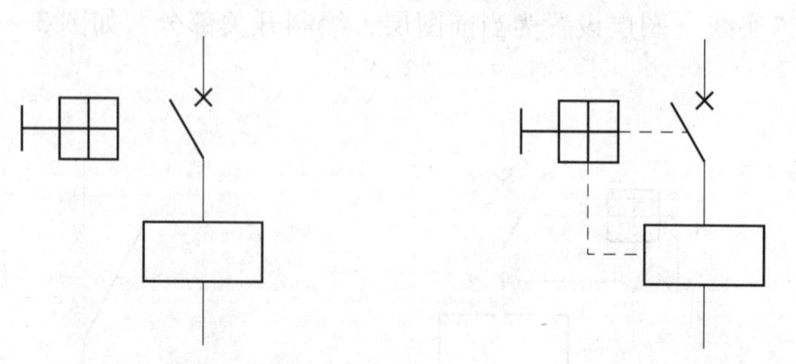

图3－74　绘制开关部分交叉线段　　图3－75　绘制虚线连接线

绘图练习：绘制断路器，如图3－76所示。

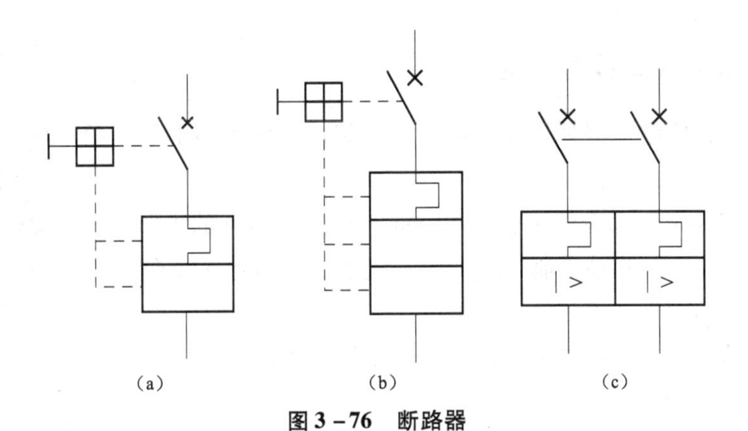

图 3－76　断路器

（a）最大热保护和电流保护断路器；（b）最大热保护和差动断路器；（c）限流＋热保护断路器

3.3　闭锁式继电器的绘制

闭锁式继电器的绘制

闭锁式继电器的图形如图 3－77 所示，它由矩形、三角形和直线组成，绘制方法有很多种，这里仅介绍一种，绘制步骤如下：

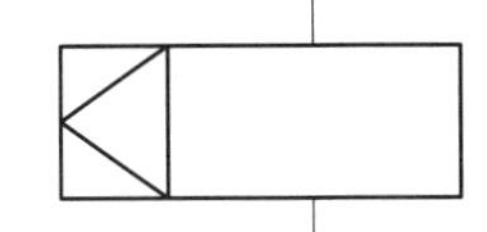

图 3－77　闭锁式继电器

（1）用直线命令绘制长为 20 mm，宽为 10 mm 的矩形。

（2）在左侧绘制长为 10 mm，宽为 7.5 mm 的矩形，如图 3－78 所示。

（3）打开“对象捕捉”，对象捕捉中勾选“中点”，运用直线命令，捕捉中点绘制三角形部分。

（4）绘制最后两条竖直线，长度为 10 mm。

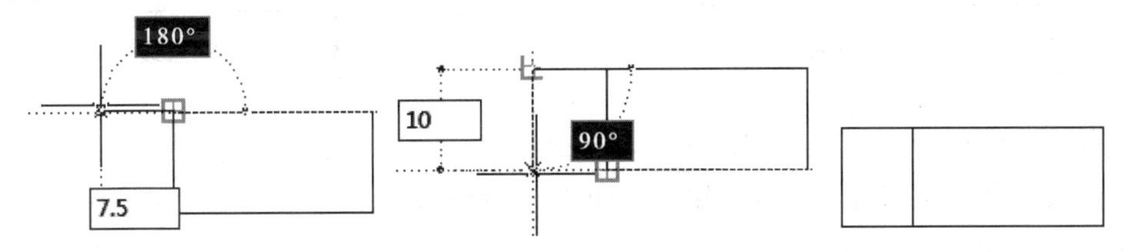

图 3－78　绘制矩形

绘图练习：绘制继电器，如图 3－79 所示。

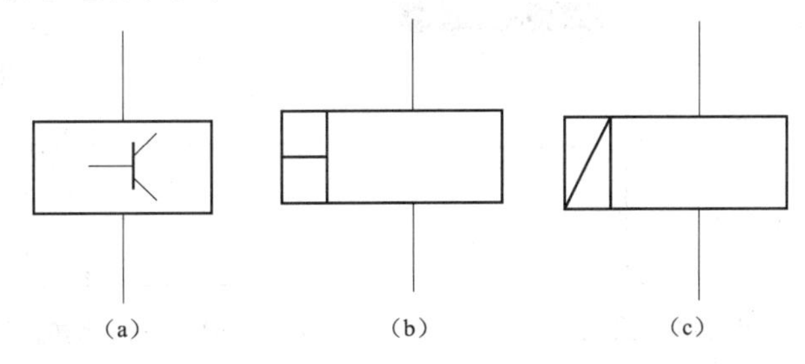

图 3－79　继电器

（a）固态继电器；（b）高速继电器；（c）延迟继电器

3.4 带集成块二极管继电器的绘制

带集成块二极管继电器的绘制

带集成块二极管继电器如图3－80所示，组成元素为矩形、三角形和直线，绘制方法如下：

（1）运用“矩形”命令绘制长为20 mm，宽为10 mm的矩形。

①单击工具栏▭，启动绘制矩形命令，提示“指定第一个角点”，在绘图区随意单击一下，指定第一个角点。

②命令行输入D，提示“指定矩形的长度”，输入20，回车。

③提示“指定矩形的宽度”，输入10，回车。

④移动鼠标确定矩形的位置，单击左键确定位置。

（2）在矩形的正右方绘制底边长为10 mm，高为10 mm的等腰三角形，如图3－81所示。

（3）运用直线命令绘制剩余线段：

①以距离矩形右上角点正上方10 mm为起点，矩形中点为终点绘直线，如图3－82所示。

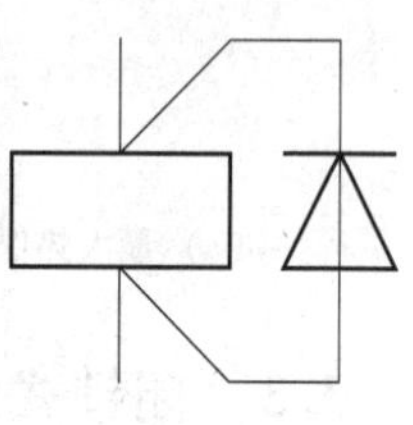

图3－80　带集成块二极管继电器

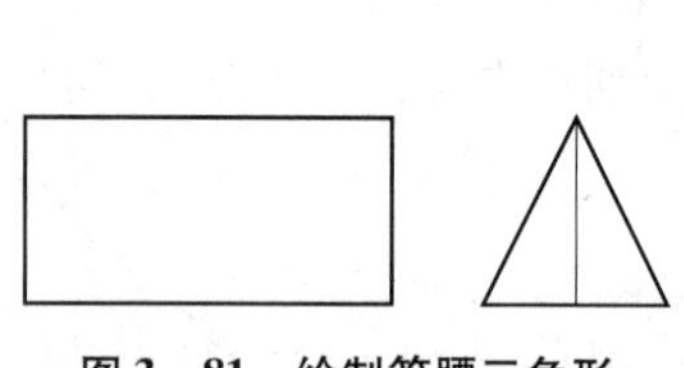

图3－81　绘制等腰三角形

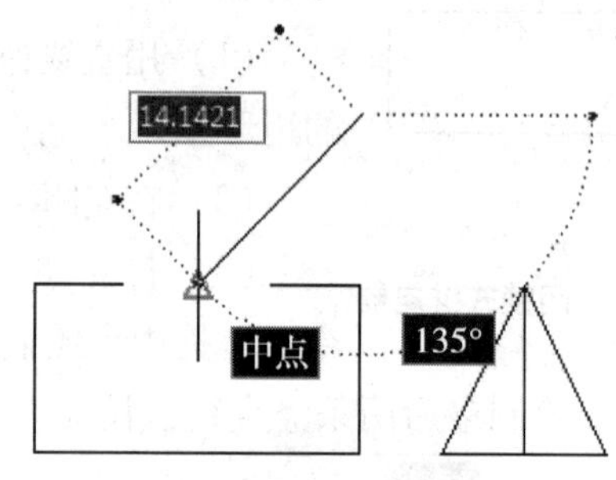

图3－82　绘制直线

②绘制10 mm水平直线，如图3－83所示。

③连接三角形顶点与水平线右端点，如图3－84所示。

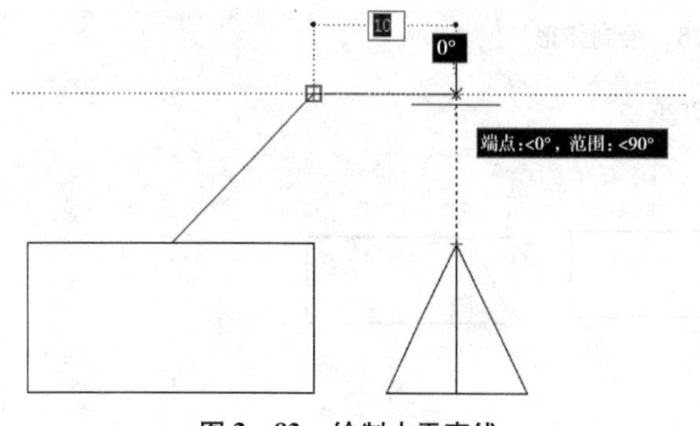

图3－83　绘制水平直线

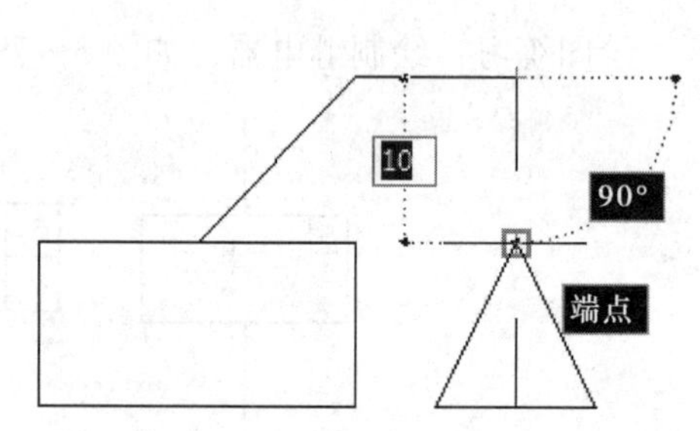

图3－84　连接三角形顶点与水平线右端点

④同理，下半部分绘制方法相同，如图3－85所示。

（4）将剩余图形补齐，线段长度为 10 mm，如图 3 - 86 所示。

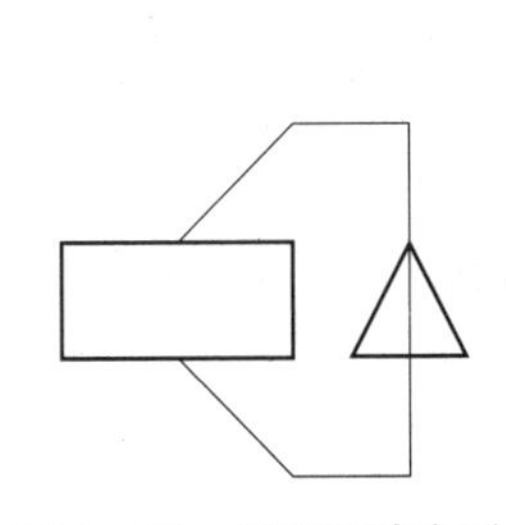

图 3 - 85 绘制下半部分

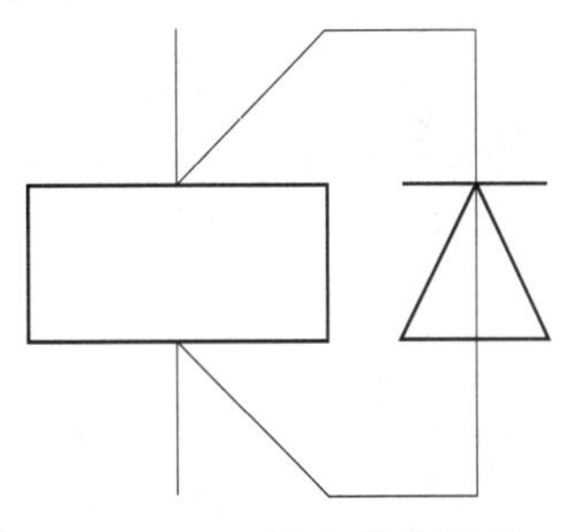

图 3 - 86 补齐剩余图形

绘图练习：绘制继电器，如图 3 - 87 所示。

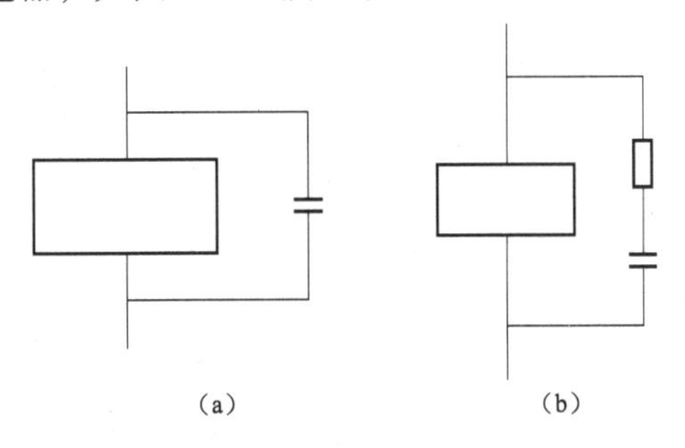

图 3 - 87 绘制继电器

（a）带电容的继电器；（b）带电阻—电容回路的继电器

项目 4 电机和熔断器的绘制

本项目中，我们将学习常见电动机和熔断器的绘制，通过学习直流电动机的绘制、带复励的直流发电机的绘制、熔断器的绘制和带白炽灯指示的熔断器绘制，掌握常见电动机和熔断器的绘制方法。

直流电动机的绘制

4.1 直流电动机的绘制

直流电动机的图形由直线、虚线和圆组成，圆的半径是 15 mm，圆内实线线段和虚线线段的长度都为 10 mm，长竖线的长度为 30 mm，与其相连水平线长度为 5 mm，如图 3 - 88所示。

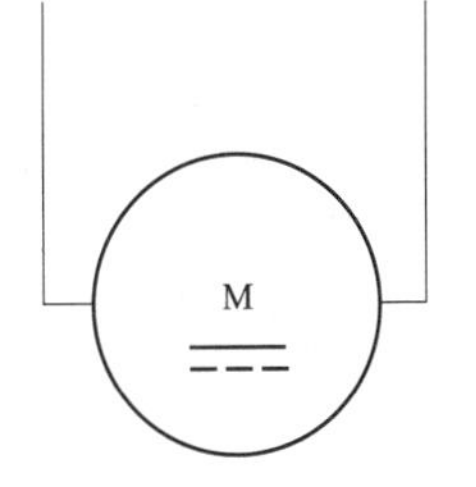

图 3 - 88 直流电动机图形

（1）绘制半径为 15 mm 的圆。

（2）分别用直线和虚线绘制 10 mm 线段，实线距离圆心 5 mm，虚线与实线间距为 2 mm。

（3）用直线命令绘制左右对称的“耳朵”部分，竖线长 30 mm，水平短线长 5 mm。

（4）单击绘图工具栏 🅰，插入文字。

①鼠标左键拖出文字区域，会弹出“文字格式”对话框，如图3－89所示。

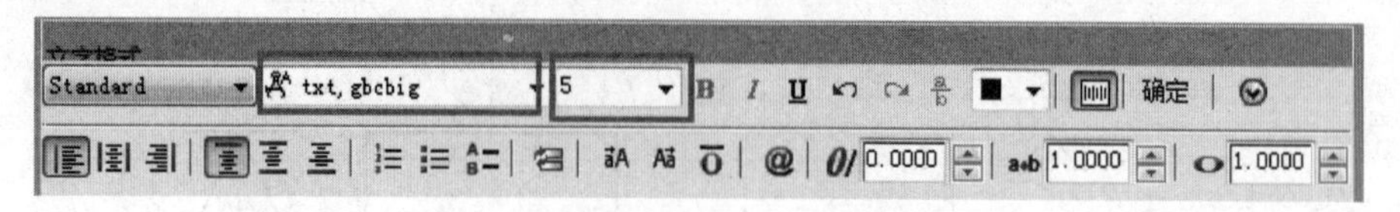

图3－89　“文字格式”对话框

②选择合适的字体类型及文字高度。

③文本框里填写M，单击确定，如图3－90所示。

绘图练习：绘制电动机，如图3－91所示。

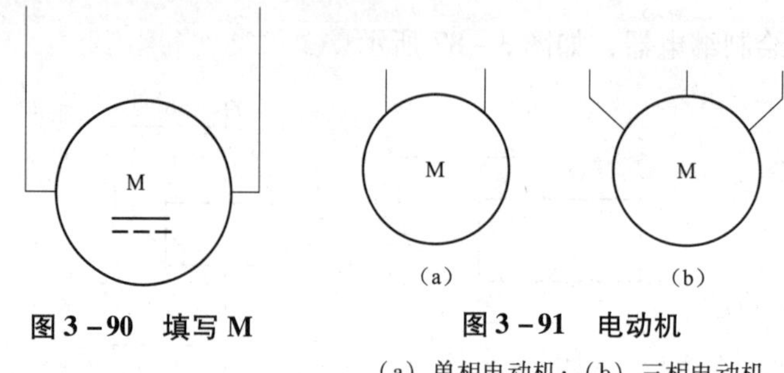

图3－90　填写M

图3－91　电动机

（a）单相电动机；（b）三相电动机

4.2　带复励的直流发电机的绘制

带复励直流发电机的绘制

图3－92所示为带复励的直流发电机，图由圆、半圆、填充阴影、直线和虚线组成，绘制方法如下：

（1）与4.1相同，首先绘制半径为15 mm的圆，如图3－93所示。

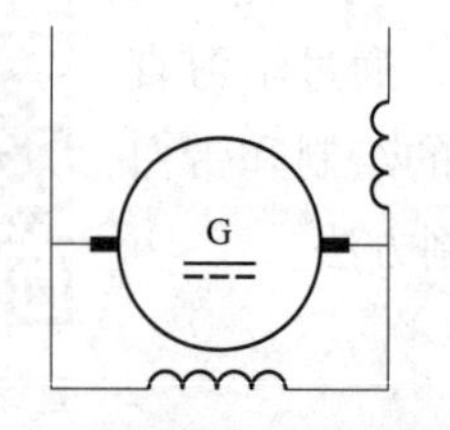

图3－92　带复励的直流发电机

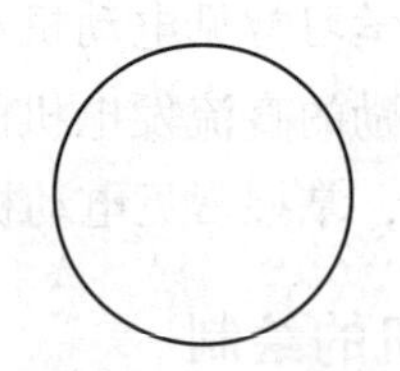

图3－93　绘制圆

（2）通过直线命令在圆左侧距离圆心19 mm处向上绘制1 mm线段，向右绘制水平线与圆相接，如图3－94所示。

（3）同理，绘制下半部分，如图3－95所示。

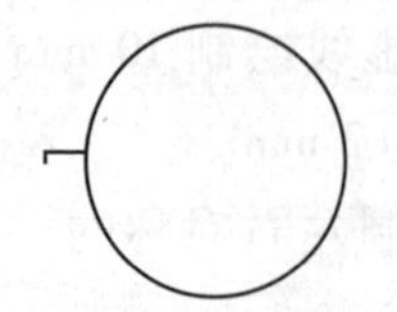

图3－94　绘制左侧上半部分

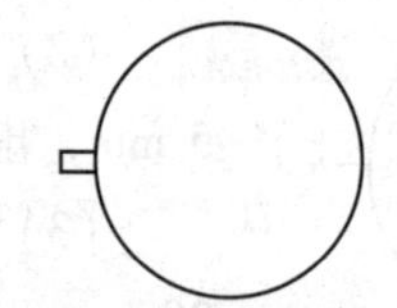

图3－95　绘制下半部分

（4）通过镜像绘制右侧对称部分，如图 3－96 所示。

（5）运用“填充”命令，将左右耳朵部分进行黑色填充，如图 3－97 所示。

（6）图形下方绘制“线圈”，线圈通过绘制 4 个水平布置并相互外切的圆，切掉下半部分得到，如图 3－98 所示。

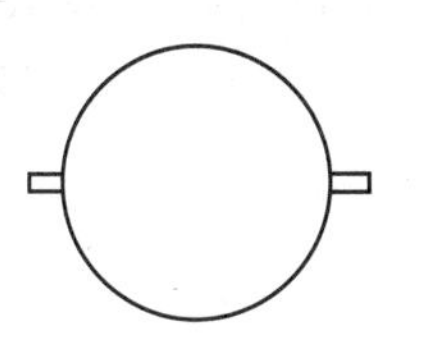

图 3－96　绘制右侧对称部分

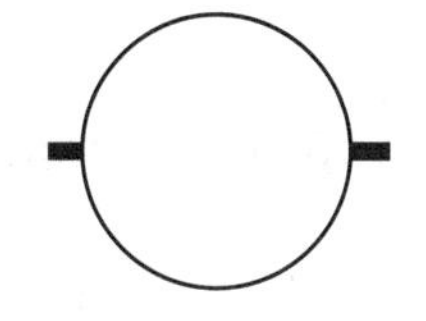

图 3－97　黑色填充

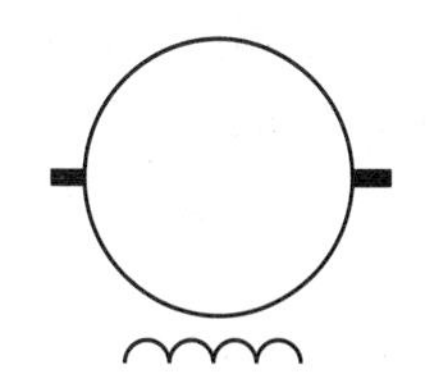

图 3－98　绘制下方线圈

（7）同理，右方绘制 3 个竖直排布并相互外切的圆，切掉右半部分，小圆圆心距离大圆圆心 25 mm，如图 3－99 所示。

（8）运用直线命令完成剩余图形，如图 3－100 所示。

（9）在中心大圆中绘制 10 mm 的实线和虚线，间隔 2 mm，并在圆中心添加文字 G，如图 3－101 所示。

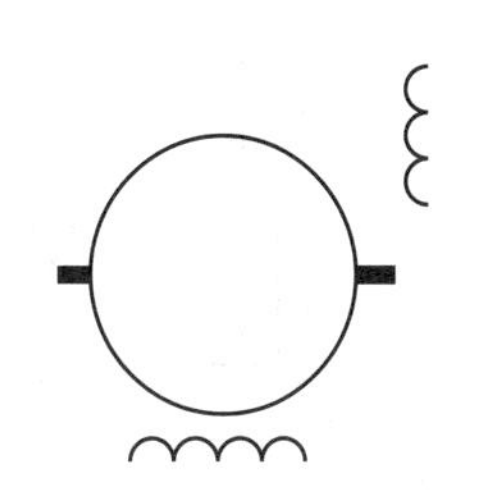

图 3－99　绘制右方线圈

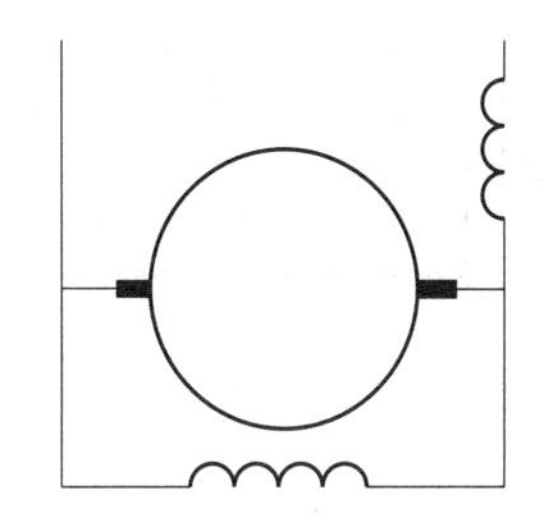

图 3－100　完成剩余图形

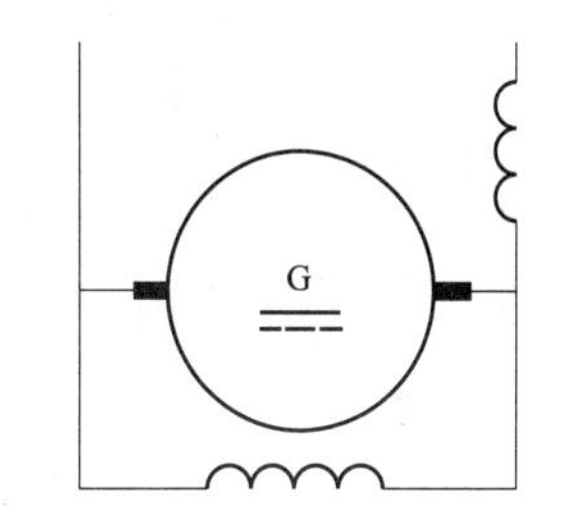

图 3－101　添加文字及横线

绘图练习：绘制电动机和发电机，如图 3－102 所示。

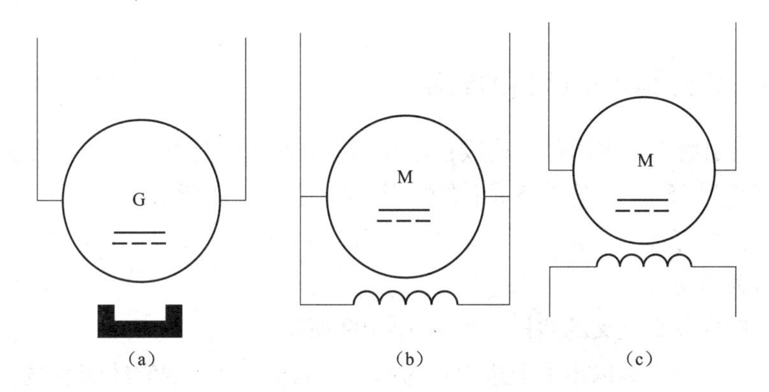

图 3－102　绘制电动机和发电机

（a）带永磁铁的直流发电机；（b）他励直流电动机；（c）自励直流电动机

4.3 熔断器的绘制

熔断器的绘制

如图3－103所示，熔断器图形由矩形和直线组成，绘制较为简单，绘制方法如下：

（1）首先运用“矩形”命令绘制长为15 mm，宽为5 mm的矩形，如图3－104所示。

（2）用一条直线从中心贯穿矩形，长度为30 mm，如图3－105所示。

图3－103　熔断器图形　　图3－104　绘制矩形　　图3－105　绘制直线

绘图练习：绘制熔断器，如图3－106所示。

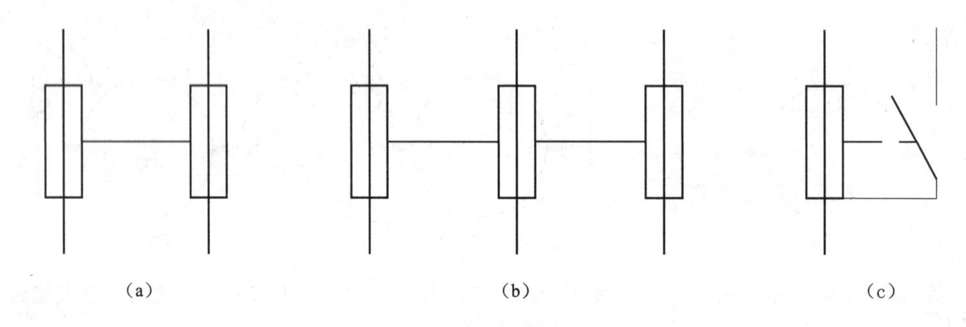

图3－106　熔断器

（a）双极熔断器；（b）三极熔断器；（c）带报警触点熔断器

4.4 带白炽灯指示熔断器的绘制

带白炽灯指示熔断器由两部分构成：熔断器部分和白炽灯部分，绘制方法如下：

（1）绘制长为15 mm，宽为5 mm的矩形，如图3－107所示。

（2）绘制白炽灯部分，在矩形右方，距离垂向中心线10 mm处绘制半径为2 mm的圆，如图3－108所示。

（3）绘制圆内垂直交叉的线段，如图3－109所示。

（4）通过直线命令，以矩形上边中点为起点，斜向右上方45°绘制直线，与矩形右边延长线相交，向右绘制水平线，与过圆心的垂线相交，继续向下绘制垂线，与圆相交，绘制步骤如图3－110所示。

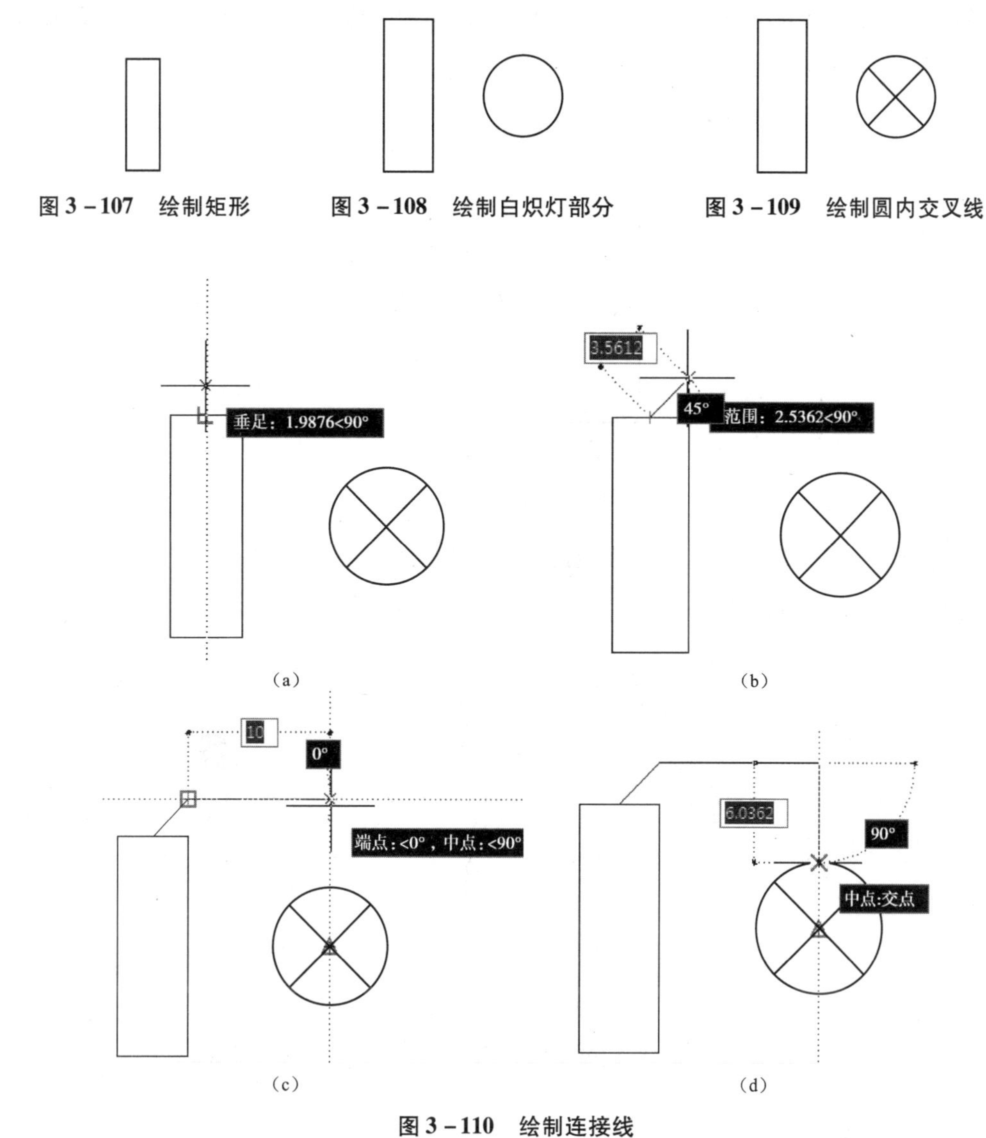

图 3－107　绘制矩形　　图 3－108　绘制白炽灯部分　　图 3－109　绘制圆内交叉线

(a)　(b)　(c)　(d)

图 3－110　绘制连接线

（5）与步骤（4）相同方法，绘制下部图形，如图 3－111 所示。

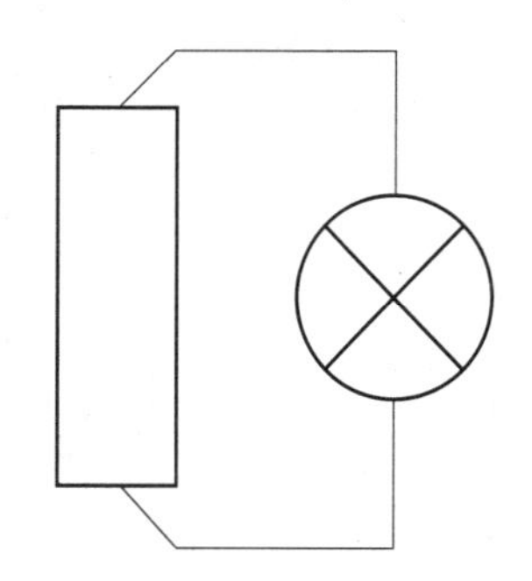

图 3－111　绘制下部图形

（6）补齐所缺部分，分别以矩形的上边和下边为起点作 7.5 mm 长竖线，完成图形绘制，如图 3－112 所示。

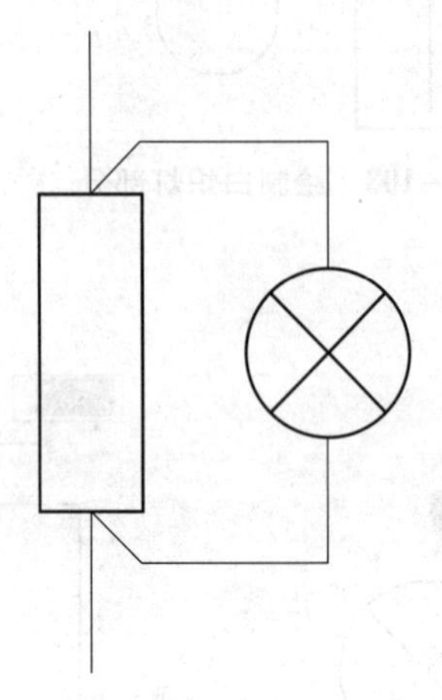

图 3－112　补齐所缺部分

绘图练习：绘制熔断器，如图 3－113 所示。

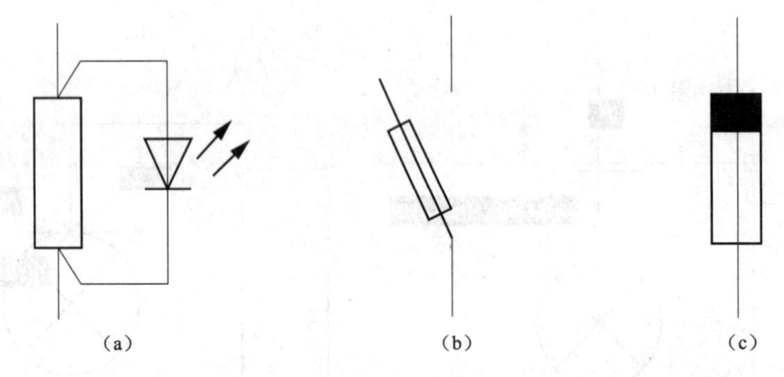

图 3－113　熔断器

（a）带 LED 指示的熔断器；（b）单极熔断器开关；（c）单极单电侧

第四篇

电气元件线路图的绘制

本篇旨在学习常见工业控制线路图的画法，通过对电气线路图的绘制，使学生能够绘制概略图、功能图、电路图、接线图。

项目学习要求

基本要求：熟练掌握电气元件概略图、功能图、电路图、接线图的绘制方法。

能力提升要求：学生能够根据任务要求自己选择合适的绘图方法，简单高效地完成各种电器常用部件图的绘制。

项目1　电动机主线路概略图的绘制

概略图所描述的内容是系统的基本组成和主要特征，而不是全部组成和全部特征，概略图对内容的描述是概略的，但其概略程度则依描述对象不同而不同。

概略图绘制应遵循的基本原则如下：

（1）概略图可在不同层次上绘制，较高的层次描述总系统，而较低的层次描述系统中的分系统。

（2）概略图中的图形符号应按所有回路均不带电，设备在断开状态下绘制。

（3）概略图应采用图形符号或者带注释的框绘制。框内的注释可以采用符号、文字或同时采用符号与文字。

（4）概略图中的连线或导线的连接点可用小圆点表示，也可不用小圆点表示。但同一工程中只能用其中一种表示形式。

（5）图形符号的比例应按模数 M 确定。符号的基本形状以及应用时相关的比例应保持一致。

（6）概略图中表示系统或分系统基本组成的符号和带注释的框均应标注项目代号。项目代号应标注在符号附近，当电路水平布置时，项目代号宜注在符号的上方；当电路垂直布置时，项目代号宜注在符号的左方。在任何情况下，项目代号都应水平排列。

（7）概略图上可根据需要加注各种形式的注释和说明。如在连线上可标注信号名称、电平、频率、波形、去向等，也允许将上述内容集中表示在图的其他空白处。概略图中设备的技术数据宜标注在项目代号下方。

（8）概略图宜采用功能布局法布图，必要时也可按位置布局法布图。布局应清晰，并利于识别过程和信息的流向。

（9）概略图中的连线的线型，可采用不同粗细的线型分别表示。

（10）概略图中的远景部分宜用虚线表示，对原有部分与本期工程部分应有明显的区分。

电动机主线路概略图如图4－1所示。

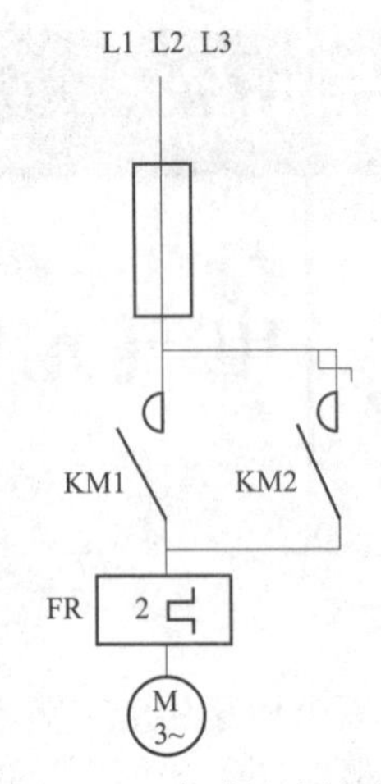

图4－1　电动机主线路概略图

画法步骤：

（1）创建新的图形文件。选择→【开始】→【程序】→【Autodesk】→【AutoCAD 2007中文版】→【AutoCAD 2007】进入AutoCAD 2007中文版绘图主界面。

（2）选择矩形命令▭，在屏幕适当位置绘制矩形，选择直线命令，运用中点对象追踪绘制直线，在下端部绘制圆并进行修剪，步骤如图4－2所示。

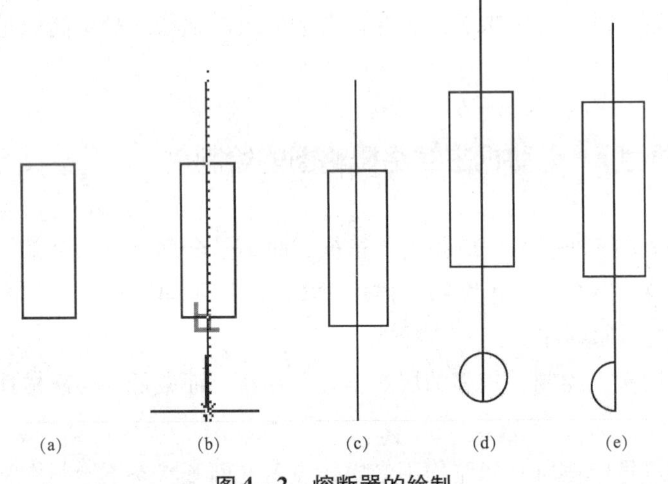

图4－2　熔断器的绘制

概略图熔断器的绘制

```
命令:_rectang                                          //启用矩形命令▭
指定第一个角点或[倒角(C)/标高(E)/圆角(F)/厚度(T)/宽度(W)]:
                                                        //单击一点
指定另一个角点或[面积(A)/尺寸(D)/旋转(R)]:              //单击另一角点
命令:_line 指定第一点:                          //启用╱命令,单击上方一点
指定下一点或[放弃(U)]:                          //单击下方一点
命令:_circle 指定圆的圆心或[三点(3P)/两点(2P)/相切、相切、半径(T)]:
                                                //启用圆命令⊙
                                                //下方适当位置选择一点为圆心
指定圆的半径或[直径(D)]:                        //大小根据图形比例自定
```

```
命令:_trim                                              //启用修剪命令
当前设置:投影 = UCS,边 = 无
选择剪切边…                                             // 选择直线
选择对象或 <全部选择>: 找到 1 个
选择要修剪的对象,或按住 Shift 键选择要延伸的对象,或[栏选(F)/窗交(C)/投影(P)/边(E)/删除(R)/放弃(U)]:   //单击圆的右边
```

（3）选择复制命令绘制另一个接触器主触点上半部分，绘制直线并进行修剪，如图 4 – 3 所示。

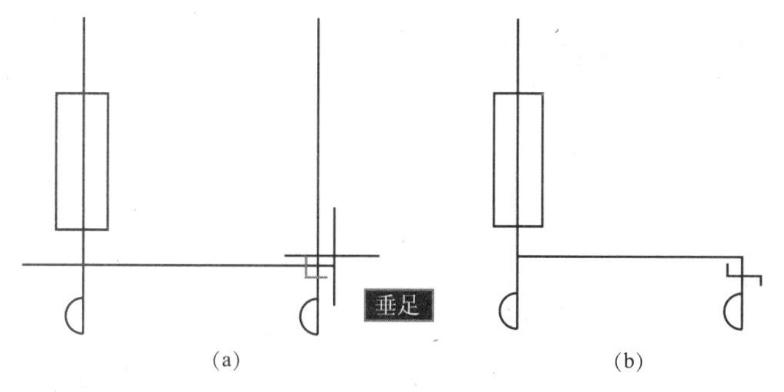

图 4 – 3　接触器主触点的绘制

概略图接触器的绘制

（4）选择矩形、圆、直线命令绘制下半部分，如图 4 – 4 所示。

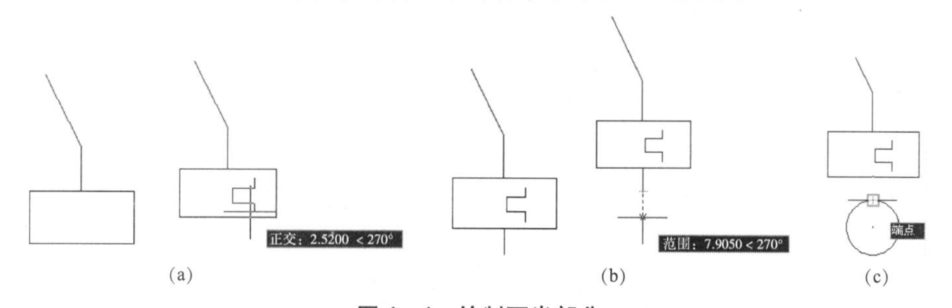

图 4 – 4　绘制下半部分

```
命令:_rectang                                          //启用矩形命令
指定第一个角点或[倒角(C)/标高(E)/圆角(F)/厚度(T)/宽度(W)]:   //单击一点
指定另一个角点或 [面积(A)/尺寸(D)/旋转(R)]:             //单击另一角点
命令:_line 指定第一点:                    //启用直线命令,单击矩形上边中点
指定下一点或[放弃(U)]:                         //正交往上单击一点
指定下一点或 [放弃(U)]:                        //取消正交命令,左上方画斜线
命令:_line 指定第一点:                    //启用直线命令,绘制长方形内直线
指定下一点或 [放弃(U)]:                        //正交打开,对象追踪,依次绘制
命令:_line 指定第一点:                    //启用直线命令,单击矩形下边中点
```

```
指定下一点或[放弃(U)]:                    //正交往下单击一点
命令:_circle 指定圆的圆心或[三点(3P)/两点(2P)/相切、相切、半径(T)]:
                                          //启用圆命令
指定圆的半径或[直径(D)]:                  //大小根据图形比例自定
```

（5）将上下两部分利用移动、对象追踪命令在适当位置对正，并绘制完成另一个接触器主触点并连线。

```
命令:_move                                  //启用移动命令
选择对象: 指定对角点: 找到 10               // 选择下方对象
指定基点或[位移(D)]<位移>: 指定第二个点或 <使用第一个点作为位移>:
                                            //适当位置单击
命令:_copy                                  //启用复制命令
选择对象: 指定对角点: 找到 2 个             //选择开关
当前设置: 复制模式 = 多个
指定基点或[位移(D)/模式(O)] <位移>:         //选择下端点
指定第二个点或 <使用第一个点作为位移>:      //正交打开,对象追踪,确定垂足
命令:_line 指定第一点:                  //启用直线命令,单击左边一点
指定下一点或[放弃(U)]:                      //正交往右,捕捉垂足点
命令:_trim                                  //启用修剪命令
当前设置:投影 =UCS,边 =无
选择剪切边…                                 // 选择直线
选择对象或 <全部选择>: 找到 2 个
选择要修剪的对象,或按住 Shift 键选择要延伸的对象,或[栏选(F)/窗交(C)/投
影(P)/边(E)/删除(R)/放弃(U)]:
                                            //结果如图 4 -5 所示。
```

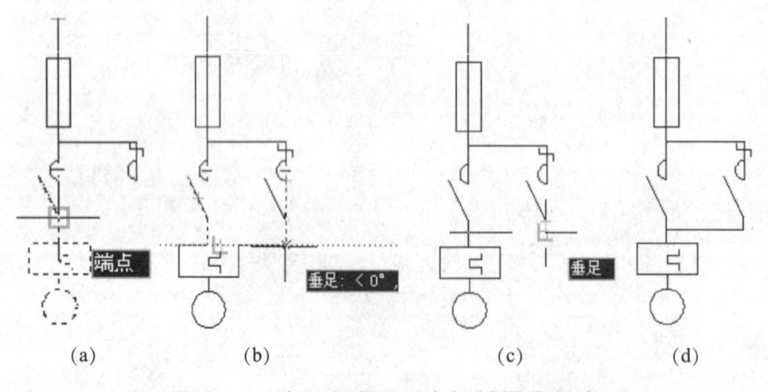

图4-5　绘制完成另一个接触器主触点

概略图热继电器和电动机的绘制

（6）选择图中需要加粗的图线，图线宽度确定为0.3，并宽度显示。

（7）选用多行文字进行文字注写，字体为宋体字，文字高度为5 mm。

最后完成的图形如图 4－6 所示。

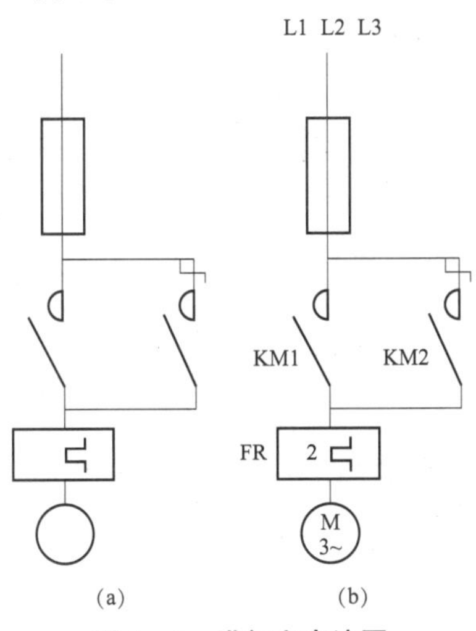

图 4－6　进行文字注写

项目 2　定时脉冲发生的逻辑功能图的绘制

用理论的或理想的电路而不涉及实现方法来详细表示系统、分系统、成套装置、部件、设备、软件等功能的简图，称为功能图。功能图的内容至少应包括必要的功能图形符号及其信号和主要控制通路连接线，还可以包括其他信息，如波形、公式和算法，但一般并不包括实体信息（如位置、实体项目和端子代号）和组装信息。

主要使用二进制逻辑元件符号的功能图，称为逻辑功能图。用于分析和计算电路特性或状态表示等效电路的功能图，可称为等效电路图。等效电路图是为描述和分析系统详细的物理特性而专门绘制的一种特殊的功能图。

按照规定，对实现一定功能的每种组件，或几个组件组成的组合件可绘制一份逻辑功能图（可以包括几张）。因此，每份逻辑功能图表示每种组件或几个组件组成的组合件所形成的功能件的逻辑功能，而不涉及实现方法。图的布局应有助于对逻辑功能图的理解，应使信息的基本流向为从左到右或从上到下。在信息流向不明显的地方，可在载信息的线上加一箭头（开口箭头）标记。

功能上相关的图形符号应组合在一起，并应尽量靠近。当一个信号输出给多个单元时，可绘成单根直线，通过适当标记以 T 形连接到各个单元。每个逻辑单元一般以最能描述该单元在系统中实际执行的逻辑功能的符号来表示。在逻辑图上，各单元之间的连线以及单元的输入、输出线，通常应标出信号名，以有助于对图的理解和对逻辑系统的维护使用。

定时脉冲发生的逻辑功能图如图 4－7 所示。

画法步骤：

（1）创建新的图形文件。选择→【开始】→【程序】→【Autodesk】→【AutoCAD 2007 中文版】→【AutoCAD 2007】进入 AutoCAD 2007 中文版绘图主界面。

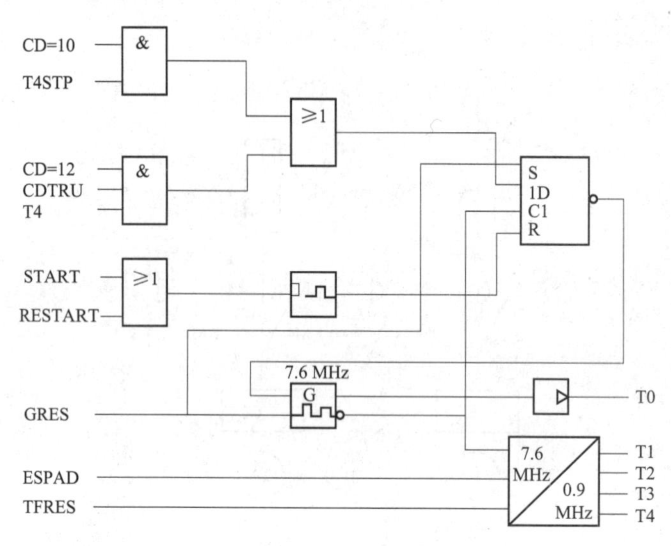

图4－7　定时脉冲发生的逻辑功能图

（2）首先绘制图的整体框架，选择矩形命令▭，在屏幕适当位置绘制矩形，如图4－8所示。

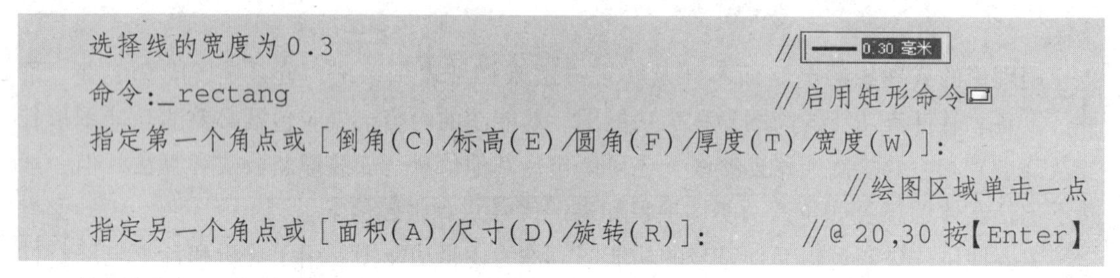

```
选择线的宽度为0.3                                        //0.30 毫米
命令:_rectang                                            //启用矩形命令▭
指定第一个角点或[倒角(C)/标高(E)/圆角(F)/厚度(T)/宽度(W)]:
                                                         //绘图区域单击一点
指定另一个角点或[面积(A)/尺寸(D)/旋转(R)]:               //@20,30按【Enter】
```

结果如图4－8所示。

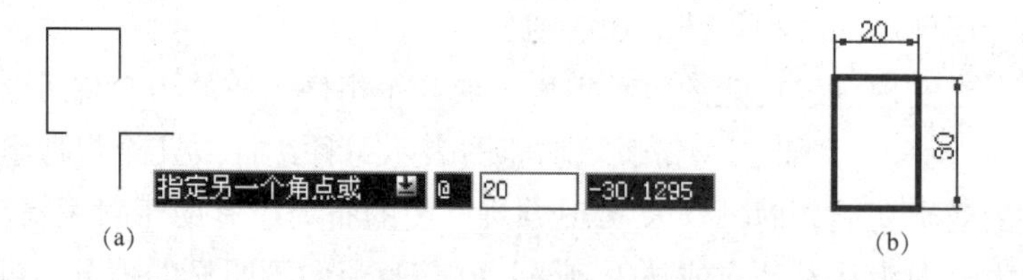

图4－8　长方形

（3）复制相同大小的矩形，如图4－9所示。

```
命令:_copy                                      //启用复制命令
选择对象:指定对角点:找到1个                     //选择开关
当前设置:复制模式 = 多个
指定基点或[位移(D)/模式(O)] <位移>:             //选择右下端点
指定第二个点或 <使用第一个点作为位移>:          //正交打开,对象追踪,确定位置
```

结果如图4－9所示。

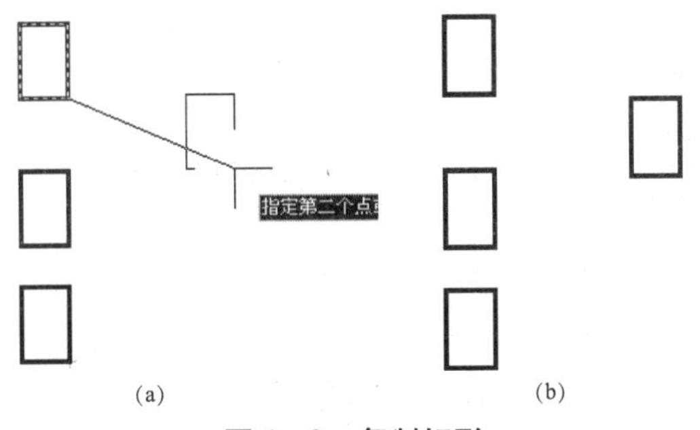

(a)　　(b)

图 4－9　复制矩形

（4）绘制其他不同尺寸的矩形，矩形的大小分别确定为长 30 mm，宽 40 mm 一个，如图 4－10 所示；长 20 mm，宽 20 mm 二个；长 15 mm，宽 15 mm 一个；长 40 mm，宽 40 mm 一个，并调整合适位置，如图 4－11 所示。

```
命令:_rectang                                        //启用矩形命令
指定第一个角点或[倒角(C)/标高(E)/圆角(F)/厚度(T)/宽度(W)]:
                                                         //绘图区域单击一点
指定另一个角点或 [面积(A)/尺寸(D)/旋转(R)]:          //@ 30,40 按【Enter】
命令:_move                                            //启用移动命令
选择对象: 指定对角点: 找到 1                          //选择矩形
指定基点或[位移(D)] <位移>: 指定第二个点或 <使用第一个点作为位移>:
                                                         //适当位置单击
```

结果如图 4－10 所示。

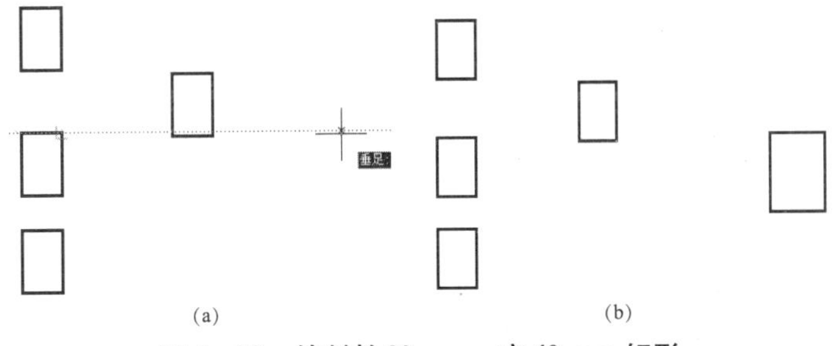

(a)　　(b)

图 4－10　绘制长 30 mm，宽 40 mm 矩形

```
命令:_rectang                                        //启用矩形命令
指定第一个角点或[倒角(C)/标高(E)/圆角(F)/厚度(T)/宽度(W)]: <对象捕捉
开> <正交  开>                                       //绘图区域单击一点
指定另一个角点或 [面积(A)/尺寸(D)/旋转(R)]: @ 20,20   //输入另一点
命令:_copy                                          //启用复制命令,复制一个
命令:_rectang                                        //启用矩形命令
指定第一个角点或 [倒角(C)/标高(E)/圆角(F)/厚度(T)/宽度(W)]: <对象捕
捉  开> <正交  开>                                   //绘图区域单击一点
```

```
指定另一个角点或[面积(A)/尺寸(D)/旋转(R)]: @ 15,15 //输入另一点
命令:_move                                    //启用移动命令
选择对象: 指定对角点: 找到 1                     //选择矩形
指定基点或[位移(D)] <位移>: 指定第二个点或 <使用第一个点作为位移>:
                                         //适当位置单击,调整位置
命令:_rectang                                 //启用矩形命令
指定第一个角点或[倒角(C)/标高(E)/圆角(F)/厚度(T)/宽度(W)]: <对象捕
捉 开> <正交 开>                              //绘图区域单击一点
指定另一个角点或[面积(A)/尺寸(D)/旋转(R)]: @ 40,40 //输入另一点
命令:_move                                    //启用移动命令
选择对象: 指定对角点: 找到 1                     //选择矩形
指定基点或[位移(D)] <位移>: 指定第二个点或 <使用第一个点作为位移>:
                                         //适当位置单击,调整位置
```

结果如图4－11所示。

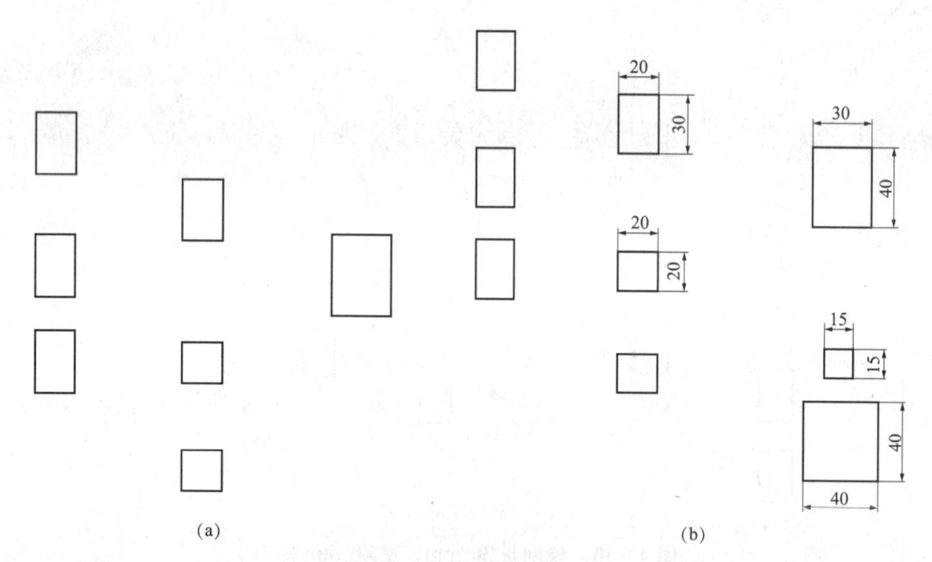

图4－11　绘制其他矩形

（5）绘制长方形内部图形和矩形之间的连接线，如图4－12所示。

```
命令:_line 指定第一点:                     //启用直线命令,画内部图形
命令:_polygon 输入边的数目 <4>: 3          //启用正多边形命令,画正三角形
命令:_circle 指定圆的圆心或[三点(3P)/两点(2P)/相切、相切、半径(T)]:
                                        //启用圆命令,绘制两个小圆
命令:_line 指定第一点:                     //启用直线命令,画图形之间连线
选择线的宽度为0.18                                   //—— 0.18 毫米
```

结果如图 4-12 所示。

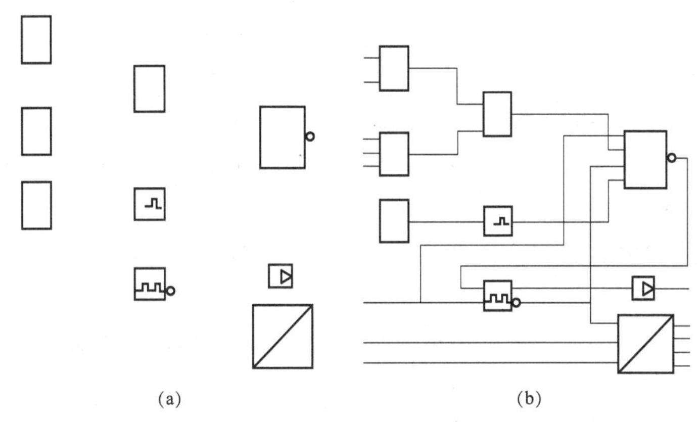

图 4-12　绘制长方形内部图形和矩形之间的连接线

（6）选用多行文字进行文字注写，字体为宋体字，文字高度为 7 mm。根据图中实际需要可进行调整文字的大小，如图 4-13 所示。

最后结果如图 4-7 所示。

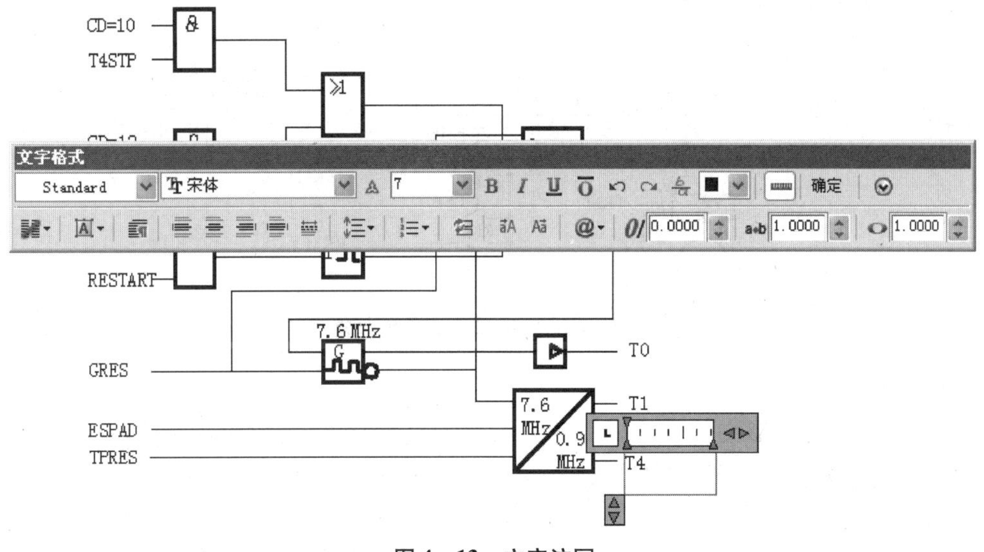

图 4-13　文字注写

项目 3　三相异步电动机控制电路图的绘制

用图形符号并按工作顺序排列，详细表示系统、分系统、电路、设备或成套装置的全部基本组成和连接关系，而不考虑其组成项目的实体尺寸、形状或实际位置的一种简图，称为电路图。通过电路图能详细理解电路、设备或成套装置及其组成部分的工作原理；了解电路所起的作用（可能还需要如表图、表格、程序文件、其他简图等补充资料）；作为编制接线图的依据（可能还需要结构设计资料）；为测试和寻找故障提供信息（可能还需要诸如手册、接线文件等补充文件）；为系统、分系统、电器、部件、设备、软件等安装和维修提供依据。

电路图绘制的基本原则：

（1）电路图中的符号和电路应按功能关系布局。电路垂直布置时，类似项目宜横向对齐；水平布置时，类似项目宜纵向对齐。功能上相关的项目应靠近绘制，同等重要的并联通路应依主电路对称布置。

（2）信号流的主要方向应由左至右或由上至下。如不能明确表示某个信号流动方向时，可在连接线上加箭头表示。

（3）电路图中回路的连接点可用小圆点表示，也可不用小圆点表示。但在同一张图样中只能采用一种表示形式。

（4）图中由多个元器件组成的功能单元或功能组件，必要时可用点画线框出。

（5）图中不属于该图共用高层代号范围内的设备，可用点画线或双点画线框出，并加以说明。

（6）图中设备的未使用部分，可绘出或注明。

三相异步电动机电路如图4－14所示。

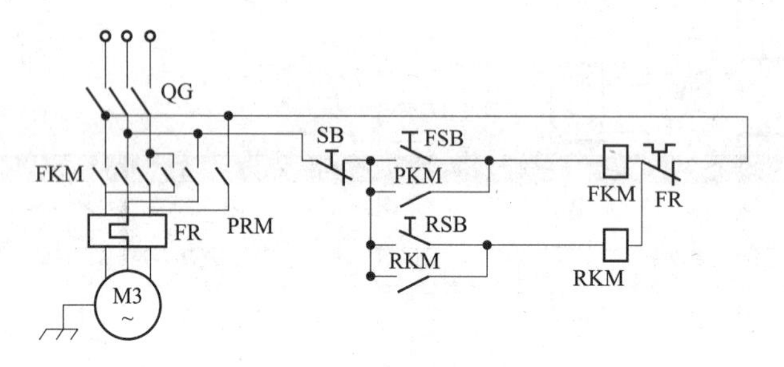

图4－14　三相异步电动机电路

画法步骤：

（1）创建新的图形文件。选择→【开始】→【程序】→【Autodesk】→【AutoCAD 2007 中文版】→【AutoCAD 2007】进入AutoCAD 2007中文版绘图主界面。

（2）绘制图的整体框架。

```
选择线的宽度为0.3                                   //0.30 毫米
命令:_circle 指定圆的圆心或[三点(3P)/两点(2P)/相切、相切、半径(T)]:
                                                    //启用圆命令
                                                    //下方适当位置选择一点为圆心
指定圆的半径或[直径(D)]:30                          //输入半径值
命令:_line 指定第一点:                              //启用直线命令,单击上象限点
指定下一点或[放弃(U)]:25                           //正交往上
指定下一点或[放弃(U)]:35                           //正交往左
指定下一点或[放弃(U)]:30                           //正交往上
```

```
指定下一点或 [放弃(U)]: 70                          //正交往右
指定下一点或 [放弃(U)]: 30                          //正交往下
指定下一点或 [放弃(U)]: 35                          //正交往左
```

绘制圆和方框的步骤如图 4－15 所示。

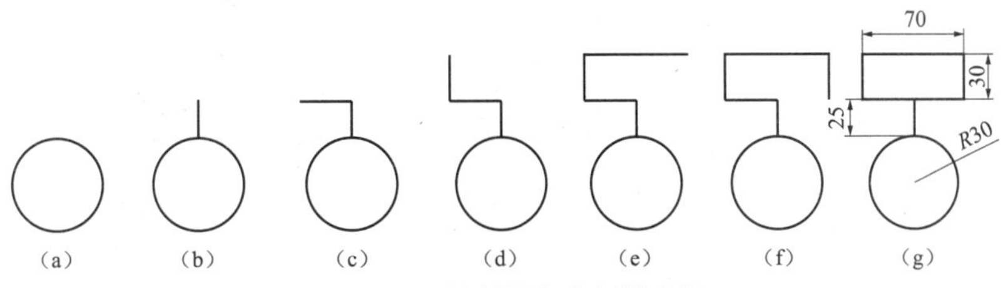

图 4－15　绘制圆和方框的步骤

```
命令:_rectang                                      //启用矩形命令
指定第一个角点或 [倒角(C)/标高(E)/圆角(F)/厚度(T)/宽度(W)]:
                                                   //绘图区域单击一点
指定另一个角点或 [面积(A)/尺寸(D)/旋转(R)]:          //@ 20,30 按【Enter】
命令:_copy                                         //启用复制命令
选择对象: 指定对角点: 找到 1 个                     //选择正方形
当前设置: 复制模式 = 多个
指定基点或[位移(D)/模式(O)] <位移>:                 //选择右下端点
指定第二个点或 <使用第一个点作为位移>:
                                  //正交打开,对象追踪,往下方确定位置
命令: -move                                        //启用移动命令
选择对象: 指定对角点: 找到 2                        //选择 2 个矩形
指定基点或[位移(D)] <位移>: 指定第二个点或 <使用第一个点作为位移>:
                                                   //适当位置单击,调整位置
```

绘制右侧两方框如图 4－16 所示。

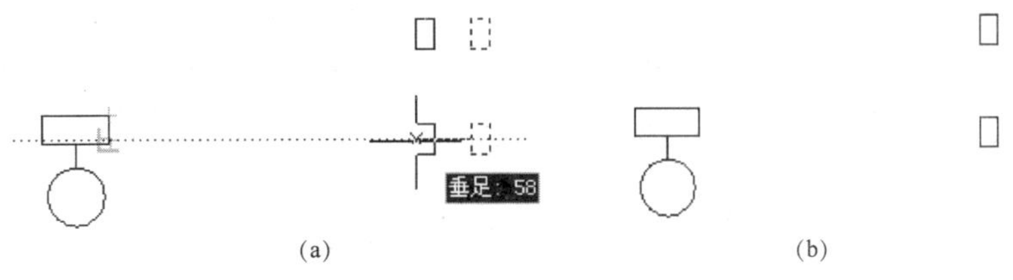

图 4－16　绘制右侧两方框

(3) 绘制大方框以上开关。

```
命令:_line 指定第一点:                    //启用直线命令,单击矩形上边中点
指定下一点或 [放弃(U)]: 30                //正交往上
指定下一点或 [放弃(U)]: 20                //斜线与水平呈 120°角
```

```
命令:_line 指定第一点:                              //启用直线命令,追踪找点
指定下一点或[放弃(U)]: 50                           //正交往上
指定下一点或[放弃(U)]: 30                           //斜线与水平呈120°角
命令:_line 指定第一点:                              //启用直线命令,追踪找点
指定下一点或[放弃(U)]: 50                           //正交往上
命令:_circle 指定圆的圆心或[三点(3P)/两点(2P)/相切、相切、半径(T)]:
                                                    //启用圆命令
                                                    //直线上端点为圆心
指定圆的半径或[直径(D)]: 5                          //输入半径值
命令:_copy                                          //启用复制命令
选择对象: 指定对角点: 找到 6 个                     //选择正方形
当前设置: 复制模式 = 多个
指定基点或[位移(D)/模式(O)] <位移>:                 //选择下端点
指定第二个点或 <使用第一个点作为位移>: 20           //输入距离,向左单击
指定第二个点或[退出(E)/放弃(U)] <退出>:20          //输入距离,向右单击
```

绘制左侧断路器和接触器如图 4-17 所示。

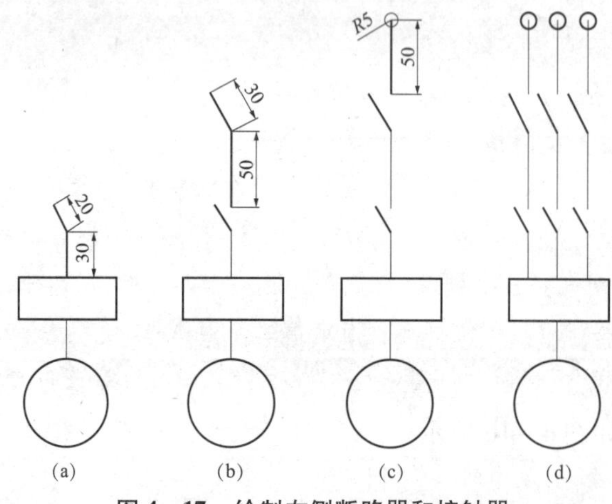

图 4-17　绘制左侧断路器和接触器

同样方法，运用直线命令和修剪命令绘制开关，如图 4-18 所示。

（4）绘制右侧接触器。

```
命令:_line 指定第一点:                   //启用直线命令,单击矩形左边中点
指定下一点或[放弃(U)]: 100                      //正交往左
指定下一点或[放弃(U)]: 30                       //正交往下
指定下一点或[放弃(U)]: 50                       //正交往左
指定下一点或[放弃(U)]: 30                       //斜线与水平呈120°角
命令:_line 指定第一点:                          //启用直线命令,追踪找点
```

```
指定下一点或［放弃(U)］:30                          //正交往上
指定下一点或［放弃(U)］:30                          //斜线与水平呈150°角
命令:_line 指定第一点:                              //启用直线命令,追踪找点
命令:_copy                                          //启用复制命令
选择对象:指定对角点:找到2个                         //选择前面开关
当前设置:复制模式 = 多个
指定基点或［位移(D)/模式(O)］<位移>:                //选择右端点
指定第二个点或<使用第一个点作为位移>:               //选择端点
命令:mirror                                         //启用镜像命令
选择对象:指定对角点:找到1个
选择对象:
指定镜像线的第一点:指定镜像线的第二点:              //选择直线上的2点
要删除源对象吗?［是(Y)/否(N)］<N>:                 //按【Enter】
命令:_line 指定第一点:                    //启用直线命令,单击斜线上一点
指定下一点或［放弃(U)］:30                          //正交往上
指定下一点或［放弃(U)］:5                           //正交往左
指定下一点或［放弃(U)］:10                          //正交往右
命令:_copy                                          //启用复制命令,向下复制
选择对象:指定对角点:找到11个                        //选择所绘制图形
当前设置:复制模式 = 多个
指定基点或［位移(D)/模式(O)］<位移>:                //选择端点
指定第二个点或<使用第一个点作为位移>:               //选择下一个方框的左中点
```

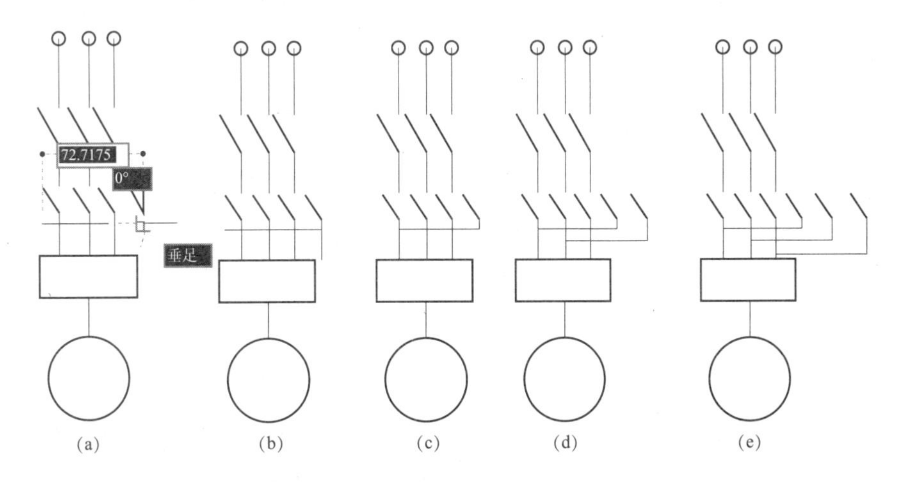

图4－18　绘制右侧接触器

绘制控制电路如图4－19所示。

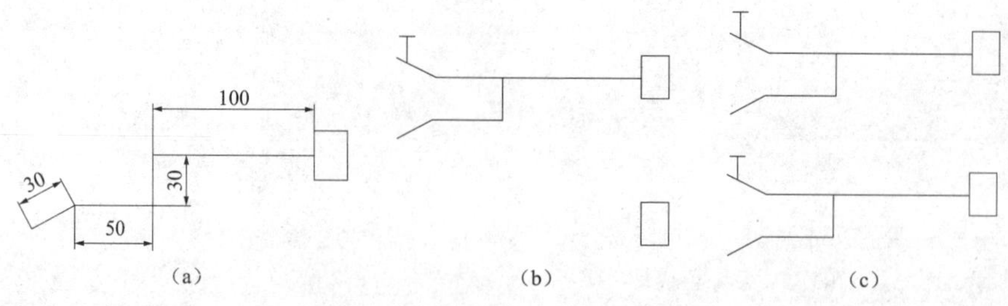

图 4-19　绘制控制电路步骤 1

```
命令:_line 指定第一点:                    //启用直线命令,对象追踪找点
指定下一点或[放弃(U)]: 20                    //正交往左
指定下一点或[放弃(U)]: 30                    //正交往下
指定下一点或[放弃(U)]: 20                    //正交往左
```

同样的方法，继续通过直线命令绘制，结果如图 4-20 所示。

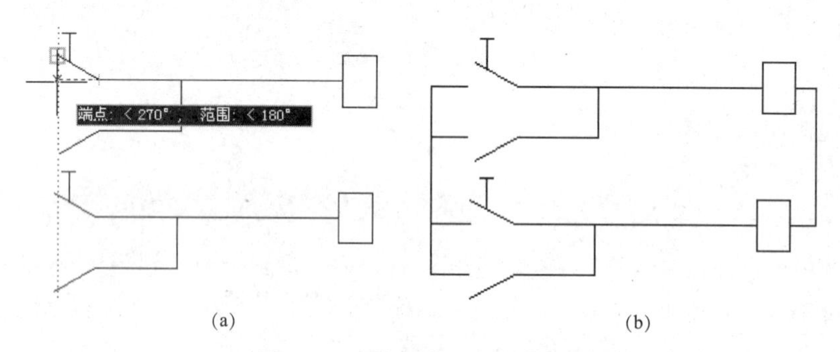

图 4-20　绘制控制电路步骤 2

```
命令:_line 指定第一点:                    //启用直线命令,绘制左右开关
```

绘制控制电路如图 4-21 所示。

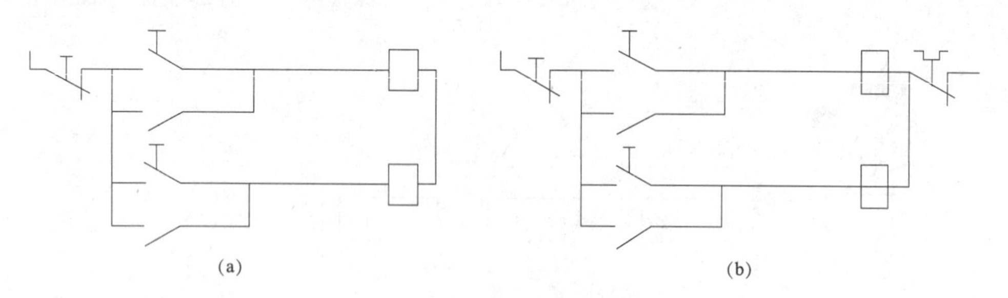

图 4-21　控制电路的绘制

（5）将左右两部分对接，检查漏线，用直线命令相连接，如图 4-22 所示。

```
命令:_line 指定第一点:          //启用直线命令,连接其余直线
```

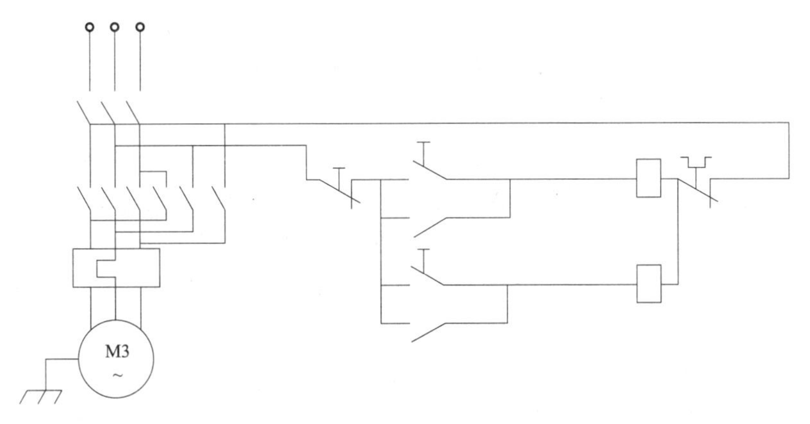

图 4－22　左右连接

（6）绘制节点，并进行图案填充，加粗相关图线，如图 4－23 所示。

```
命令:_circle 指定圆的圆心或[三点(3P)/两点(2P)/相切、相切、半径(T)]:
                                        //启用圆命令,在节点处绘制小圆
命令:bhatch                             //启用图案填充命令,进行填充。
```

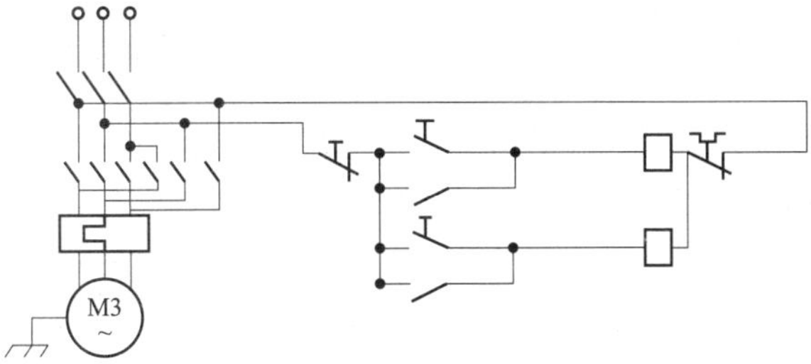

图 4－23　绘制节点和加粗图线

（7）检查图形，加粗图线并进行文字注写。

将图中的方框、阀门加粗，线宽为 0.3 mm。

选用多行文字进行文字注写，字体为宋体字，文字高度为 18 mm。根据图中实际需要可进行调整文字的大小，如图 4－24 所示。

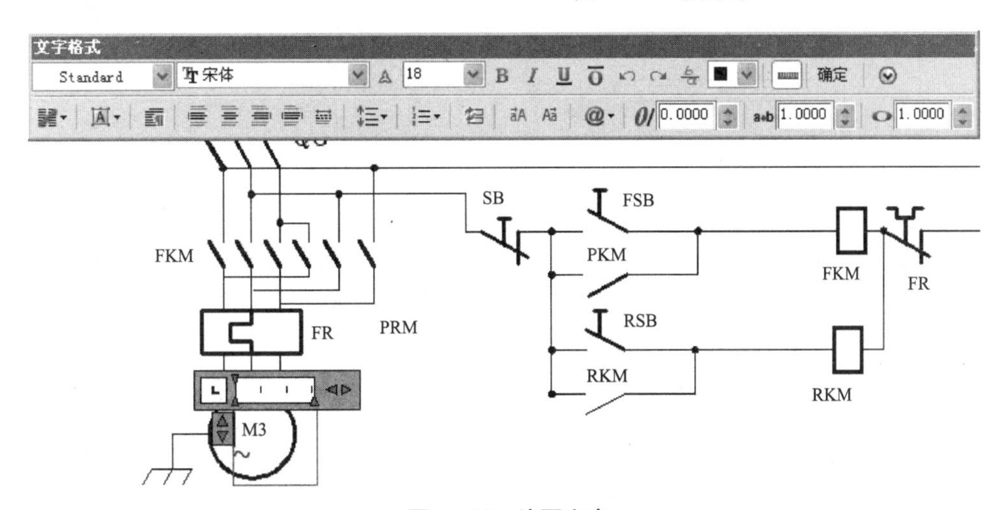

图 4－24　注写文字

项目4　接线图的绘制

导线的一般符号：可用于表示一根导线、导线组、电线、电缆、电路、传输电路、线路、母线、总线等，根据具体情况加粗、延长或缩短。

在绘制电气工程图时，一般的图线可表示单根导线。对于多根导线，可以分别画出，也可以只画1根图线，但需加标志。若导线少于4根，可用短画线数量代表根数；若多于4根，可在短画线旁边加数字表示，如表4－1所示。

表4－1　导线和导线根数表示法

序号	图形符号	说　明	画法使用命令
1		一般符号	直线
2		3根导线	直线
3	n	n 根导线	直线 多行文字
4	3N~50 Hz　380 V 3×70+1×35　　A1	具体表示	
5	KVV-8×1.0P20WC	具体表示	
6		柔软导线	直线 样条曲线
7		屏蔽导线	直线、圆
8		绞合导线	直线
9		分支与合并	
10	L3 L1	相序变更	直线 多行文字
11		电缆	直线

为了突出或区分某些电路及电路的功能等，导线、连接线等都可采用不同粗细的实线来表示。一般来说，电源主电路、一次电路、主信号通路等采用粗实线，与之相关的其余

部分用细实线。由隔离开关、断路器等组成的变压器的电源电路用粗实线表示，而由电流互感器和电压互感器、电度表组成的电流测量电路用细实线表示。

两端子之间的连接导线用连续线条表示，并标注独立标记的表示方法为连续线画法。

4.1　连续线的绘制

连续线图例如图 4－25 所示。

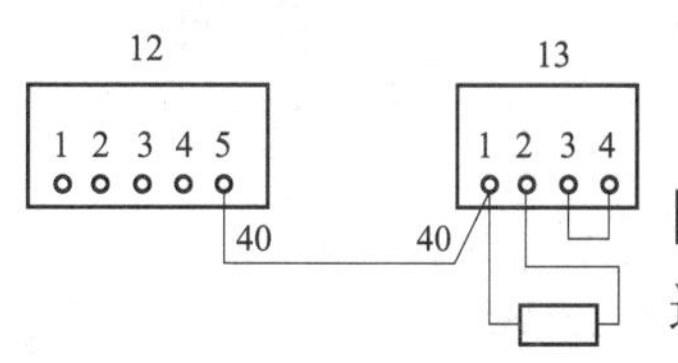

图 4－25　连续线图例

画法步骤：

（1）创建新的图形文件。选择→【开始】→【程序】→【Autodesk】→【AutoCAD 2007 中文版】→【AutoCAD 2007】进入 AutoCAD 2007 中文版绘图主界面。

（2）运用矩形、圆、多行文字注写、对象追踪等命令绘制左侧方框，步骤如图 4－26 所示。

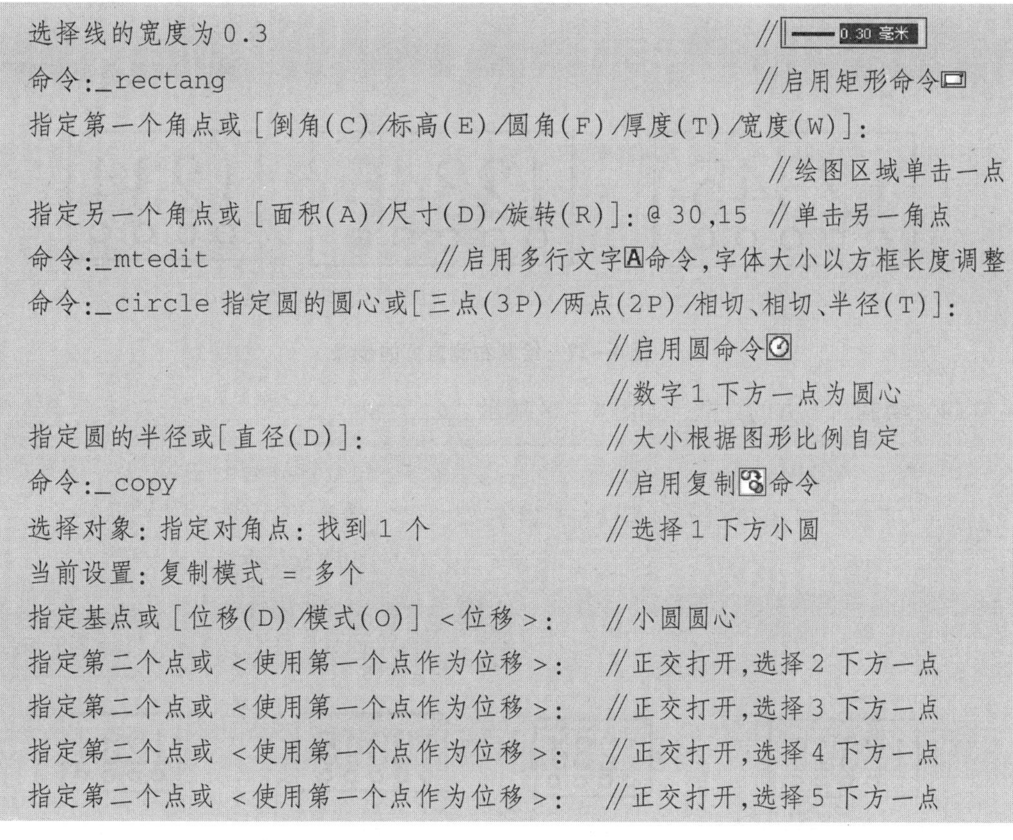

```
选择线的宽度为 0.3                                        //[0.30 毫米]
命令:_rectang                                             //启用矩形命令
指定第一个角点或[倒角(C)/标高(E)/圆角(F)/厚度(T)/宽度(W)]:
                                                          //绘图区域单击一点
指定另一个角点或[面积(A)/尺寸(D)/旋转(R)]:@30,15  //单击另一角点
命令:_mtedit              //启用多行文字命令,字体大小以方框长度调整
命令:_circle 指定圆的圆心或[三点(3P)/两点(2P)/相切、相切、半径(T)]:
                                      //启用圆命令
                                      //数字 1 下方一点为圆心
指定圆的半径或[直径(D)]:              //大小根据图形比例自定
命令:_copy                            //启用复制命令
选择对象:指定对角点:找到 1 个         //选择 1 下方小圆
当前设置:复制模式 = 多个
指定基点或[位移(D)/模式(O)]<位移>:    //小圆圆心
指定第二个点或<使用第一个点作为位移>: //正交打开,选择 2 下方一点
指定第二个点或<使用第一个点作为位移>: //正交打开,选择 3 下方一点
指定第二个点或<使用第一个点作为位移>: //正交打开,选择 4 下方一点
指定第二个点或<使用第一个点作为位移>: //正交打开,选择 5 下方一点
```

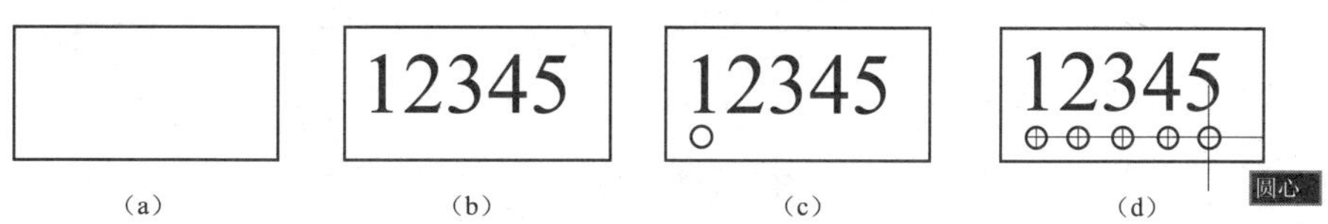

图 4－26　绘制左侧方框的步骤

（3）绘制右侧方框，步骤如图4－27所示。

```
命令:_copy                                    //启用复制命令
选择对象：指定对角点：找到 7 个                  //选择绘制完成的左侧方框
当前设置：复制模式 = 多个
指定基点或[位移(D)/模式(O)]<位移>：            //左下角点
指定第二个点或 <使用第一个点作为位移>：          //正交打开,水平方向单击一点
命令:_stretch                                 //启用拉伸命令
以交叉窗口或交叉多边形选择要拉伸的对象…          //框选方框左侧
选择对象：指定对角点：找到 1 个
指定基点或[位移(D)]<位移>：                    //方框右下角点
指定第二个点或 <使用第一个点作为位移>：          //4、5 文字中间单击
双击 12345 文字,对其进行修改,将 5 删除
命令:_erase                                   //启用删除命令
选择对象：找到 1 个                            //选择 5 下面小圆,将其删除
```

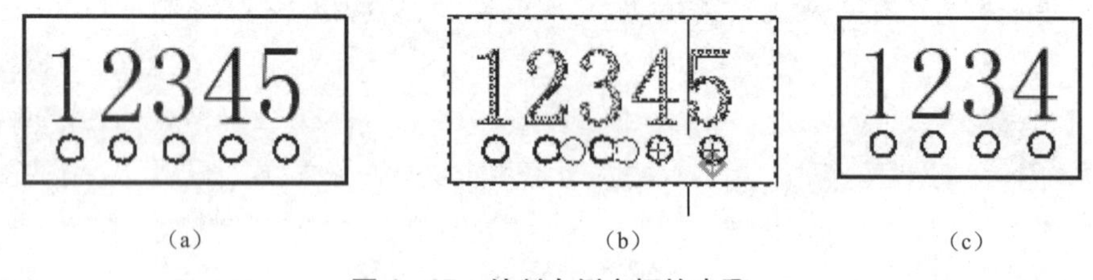

图4－27　绘制右侧方框的步骤

（4）绘制右下方的方框，如图4－28所示。

```
命令:_rectang                              //启用矩形命令
指定第一个角点或[倒角(C)/标高(E)/圆角(F)/厚度(T)/宽度(W)]：
                                           //绘图区域单击一点
指定另一个角点或[面积(A)/尺寸(D)/旋转(R)]：@ 30,15
                                           //单击另一角点,大小根据图形确定
```

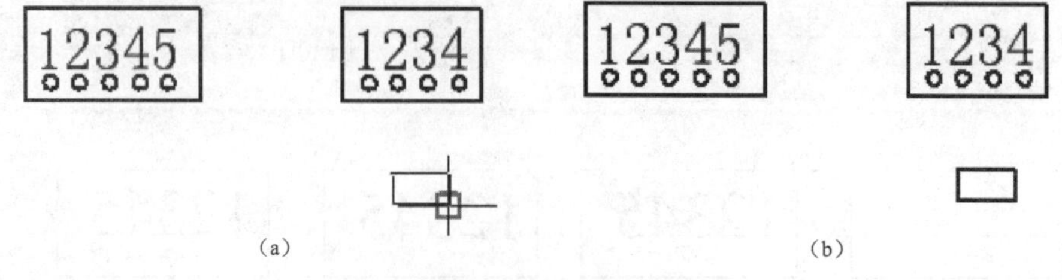

图4－28　绘制右下方的方框

（5）用直线命令连接三个图框，注写文字，如图4－29所示。

选择线的宽度为 0.18　　　　　　　　//0.18 毫米
命令:_line 指定第一点:　　　　　　　//启用直线命令
指定下一点或[放弃(U)]:　　　　　　//正交打开,在适当位置进行连接

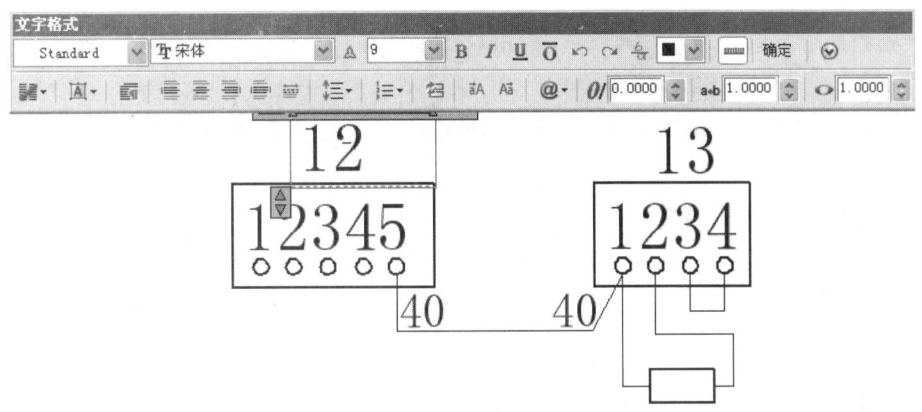

图 4－29　连接三个图框并注写文字

4.2　中断线的绘制

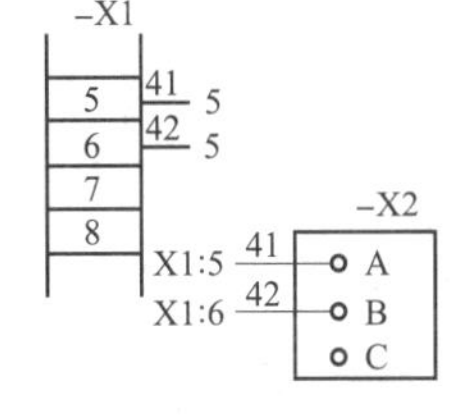

图 4－30　中断线的绘制

中断线的绘制如图 4－30 所示。

画法步骤:

(1) 创建新的图形文件。选择→【开始】→【程序】→【Autodesk】→【AutoCAD 2007 中文版】→【AutoCAD 2007】进入 AutoCAD 2007 中文版绘图主界面。

(2) 绘制左侧图形，步骤如图 4－31 所示。

选择线的宽度为 0.3　　　　　　　　//0.30 毫米
命令:_line 指定第一点:　　　　　　　//启用直线命令,在绘图区域单击一点
指定下一点或[放弃(U)]:　　　　　　//正交打开,向下单击一点,长度自定
选择→【格式】→【点样式】　　　　　//设置点的样式
选择→【绘图】→【点】→【定数等分】　//启用定数等分命令,将直线分成 6 份
命令:_line 指定第一点:　　　　　　　//启用直线命令,单击最上点
指定下一点或[放弃(U)]:　　　　　　//正交打开,向左单击一点,长度自定
命令:_copy　　　　　　　　　　　　//启用复制命令
选择对象: 指定对角点: 找到 1 个　　　//选择水平直线
当前设置: 复制模式 = 多个
指定基点或[位移(D)/模式(O)]<位移>: //直线左端点
指定第二个点或<使用第一个点作为位移>: //正交打开,竖直向下单击等分第二点
指定第二个点或<使用第一个点作为位移>: //正交打开,竖直向下单击等分第三点

```
指定第二个点或 <使用第一个点作为位移>：//正交打开，竖直向下单击等分第四点
指定第二个点或 <使用第一个点作为位移>：//正交打开，竖直向下单击等分第五点
命令:_copy                                  //启用复制命令
选择对象：指定对角点：找到 1 个              //选择竖直的直线
当前设置：复制模式 = 多个
指定基点或［位移(D)/模式(O)］<位移>：       //水平与竖直线的交点
指定第二个点或 <使用第一个点作为位移>：//正交打开，水平线右端点
```

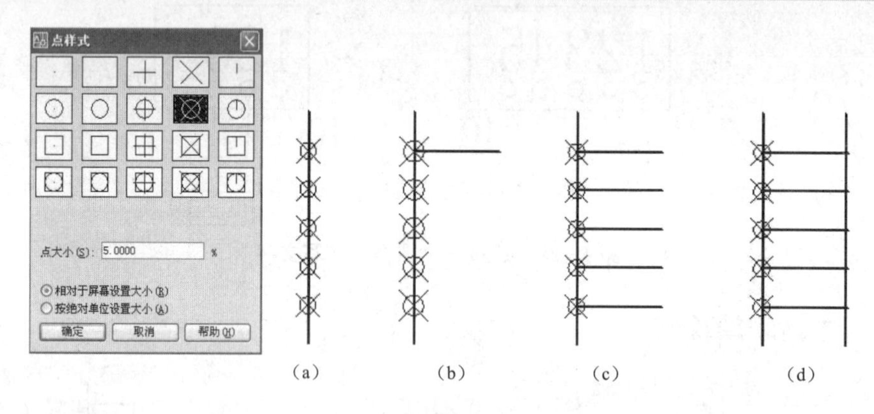

图 4－31　绘制左侧图形的步骤

（3）绘制右侧图形，步骤如图 4－32 所示。

```
命令:_rectang                                        //启用矩形命令
指定第一个角点或［倒角(C)/标高(E)/圆角(F)/厚度(T)/宽度(W)］：
                                                     //绘图区域单击一点
指定另一个角点或［面积(A)/尺寸(D)/旋转(R)］：//单击另一角点
命令:_mtedit    //启用多行文字命令，字体大小以方框长度调整，输入 A、B、C
命令:_circle 指定圆的圆心或［三点(3P)/两点(2P)/相切、相切、半径(T)］：
                                          //启用圆命令
                                          //字 A 左侧一点为圆心
指定圆的半径或［直径(D)］：               //大小根据图形比例自定
命令:_copy                                //启用复制命令
选择对象：指定对角点：找到 1 个           //选择 1 下方小圆
当前设置：复制模式 = 多个
指定基点或［位移(D)/模式(O)］<位移>：     //小圆圆心
指定第二个点或 <使用第一个点作为位移>：   //正交打开，选择 B 左侧一点
指定第二个点或 <使用第一个点作为位移>：   //正交打开，选择 C 左侧一点
```

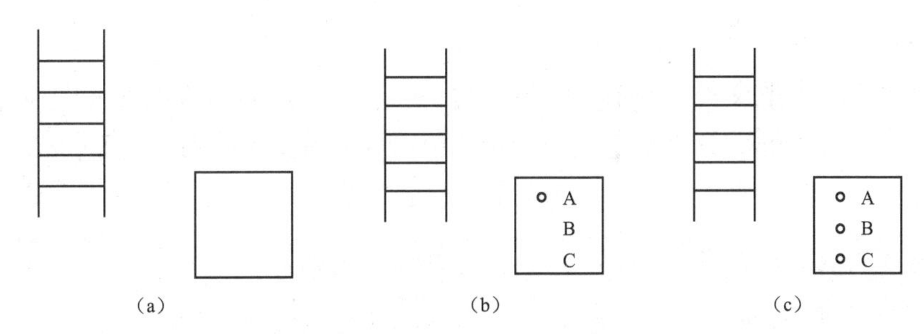

图 4-32　绘制右侧图形

(4) 绘制中断线及注写文字，如图 4-33 所示。

```
选择线的宽度为0.18                    //——— 0.18 毫米
命令:_line 指定第一点:                //启用直线命令
指定下一点或[放弃(U)]:                //正交打开,在适当位置进行连接
```

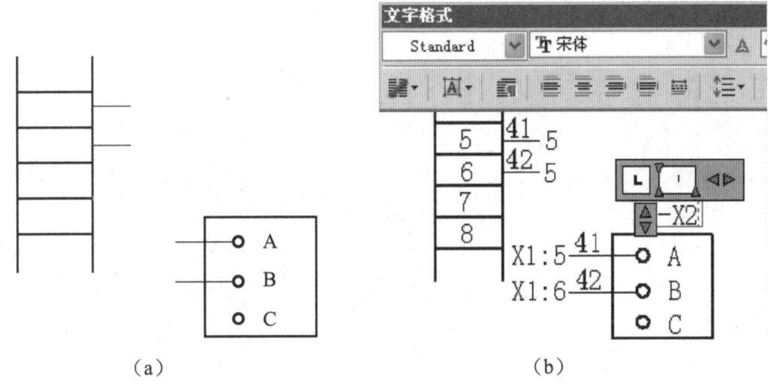

图 4-33　绘制中断线及注写文字

(a) 绘制中断线；(b) 注写文字

4.3　互连接线的绘制

互连接线图例如图 4-34 所示。

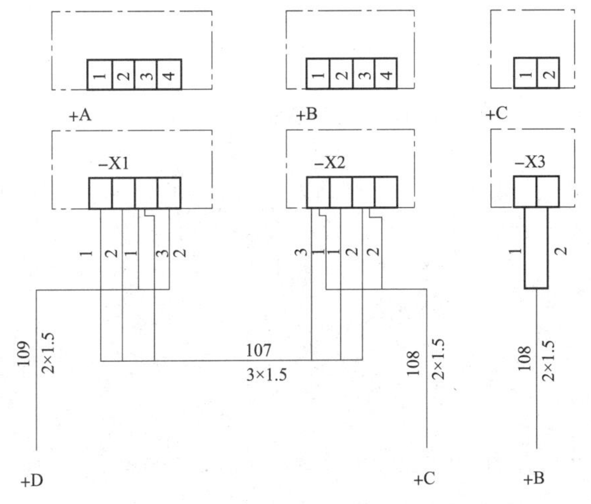

图 4-34　互连接线图例

画法步骤：

（1）创建新的图形文件。选择→【开始】→【程序】→【Autodesk】→【AutoCAD 2007 中文版】→【AutoCAD 2007】进入 AutoCAD 2007 中文版绘图主界面。

（2）绘制三个主框架，如图 4－35 所示。

```
选择线型为点画线                                   //
选择线的宽度为0.18                                 //
命令:_rectang                        //启用矩形命令
指定第一个角点或[倒角(C)/标高(E)/圆角(F)/厚度(T)/宽度(W)]:
                                                    //绘图区域单击一点
指定另一个角点或[面积(A)/尺寸(D)/旋转(R)]:
                                     //单击另一角点,大小自定,绘制第一个矩形
命令:_rectang                        //启用矩形命令
指定第一个角点或[倒角(C)/标高(E)/圆角(F)/厚度(T)/宽度(W)]:
                                                    //绘图区域单击一点
指定另一个角点或[面积(A)/尺寸(D)/旋转(R)]:
                                     //单击另一角点,大小自定,绘制第二个矩形
命令:_rectang                        //启用长方形命令
指定第一个角点或[倒角(C)/标高(E)/圆角(F)/厚度(T)/宽度(W)]:
                                                    //绘图区域单击一点
指定另一个角点或[面积(A)/尺寸(D)/旋转(R)]:
                                     //单击另一角点,大小自定,绘制第三个矩形
```

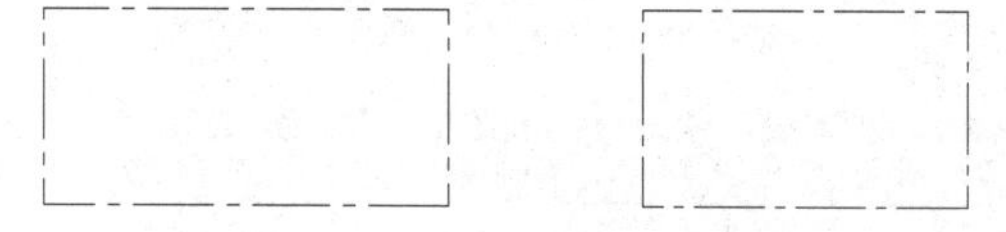

图 4－35　绘制三个主框架

（3）绘制三个主框架内的小方框，如图 4－36 所示。

```
选择线的宽度为0.3                                          //
命令:_rectang                                 //启用矩形命令
指定第一个角点或[倒角(C)/标高(E)/圆角(F)/厚度(T)/宽度(W)]:
                                                    //绘图区域单击一点
指定另一个角点或[面积(A)/尺寸(D)/旋转(R)]:
                                        //单击另一角点,大小自定,绘制第一个矩形
命令:_copy                                    //启用复制命令
选择对象:指定对角点:找到 1 个                 //选择小方框
```

```
当前设置：复制模式 = 多个
指定基点或[位移(D)/模式(O)]<位移>:            //小方框的右下角点
指定第二个点或<使用第一个点作为位移>:          //正交打开，依次进行复制
```

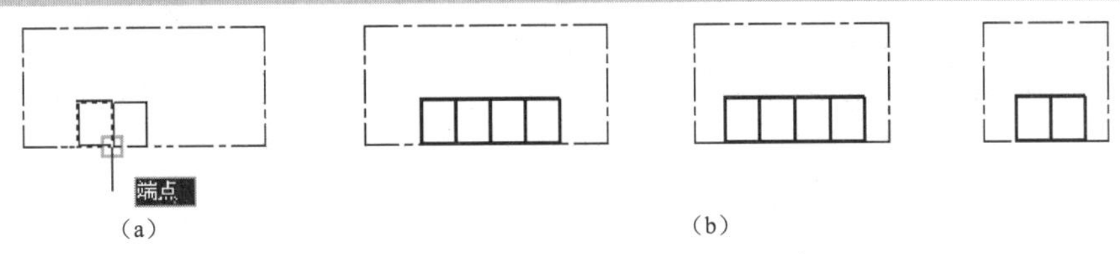

图 4－36　绘制三个主框架内的小方框

（4）检查图形，绘制连接线，如图 4－37 所示。

```
选择线的宽度为 0.13                     //—— 0.18 毫米
命令:_line 指定第一点:                  //启用直线命令
指定下一点或[放弃(U)]:                  //正交打开，按从左到右顺序依次绘制
```

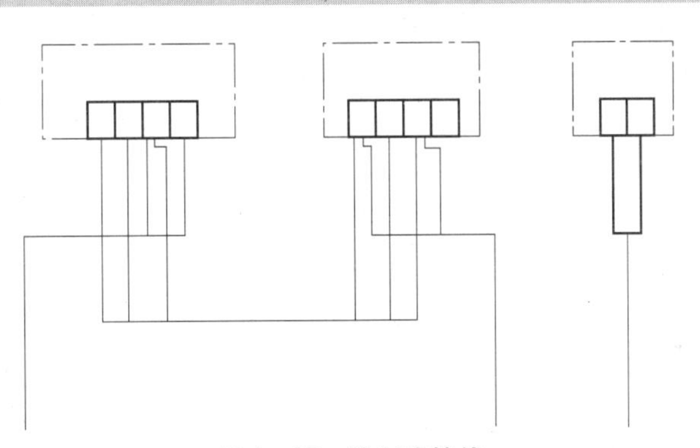

图 4－37　绘制连接线

（5）注写文字，如图 4－38 所示。

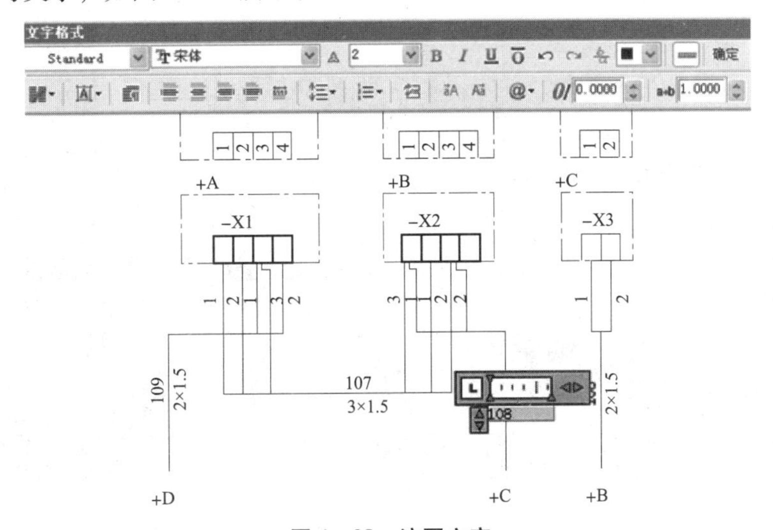

图 4－38　注写文字

```
命令:_mtedit                        //启用多行文字A命令
```

标注文字时，字体为宋体字，大小根据图形的实际大小来确定字的高度，为了能保证字体的一致性，建议学生同样大小的字体确定一个之后，其余都进行复制，然后对复制后的文字双击进行修改，这样效率比较高。如果文字的方向不一致，可先标出一个，对其进行旋转，这样就能满足要求了。

4.4 电缆配置图的绘制

电缆配置图如图 4－39 所示。

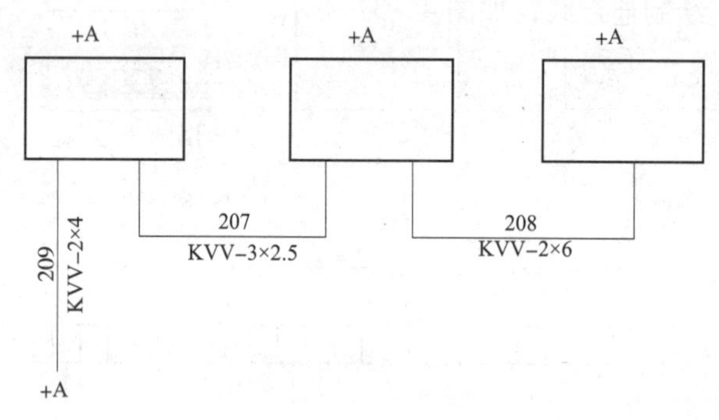

图 4－39　电缆配置图

画法步骤：

（1）创建新的图形文件。选择→【开始】→【程序】→【Autodesk】→【AutoCAD 2007 中文版】→【AutoCAD 2007】进入 AutoCAD 2007 中文版绘图主界面。

（2）绘制三个单元，如图 4－40 所示。

```
选择线的宽度为0.3                                   //—— 0.30 毫米
命令:_rectang                                       //启用矩形命令
指定第一个角点或[倒角(C)/标高(E)/圆角(F)/厚度(T)/宽度(W)]:
                                                     //绘图区域单击一点
指定另一个角点或[面积(A)/尺寸(D)/旋转(R)]:
                              //单击另一角点,大小自定,绘制第一个矩形
命令:_copy                                          //启用复制命令
选择对象:指定对角点:找到 1 个                        //选择小方框
当前设置:复制模式 = 多个
指定基点或[位移(D)/模式(O)] <位移>:                 //小方框的右下角点
指定第二个点或 <使用第一个点作为位移>:              //正交打开,依次进行复制
```

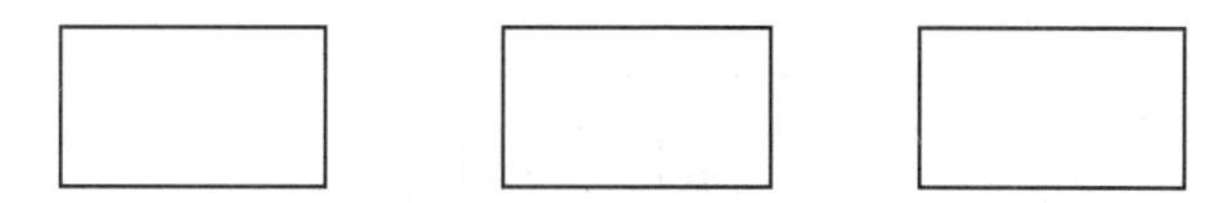

图 4 - 40　绘制三个单元

（3）绘制连接线，如图 4 - 41 所示。

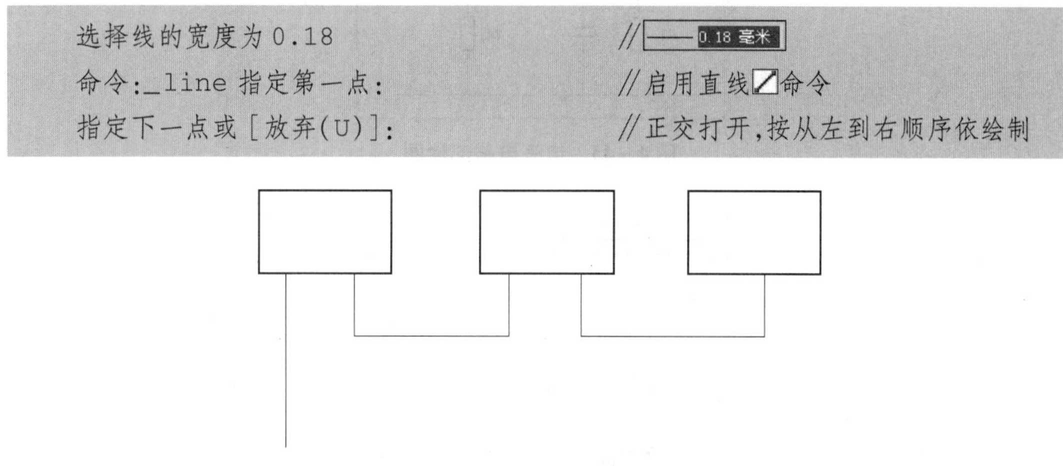

图 4 - 41　绘制连接线

（4）注写文字，如图 4 - 42 所示。

命令:_mtedit　　//启用多行文字命令

标注文字时，字体为宋体字，大小根据图形的实际大小来确定字的高度，为了能保证字体的一致性，建议学生同样大小的字体确定一个之后，其余都进行复制，然后对复制后的文字双击进行修改，这样效率比较高。如果文字的方向不一致，可先标出一个，对其进行旋转，这样就能满足要求了。

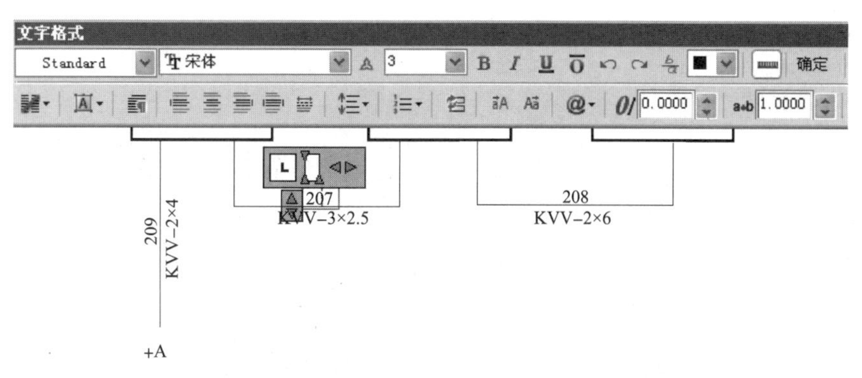

图 4 - 42　注写文字

绘图练习：

（1）绘制如图 4 - 43 所示电气电路部件图。

（2）绘制如图 4 - 44 所示启动器主电路连接线图。

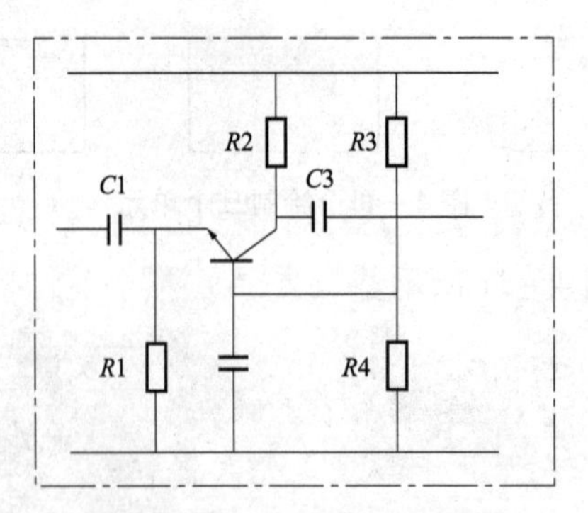

图 4-43　电气电路部件图

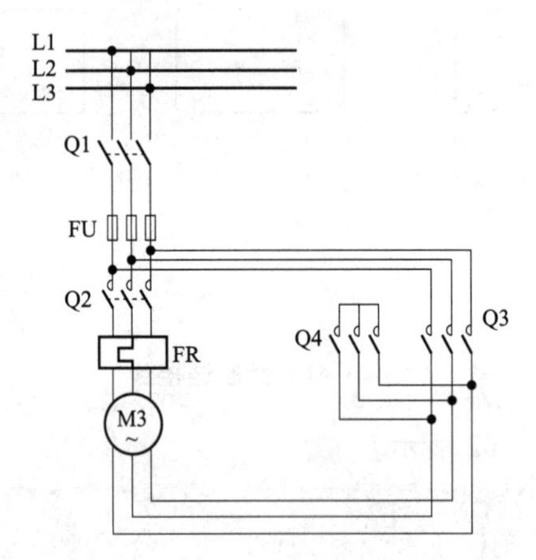

图 4-44　启动器主电路连接线图

第五篇

工业控制线路图的绘制

本篇旨在学习用 AutoCAD 2007 绘制一些功能图、电路原理图、电路控制图、电路接线图、三维立体等实际图形。为了使学生在绘图过程中养成一个良好的习惯，掌握绘图技巧，轻松进行上机操作，本篇重点通过一些具体的实例进行上机实验指导，学生在上机练习时，参考本章内容，对以后从事 AutoCAD 绘图有很大帮助。

项目学习要求

基本要求：熟练掌握功能图、接线图、位置接线图、电路工程图、电气平面图、三维图的绘制方法。

能力提升要求：学生能够根据任务要求绘制实际图形，简单高效地完成 AutoCAD 绘图。

一般来说，在 AutoCAD 2007 中绘制图形的基本步骤如下：

（1）创建图形文件。

（2）设置图形单位与界限。

（3）创建图层，设置图层颜色、线型、线宽等。

（4）调用或绘制图框和标题栏。

（5）选择当前图层并绘制图形。

（6）填写标题栏、明细表、技术要求等。

项目1　单片机控制 LED 系统电路图的绘制

单片机控制 LED 系统电路图如图 5－1 所示。

（1）创建新的图形文件。选择→【开始】→【程序】→【Autodesk】→【AutoCAD 2007 中文版】→【AutoCAD 2007】进入 AutoCAD 2007 中文版绘图主界面。

（2）设置图形界限。根据图形的大小和 1:1 作图原则，设置图形界限为 297 mm × 210 mm 纵放比较合适，即标准图纸 A4。

①设置图形界限。

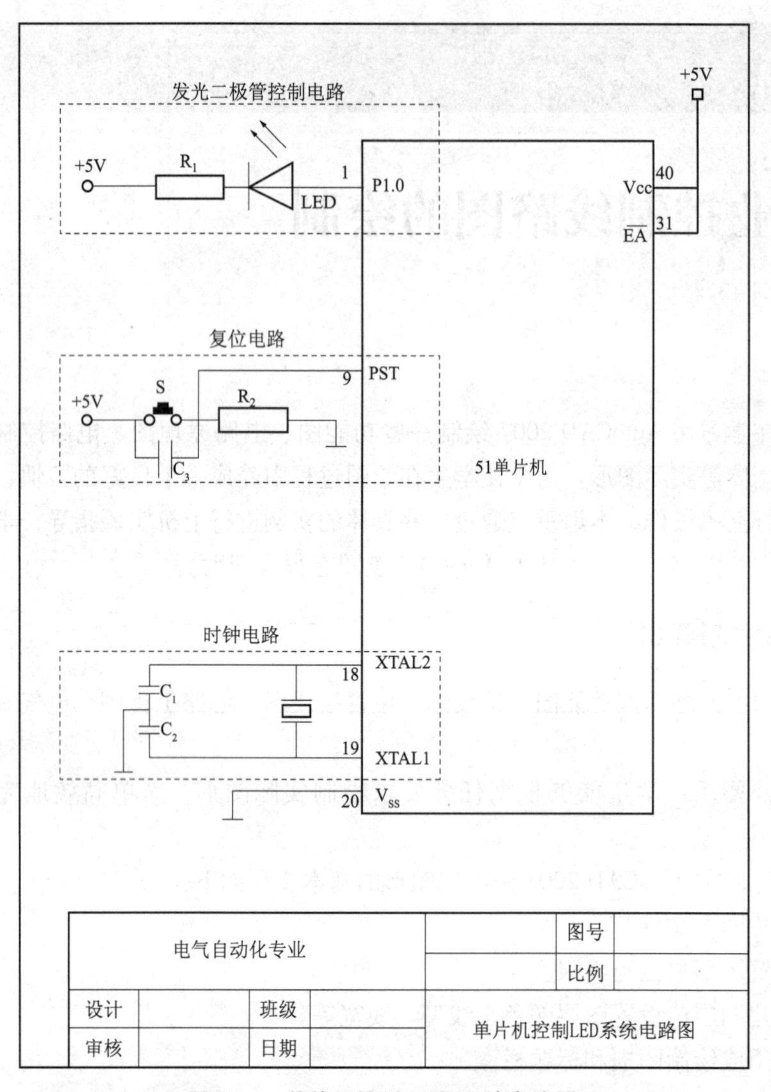

图 5－1　单片机控制 LED 系统电路图

```
命令:_limits                                //选择→【格式】→【图形界限】菜单命令
重新设置模型空间界限:
指定左下角点或[开(ON)/关(OFF)]<0.0000,0.0000>:  //按【Enter】键
指定右上角点<420.0000,297.0000>:210,297          //输入新的图形界限
```

②显示图形界限。设置了图形界限后，一定要通过显示缩放命令将整个图形范围显示成当前的屏幕大小。最简捷的方法就是单击缩放工具栏中的“全部缩放”按钮即可。

（3）设置图层。由于本图例线型少，因此不用设置图层，在 0 层绘制就可以了。

（4）图形绘制。

①绘制边框和标题栏。用矩形、直线、偏移、修剪、多行文字等命令先绘制出边框和标题栏，如图 5－2 所示。

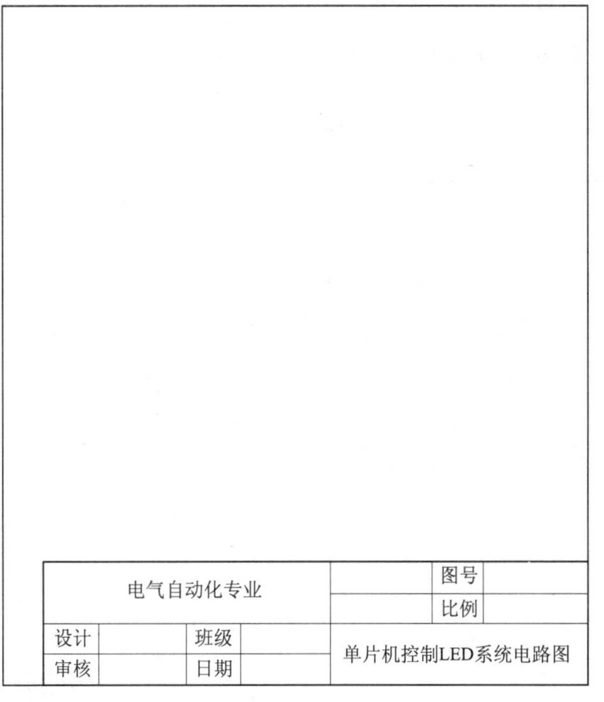

图 5－2　绘制边框和标题栏

单片机控制 LED 系统电路图 1

②绘制图形主框架。在整个图纸空间，根据图 5－1 所示的图形结构，先绘制出单片机主体部分，绘制单片机主体时，靠左侧放置，如图 5－3 所示。

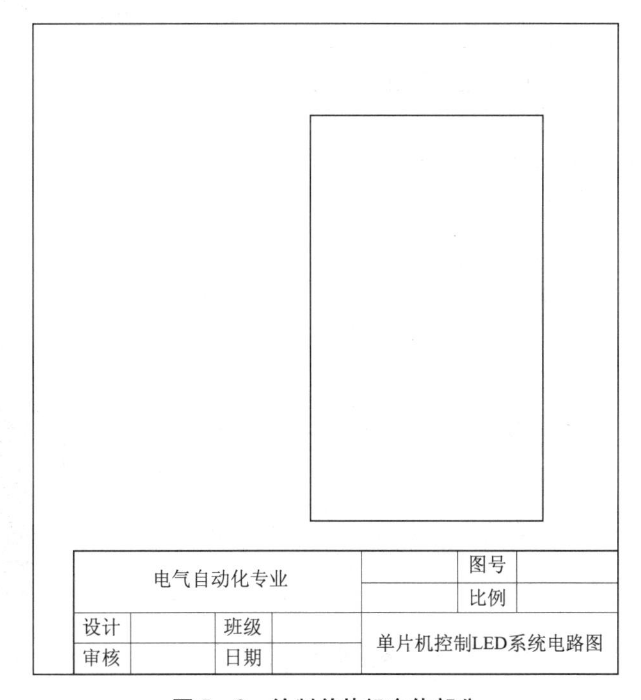

图 5－3　绘制单片机主体部分

③绘制单片机控制 LED 灯电路，绘制过程中可结合第三篇中 LED 灯和第四篇电阻器的绘制方法，连接图线时，根据元件之间的位置，可对元件进行适当位置调整，如图 5-4 所示。

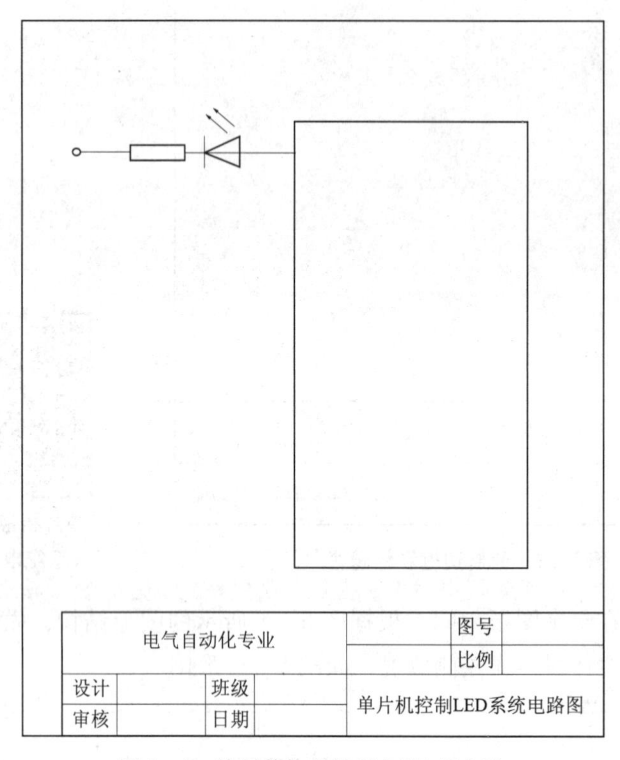

图 5-4　绘制单片机控制 LED 灯电路

单片机控制 LED
系统电路图 2

④绘制复位电路，如图 5-5 所示。

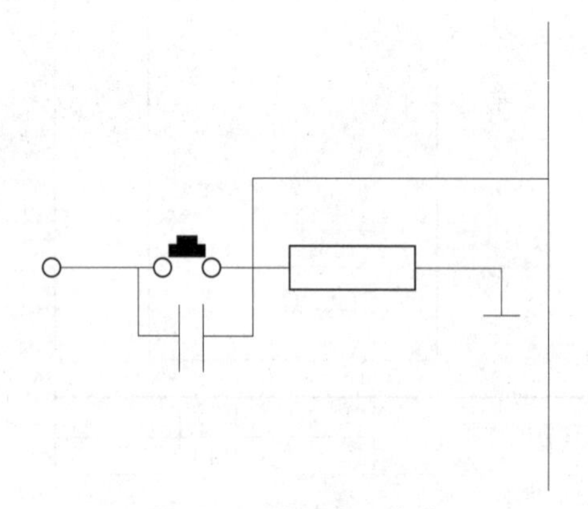

图 5-5　绘制复位电路

单片机控制 LED
系统电路图 3

⑤绘制时钟电路，如图5－6所示。

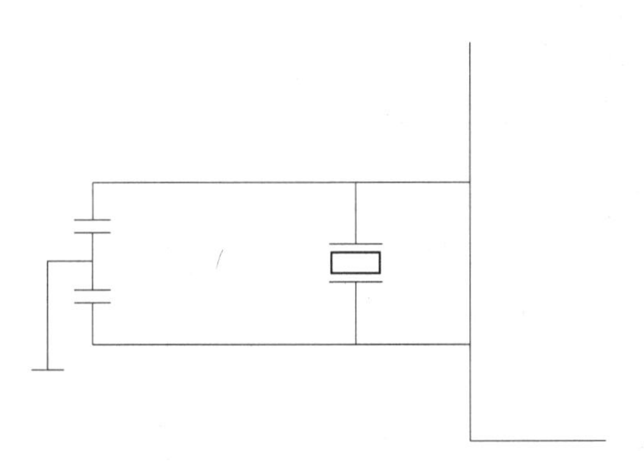

图5－6　绘制时钟电路

⑥绘制电源电路，如图5－7所示。

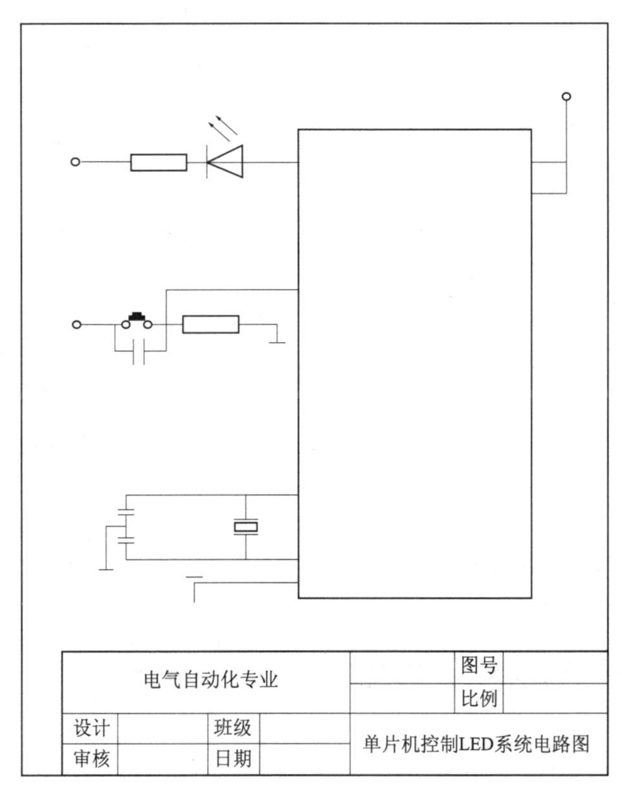

图5－7　绘图电源电路

单片机控制 LED 系统电路图4

⑦用多行文字命令注写图中文字。字体为宋体字，文字大小可根据实际情况进行调整，注写文字后完成整个图形绘制。标注完成后，如图5－8所示。

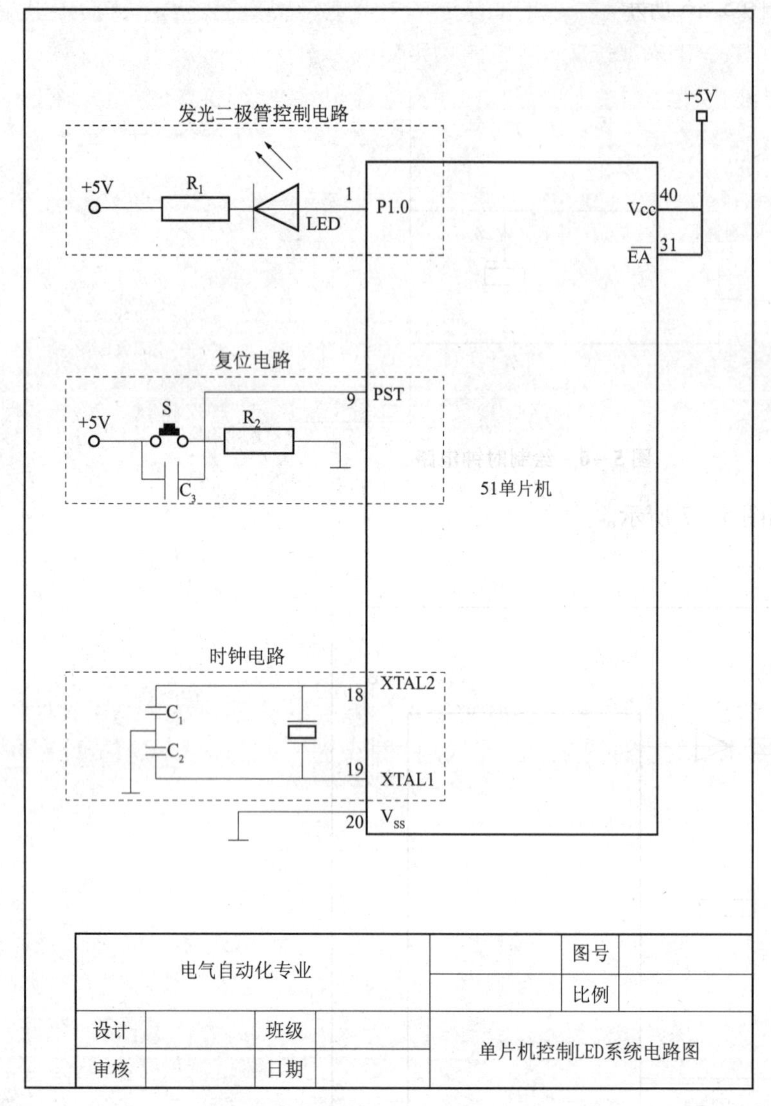

图 5 - 8　注写文字后的电路图

单片机控制 LED 系统电路图 5

项目 2　电动机正反转控制电气接线图绘制

电动机正反转控制电气接线图如图 5 - 9 所示。

（1）创建新的图形文件。选择→【开始】→【程序】→【Autodesk】→【AutoCAD 2007 中文版】→【AutoCAD 2007】进入 AutoCAD 2007 中文版绘图主界面。

（2）设置图形界限。根据图形的大小和 1:1 作图原则，设置图形界限为 420 mm × 297 mm 横放比较合适，即标准图纸 A3。

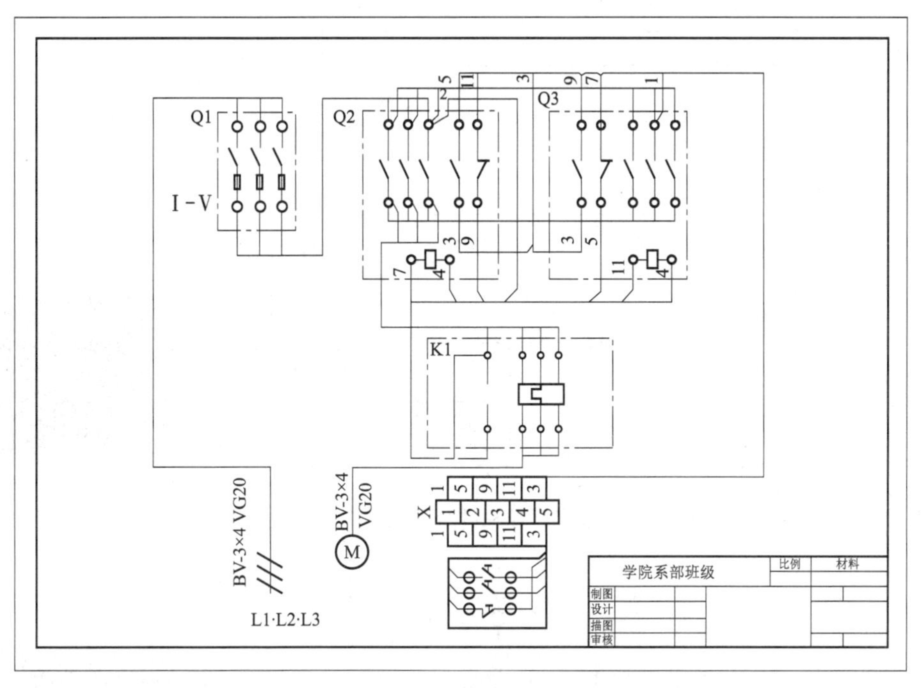

图 5－9　电动机正反转控制电气接线图

①设置图形界限。

```
    命令:_limits                                      //选择→【格式】→【图形界限】菜单命令
重新设置模型空间界限:
    指定左下角点或[开(ON)/关(OFF)]<0.0000,0.0000>:  //按【Enter】键
    指定右上角点<420.0000,297.0000>:                      //输入新的图形界限
```

②显示图形界限。设置了图形界限后，一定要通过显示缩放命令将整个图形范围显示成当前的屏幕大小。最简捷的方法就是单击缩放工具栏中的“全部缩放”按钮即可。

（3）设置图层。由于本图例线型少，因此不用设置图层，在 0 层绘制就可以了。

（4）图形绘制。

①绘制边框和标题栏，根据图 5－9 所示，将整个图形分成三个区域。用矩形、直线、偏移、修剪、多行文字等命令先绘制出边框和标题栏，如图 5－10 所示。

②绘制上区接线图。绘制过程中，多用复制、对象捕捉、对象追踪、移动等常用命令，上区左侧绘制步骤如图 5－11 所示，先用矩形、直线、圆等命令绘制左侧一个，再通过复制绘制右侧。

上区右侧绘制步骤如图 5－12 所示。先绘制左侧图形，通过复制，绘制出右侧图形。

③中区图形绘制，如图 5－13 所示。用矩形、直线、圆、修剪等命令绘制左侧图形，再用复制命令绘制右侧图形。

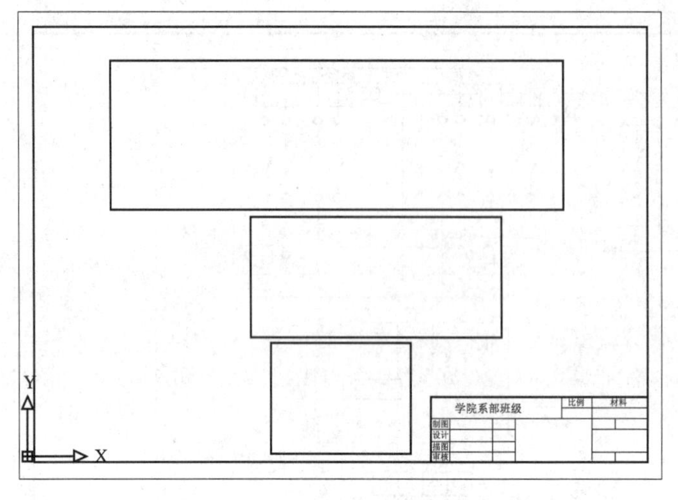

图5-10　绘制边框和标题栏并分区域

电动机正反转接线图1

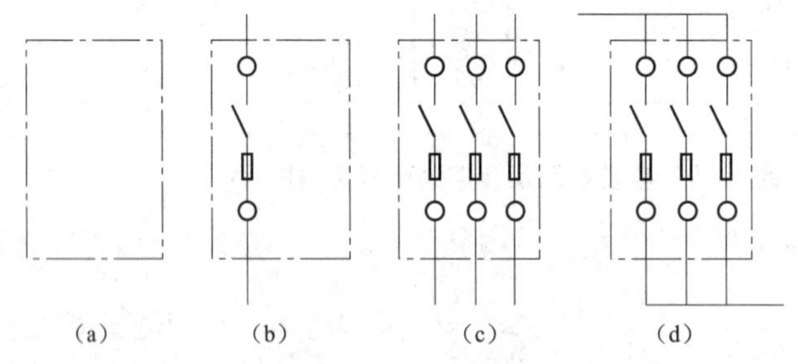

图5-11　上区左侧绘制步骤

电动机正反转接线图2

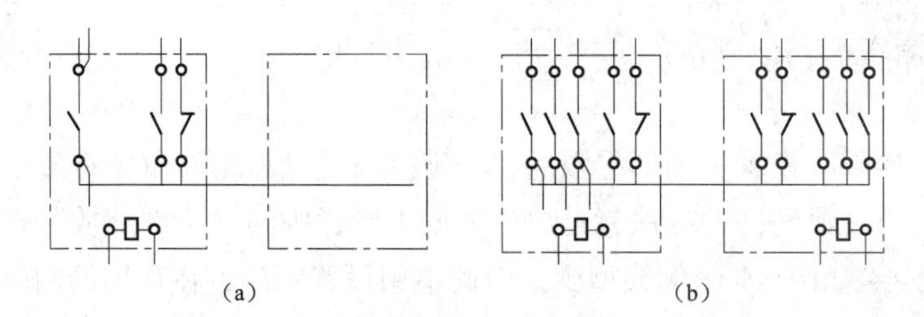

图5-12　上区右侧绘制步骤

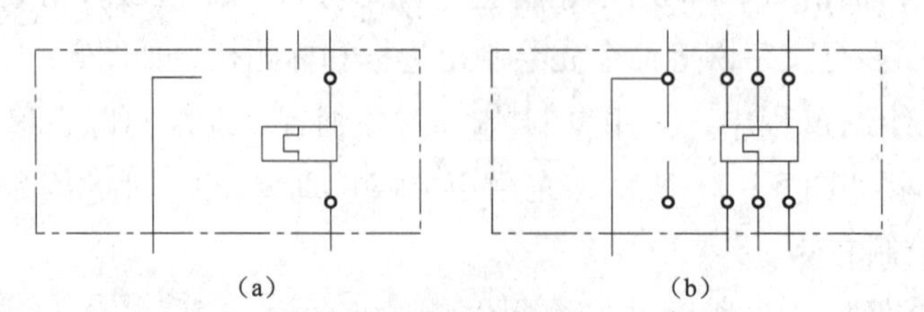

图5-13　中区图形绘制

电动机正反转接线图3

④下区图形绘制。用矩形、直线、圆、修剪、复制、镜像等命令绘制，步骤如图5-14所示。

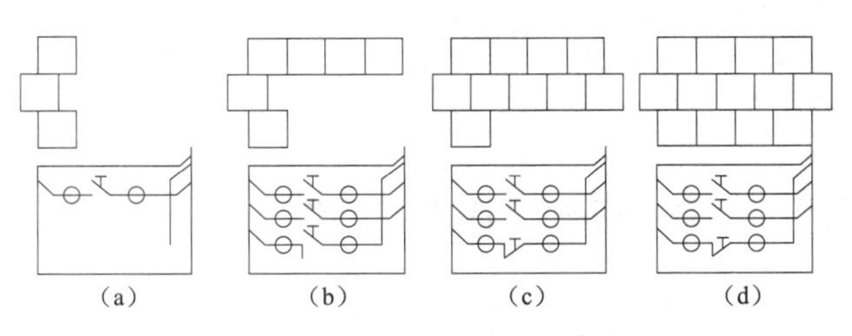

图 5-14　下区图形绘制步骤

电动机正反转接线图 4

⑤用移动命令将以上三个所绘制的图形按位置进行对接，如图 5-15 所示。

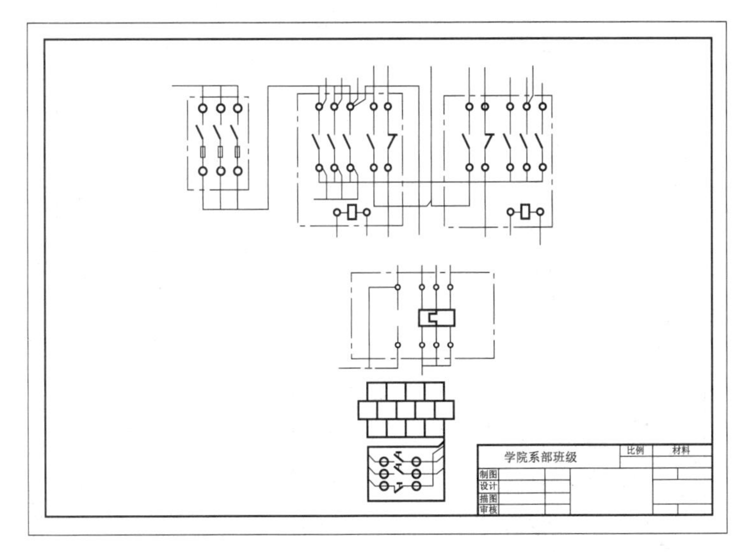

图 5-15　三个图形对接

⑥用直线、对象捕捉、延伸等命令，绘制各元件之间的连线，如图 5-16 所示。

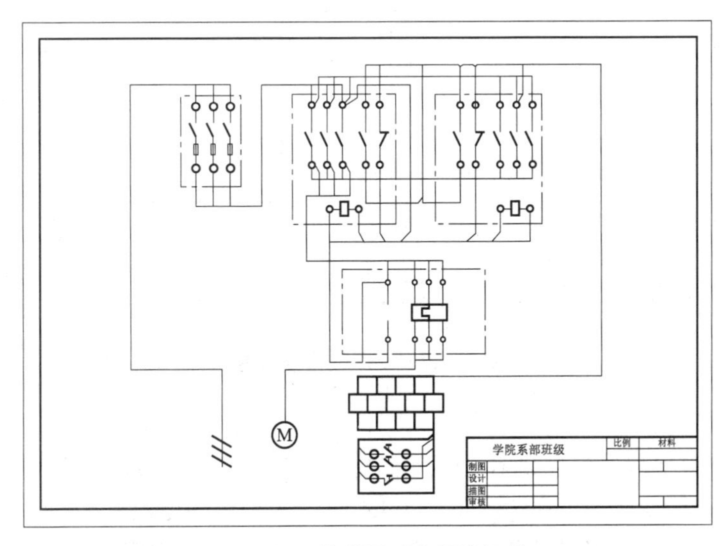

图 5-16　绘制图形之间连接线

⑦用多行文字命令注写图中文字。字体为宋体字，文字大小可根据实际情况进行调整，注写文字后完成整个图形绘制。

项目3　PLC外部接线图的绘制

I/O位置接线图如图5－17所示。

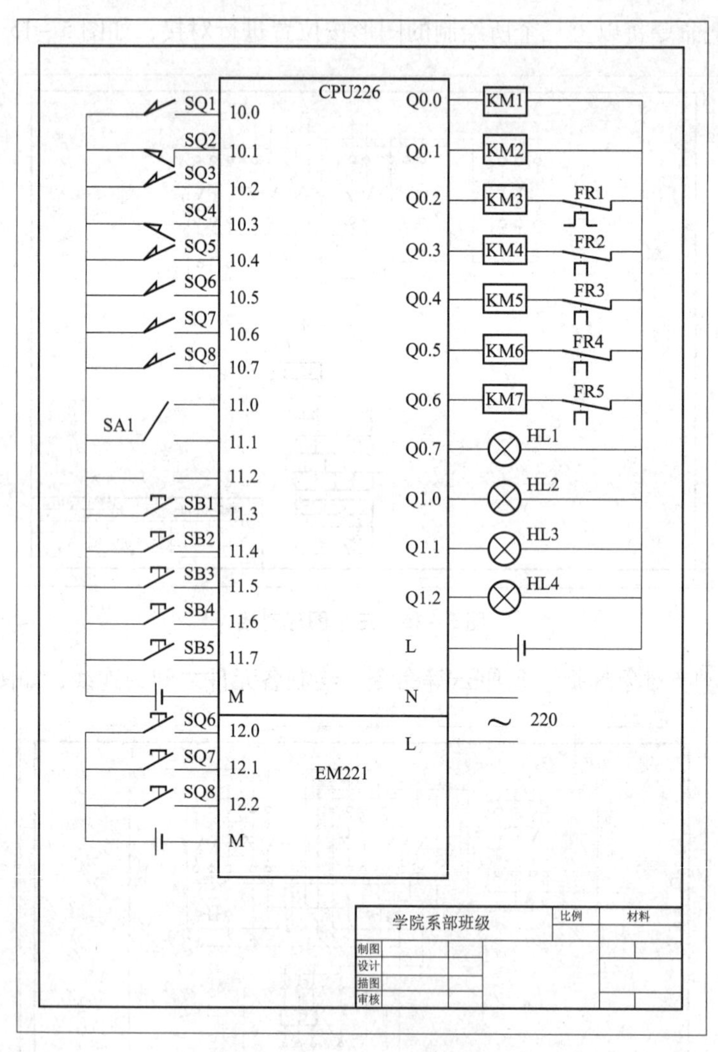

图5－17　I/O位置接线图

绘图步骤：

（1）创建新的图形文件。选择→【开始】→【程序】→【Autodesk】→【AutoCAD 2007中文版】→【AutoCAD 2007】进入AutoCAD 2007中文版绘图主界面。

（2）设置图形界限。根据图形的大小和1:1作图原则，设置图形界限为420 mm×297 mm竖放比较合适，即标准A3图纸竖放。

①设置图形界限。

```
命令:_limits                                    //选择→【格式】→【图形界限】菜单命令
重新设置模型空间界限:
指定左下角点或[开(ON)/关(OFF)]<0.0000,0.0000>:   //按【Enter】键
指定右上角点<420.0000,297.0000>:297,420           //输入新的图形界限
```

②显示图形界限。设置了图形界限后，一定要通过显示缩放命令将整个图形范围显示成当前的屏幕大小。最简捷的方法就是单击缩放工具栏中的"全部缩放"按钮即可。

（3）设置图层。由于本图例线型少，因此不用设置图层，在0层绘制就可以。

（4）图形绘制。

①用矩形、直线、偏移、修剪、多行文字等命令绘制出边框和标题栏，如图5－18所示。

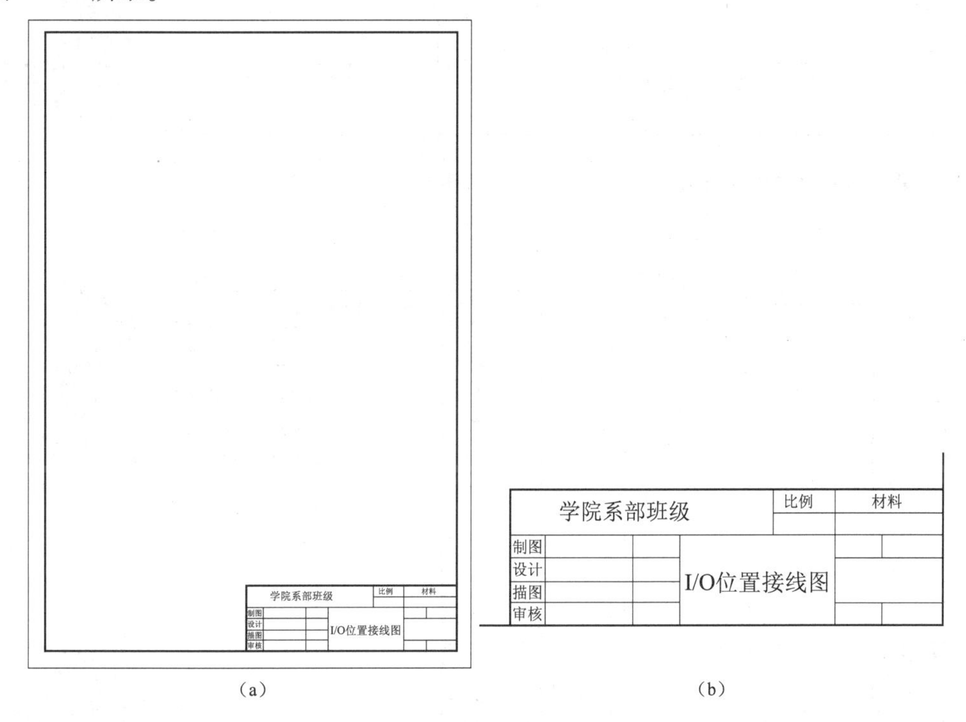

图5－18　绘制出边框和标题栏

（a）边框；（b）标题栏

②根据图5－17所示图形结构的特点，进行图面布置，用矩形命令画出中间矩形框，如图5－19所示。

③用分解命令把矩形打散，将左侧直线用点的定数等分进行22等分，将右侧直线上半段用点的定数等分进行13等分，如图5－20所示。

④用矩形、直线、圆、复制、镜像、偏移、修剪、多行文字等命令，绘制出具有相同符号电子元件图形，如图5－21所示。

⑤用复制、多行文字等命令，绘制出具有相同类型的元件图形，如图5－22所示。

⑥检查图形，补充其他图线，用多行文字进行文字注写。

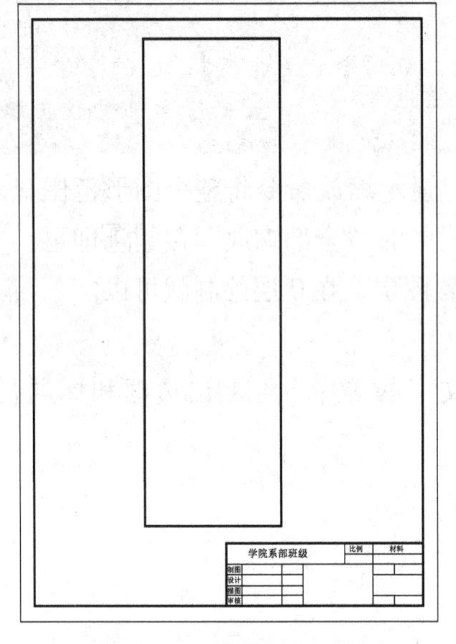

图5－19　画中间矩形框

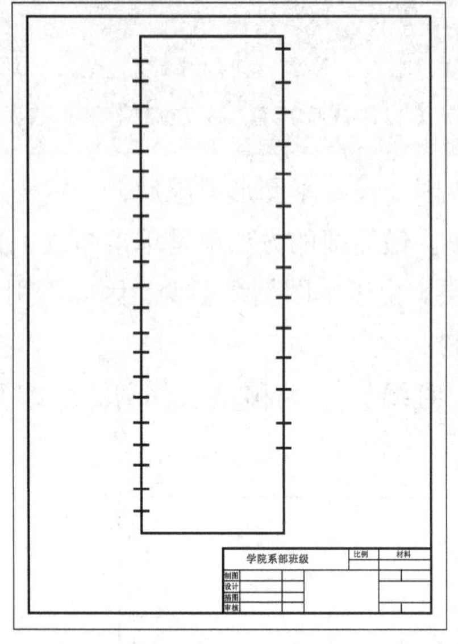

图5－20　等分直线

定数等分法绘制PLC外框

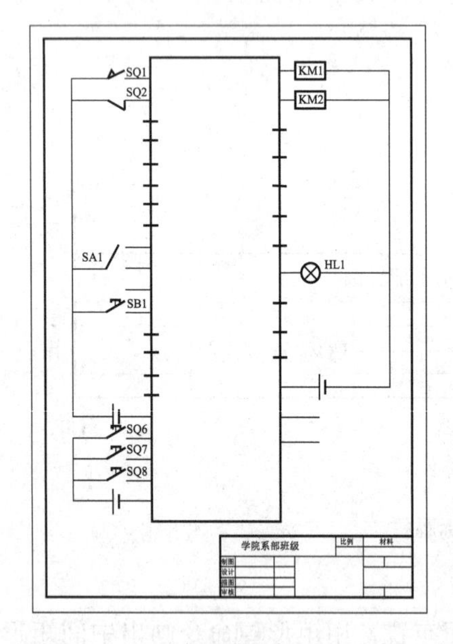

图5－21　绘制出具有相同符号电子元件

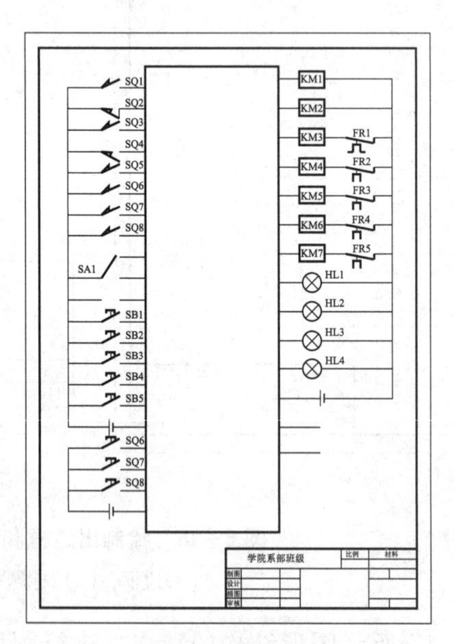

图5－22　复制具有相同符号电子元件

PLC输入电气元件绘制

PLC输出电气元件绘制

项目4　典型电路工程图的绘制

典型电路工程图如图 5－23 所示。

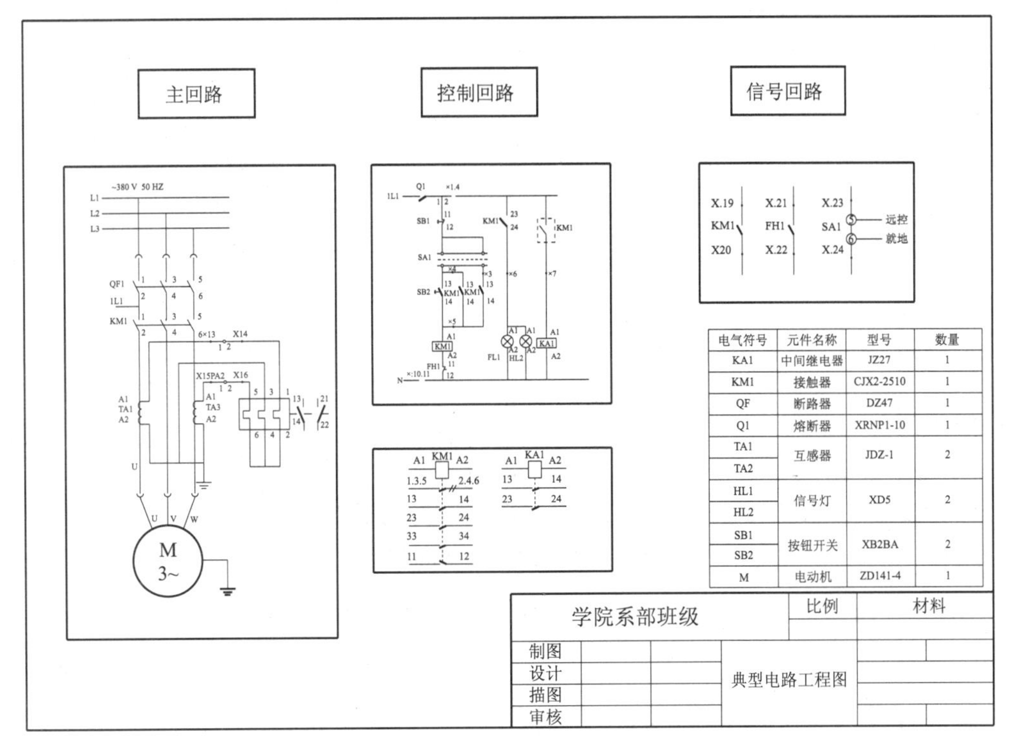

图 5－23　典型电路工程图

绘图步骤：

（1）创建新的图形文件。选择→【开始】→【程序】→【Autodesk】→【AutoCAD 2007 中文版】→【AutoCAD 2007】进入 AutoCAD 2007 中文版绘图主界面。

（2）设置图形界限。根据图形的大小和 1:1 作图原则，设置图形界限为 420 mm × 297 mm 横放比较合适，即标准 A3 图纸。

①设置图形界限。

```
命令:_limits                                    //选择→【格式】→【图形界限】菜单命令
重新设置模型空间界限:
指定左下角点或[开(ON)/关(OFF)]<0.0000,0.0000>:  //按【Enter】键
指定右上角点<420.0000,297.0000>:               //输入新的图形界限
```

②显示图形界限。设置了图形界限后，一定要通过显示缩放命令将整个图形范围显示成当前的屏幕大小。最简捷的方法就是单击缩放工具栏中的“全部缩放”按钮即可。

（3）设置图层。由于本图例线型少，因此不用设置图层，在 0 层绘制就可以了。

（4）图形绘制。

①绘制边框和标题栏。用矩形▭、直线▱、偏移▱、修剪▱、多行文字Ⓐ等命令先绘制出边框和标题栏，如图 5－24 所示。

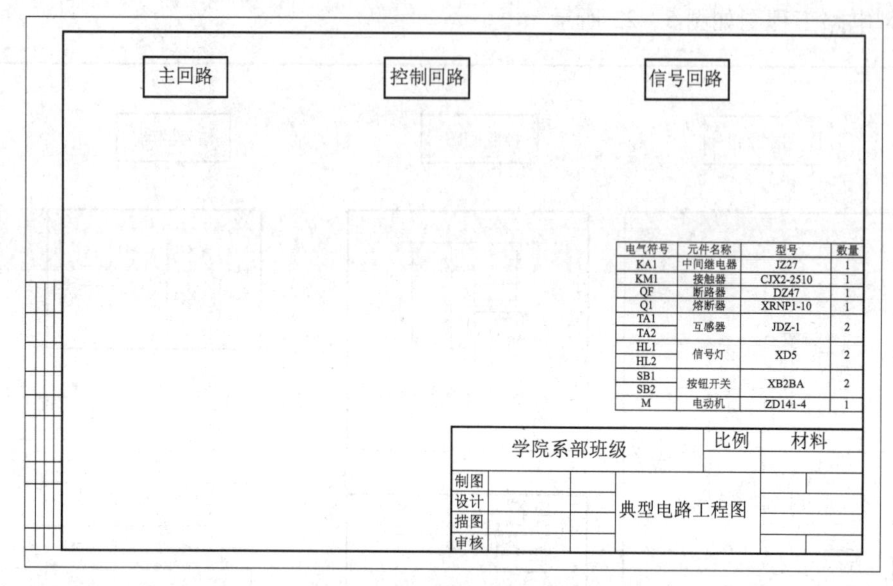

图 5－24　绘制边框和标题栏

②用矩形▭命令，将要绘制的图 5－23 所示电路工程图分成四个区域，如图 5－25 所示。

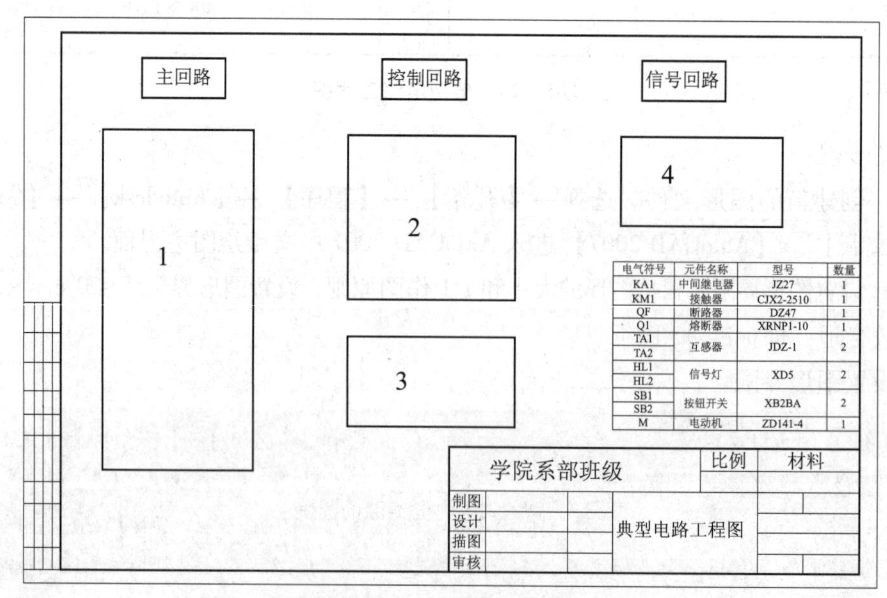

图 5－25　电路工程图分成四个区域

③用矩形▭、直线▱、圆◎、复制▱、镜像▱、偏移▱、修剪▱、多行文字Ⓐ等命令绘制 1 区内电路图，步骤如图 5－26 所示。

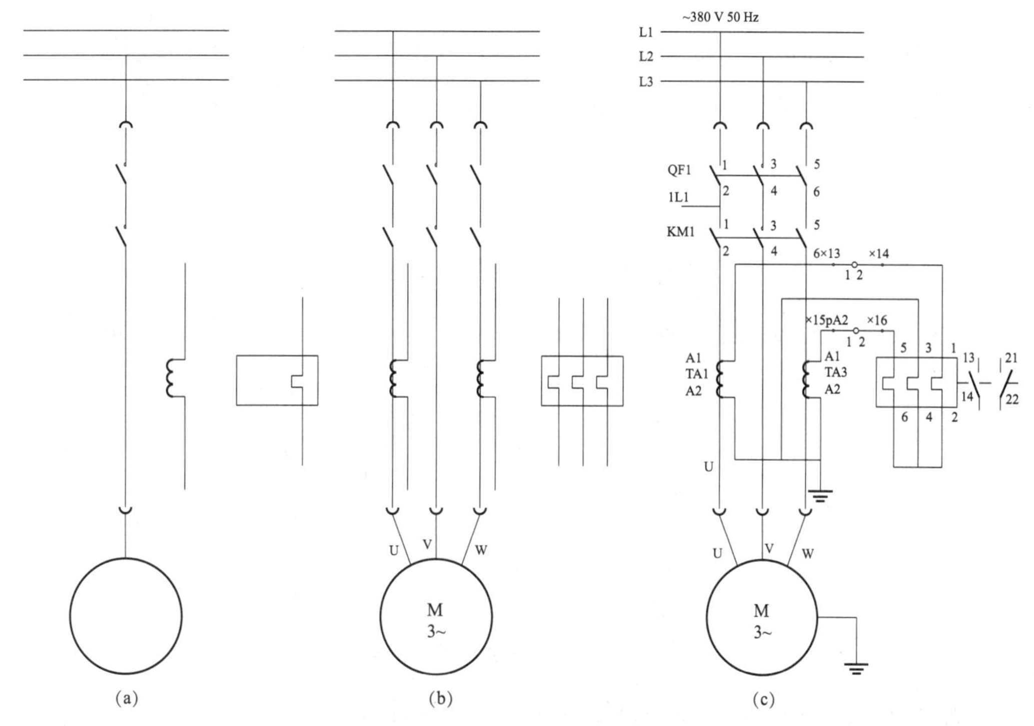

图 5－26　1 区内电路图的画图步骤

④用矩形、直线、圆、复制、偏移、修剪、多行文字等命令绘制 2 区内电路图，如图 5－27 所示。

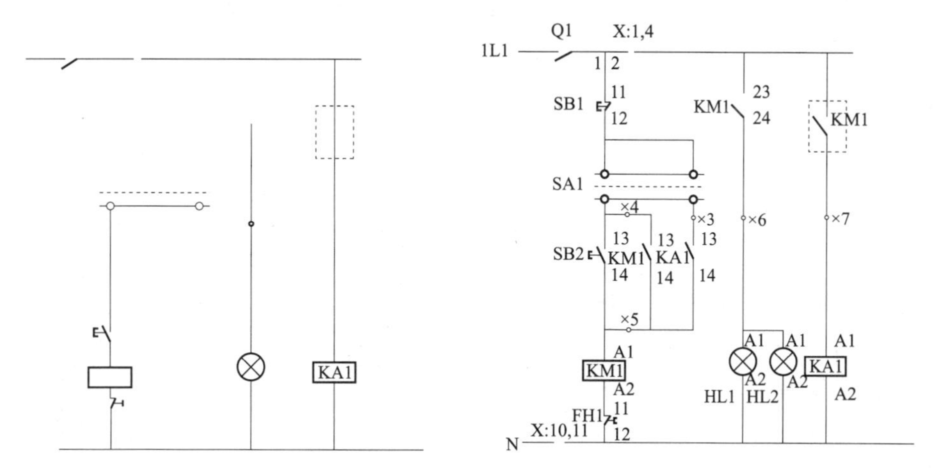

图 5－27　2 区内电路图的画法

⑤用矩形、直线、修剪、多行文字等命令，绘制 3 区内电路图，画图步骤如图 5－28 所示。

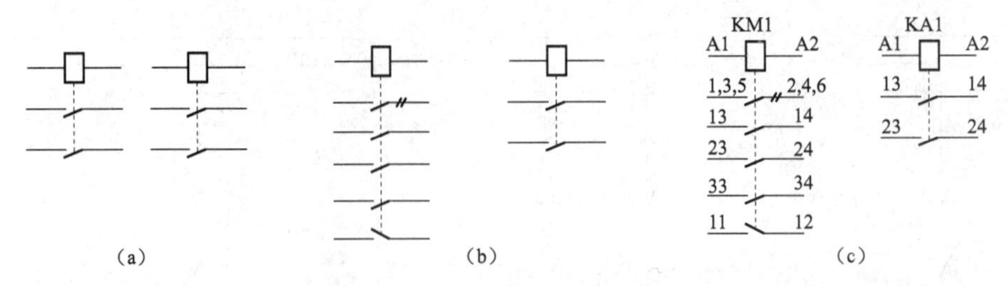

图5－28　3区内电路图的画图步骤

⑥用直线、圆、复制、修剪、多行文字等命令，绘制4区内电路图，画图步骤如图5－29所示。

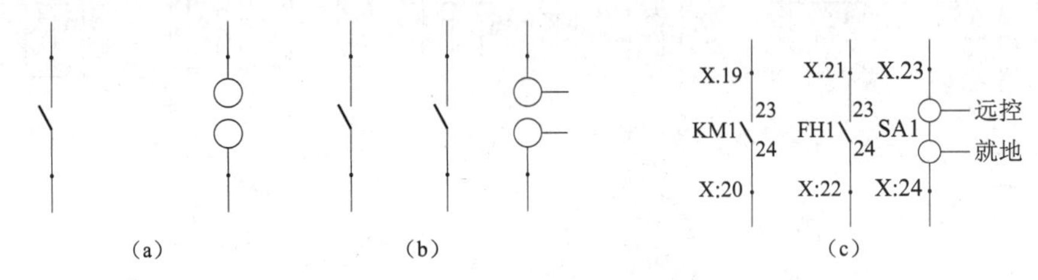

图5－29　4区内电路图的画图步骤

⑦用移动、对象捕捉命令，将绘制的四个区图形进行对接，完成图形绘制，如图5－30所示。

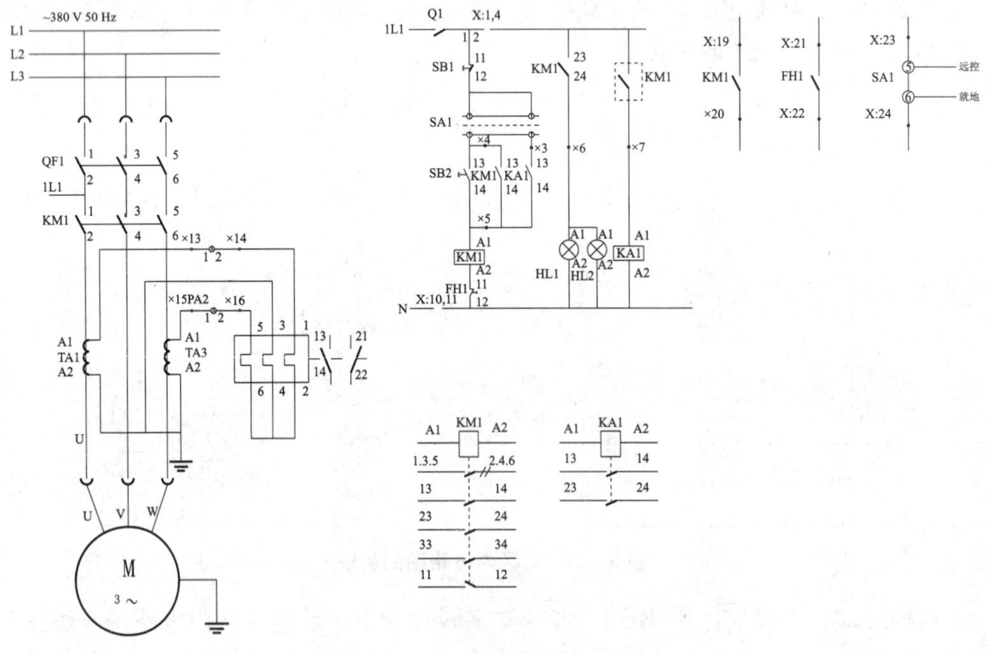

图5－30　四个区图形进行对接

项目 5　制冷机组控制主回路电路图的绘制

（1）创建新的图形文件。选择→【开始】→【程序】→【Autodesk】→【AutoCAD2007 中文版】→【AutoCAD2007】进入 AutoCAD2007 中文版绘图主界面。

（2）设置图形界限。根据图形的大小和 1:1 作图原则，设置图形界限为 420 mm×297 mm 横向放置比较合适。即标准图纸 A3。

①设置图形界限

```
命令:_limits                                //选择→【格式】→【图形界限】菜单命令
重新设置模型空间界限:
指定左下角点或[开(ON)/关(OFF)]<0.0000,0.0000>: //按【Enter】键
指定右上角点<420.0000,297.0000>:420,297          //输入新的图形界限
```

②显示图形界限。设置了图形界限后，一定要通过显示缩放命令将整个图形范围显示成当前的屏幕大小。最简捷的方法就是单击缩放工具栏中的“全部缩放”按钮即可。

（3）设置图层。由于本图例线型少，因此不用设置图层，在 0 层绘制就可以了。

（4）图形绘制。

①绘制边框和标题栏。用矩形、直线、偏移、修剪、多行文字等命令先绘制出边框和标题栏，如图 5－31 所示。

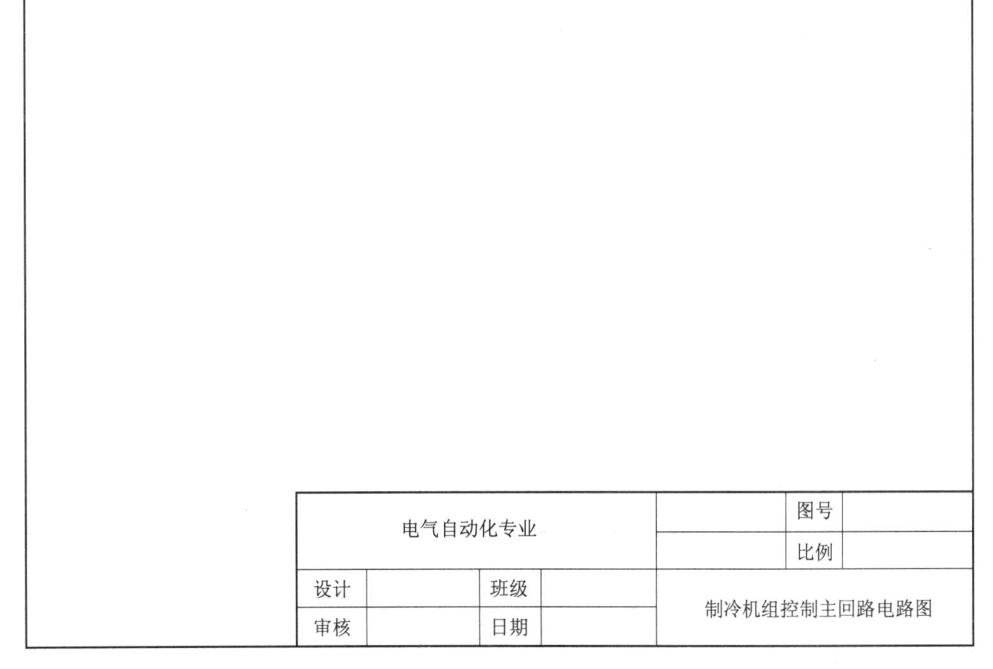

图 5－31　绘制边框和标题栏

②绘制图形主框架。在整个图纸空间，根据图形结构，在左侧绘制图形，在图形右侧绘制明细表，区域划分大致如图5－32所示。

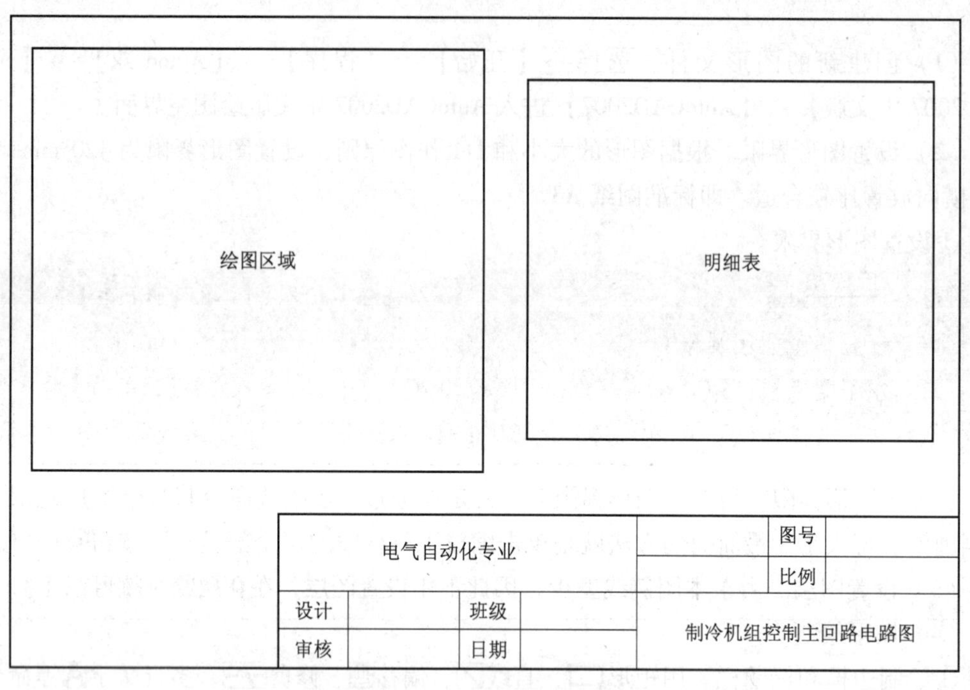

图5－32　绘图区域划分

③在绘图区域绘制四条单线，如图5－33所示。

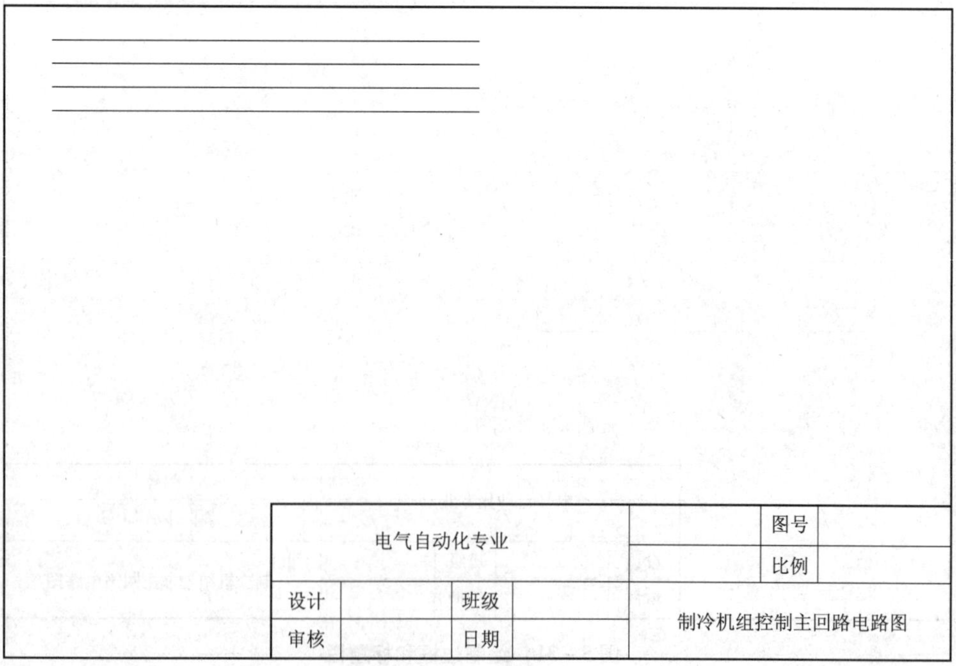

电气自动化专业				图号	
				比例	
设计		班级		制冷机组控制主回路电路图	
审核		日期			

图5－33　绘制单线

④运用复制、镜像偏移命令绘制发生泵泵体，如图 5 - 34 所示。

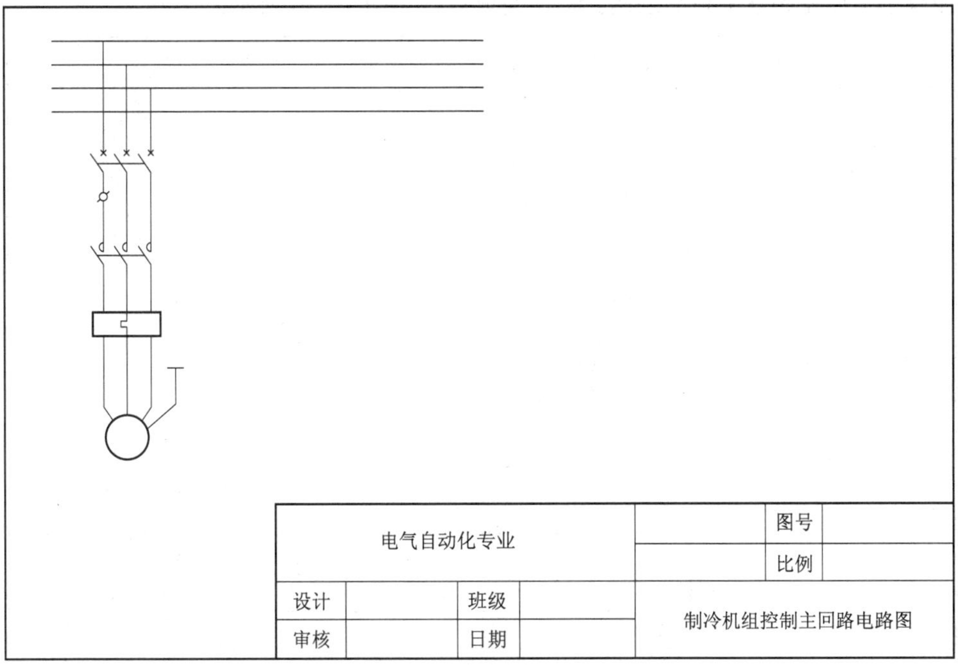

电气自动化专业
图号
比例
设计
班级
审核
日期
制冷机组控制主回路电路图

图 5 - 34　绘制发生泵泵体

⑤由于冷剂泵和真空泵结构和发生泵一样，因此采用复制命令冷剂泵和真空泵，如图 5 - 35 所示。

电气自动化专业
图号
比例
设计
班级
审核
日期
制冷机组控制主回路电路图

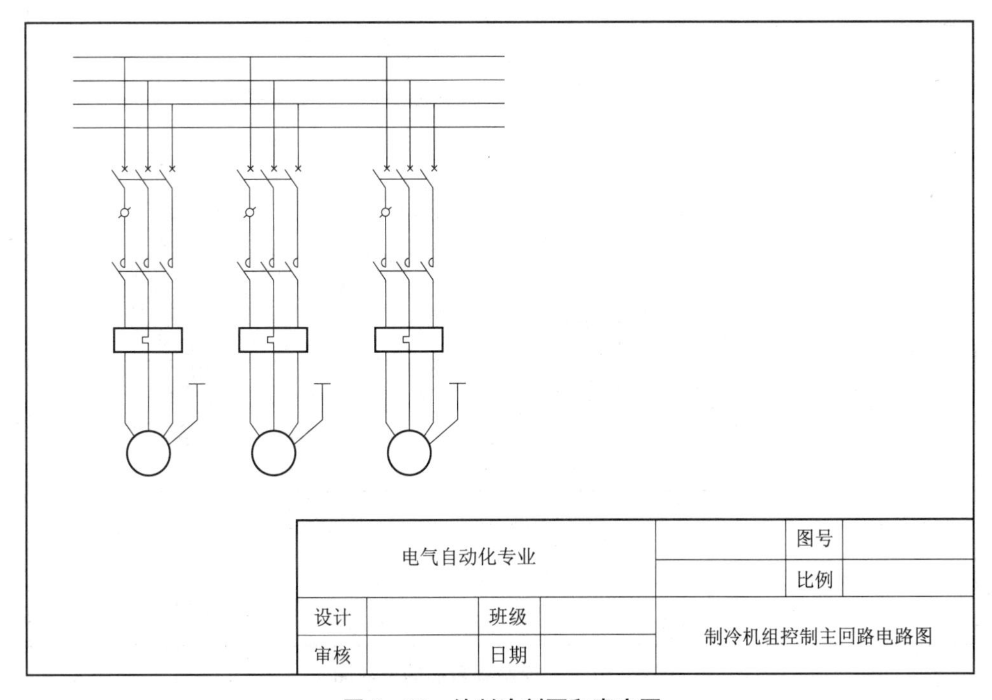

图 5 - 35　绘制冷剂泵和真空泵

⑥用多行文字命令注写图中文字。字体为宋体字，文字大小可根据实际情况进行调整，注写文字后完成整个图形绘制。标注完成后，如图 5－36 所示。

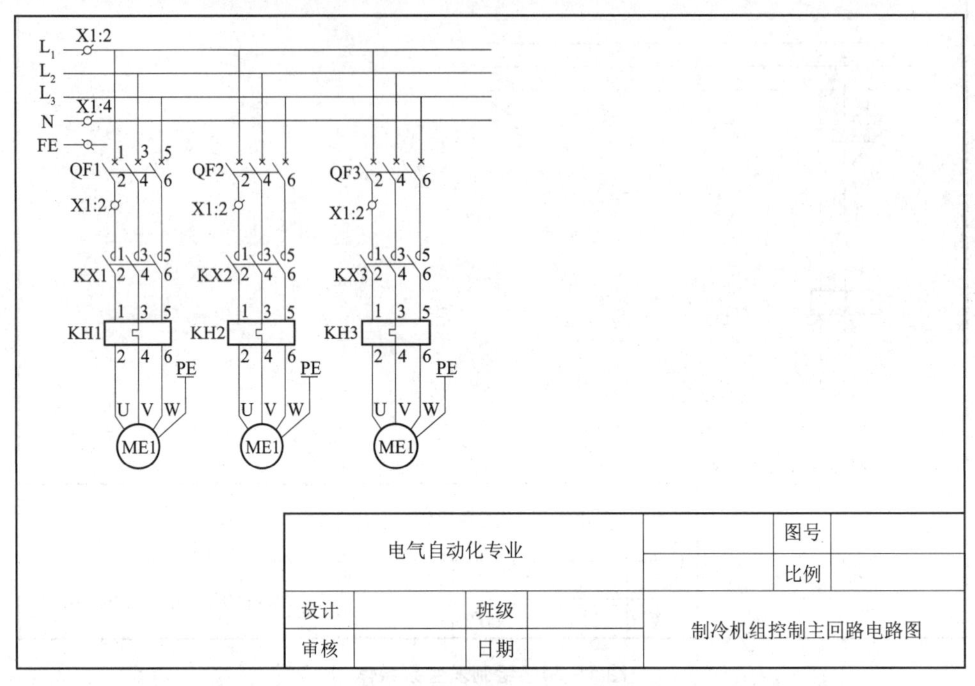

图 5－36　标注完成后电路图

⑦在明细区域绘制明细表并填写相关元器件信息，如图 5－37 所示。

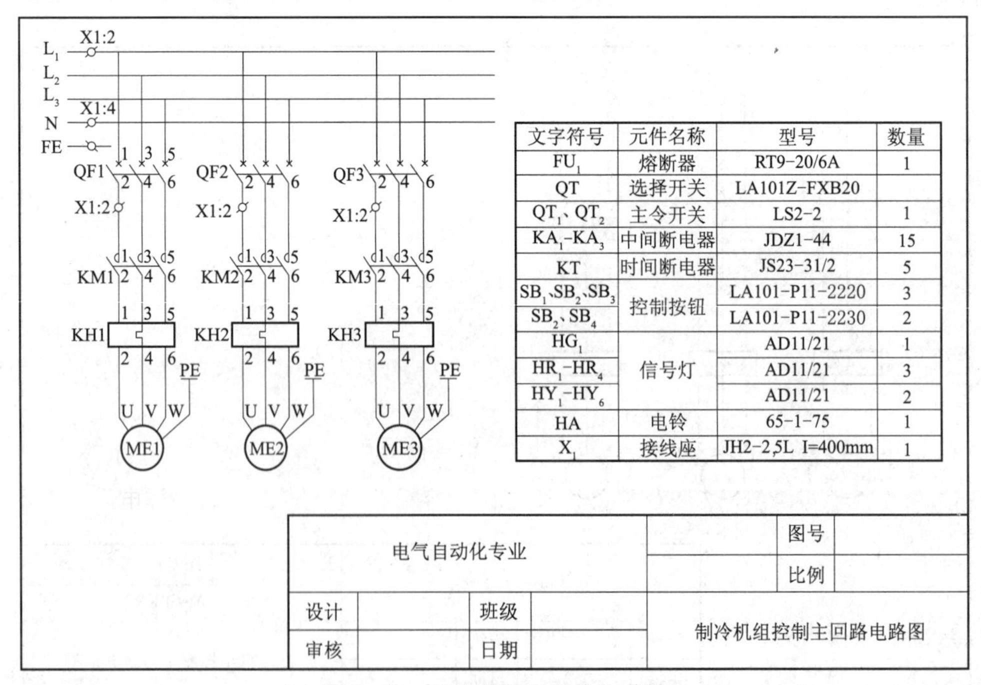

文字符号	元件名称	型号	数量
FU_1	熔断器	RT9-20/6A	1
QT	选择开关	LA101Z-FXB20	
QT_1、QT_2	主令开关	LS2-2	1
KA_1-KA_3	中间断电器	JDZ1-44	15
KT	时间断电器	JS23-31/2	5
SB_1、SB_2、SB_3	控制按钮	LA101-P11-2220	3
SB_2、SB_4		LA101-P11-2230	2
HG_1	信号灯	AD11/21	1
HR_1-HR_4		AD11/21	3
HY_1-HY_6		AD11/21	2
HA	电铃	65-1-75	1
X_1	接线座	JH2-2.5L I=400mm	1

图 5－37　完成明细表后的电路图

第六篇

机床电气原理图的绘制

本篇旨在学习常用机床电气原理图的绘制方法，通过普通车床电气原理图、摇臂钻床电气原理图和组合机床电气原理图的绘制，学会机床电气原理图的绘制方法。

项目学习要求

基本要求：熟练掌握普通车床电气原理图、摇臂钻床电气原理图和组合机床电气原理图的绘制方法。

能力提升要求：学生能够根据任务要求选择合适的绘图方法，简单高效地完成各种电气常用部件图的绘制。

项目1　普通车床电气原理图绘制

车床是一种用途极广并且普遍使用的金属车削机床，主要用来车削外圆、内圆、端面、螺纹和定形面，也可以用钻头、铰刀等刀具进行钻孔、镗孔、倒角、割槽及切断等加工工作，CA6140 型普通车床控制电路如图 6 - 1 所示，主要由主电路和控制电路两部分组成。

1. 主电路

在主电路中，M1 为主轴电动机，拖动主轴的旋转并通过传动机构实现车刀的进给。主轴电动机 M1 的运转和停止由接触器 KM1 的常开主触点的接通和断开来控制，电动机 M1 只需做正转，而主轴的正反转是由摩擦离合器改变传动链来实现的。M2 为冷却泵电动机，进行车削加工时，刀具的温度高，需要用冷却液进行冷却。因此，车床备有一台冷却泵电动机拖动冷却泵，喷出冷却液，实现刀具和工件的冷却。冷却泵电动机 M2 由接触器 KM2 的主触点控制。M3 为快速移动电动机，由接触器 KM3 的主触点控制。由于三台电动机的容量都小于 10 kW，所以都采用直接启动。熔断器 FU1 和 FU2 分别作电动机 M2、M3 的短路保护。热继电器 FR1 和 FR2 分别作 M1 和 M2 的过载保护，快速移动电动机 M3 是短时工作的，所以不需要过载保护。

2. 控制电路

控制电路通过控制变压器 TC 将 380 V 的电压降压得到 110 V 供给控制电路、24 V 供给安全照明电路、6 V 供给信号灯电压。控制变压器的一次侧由 FU3 作短路保护，二次侧

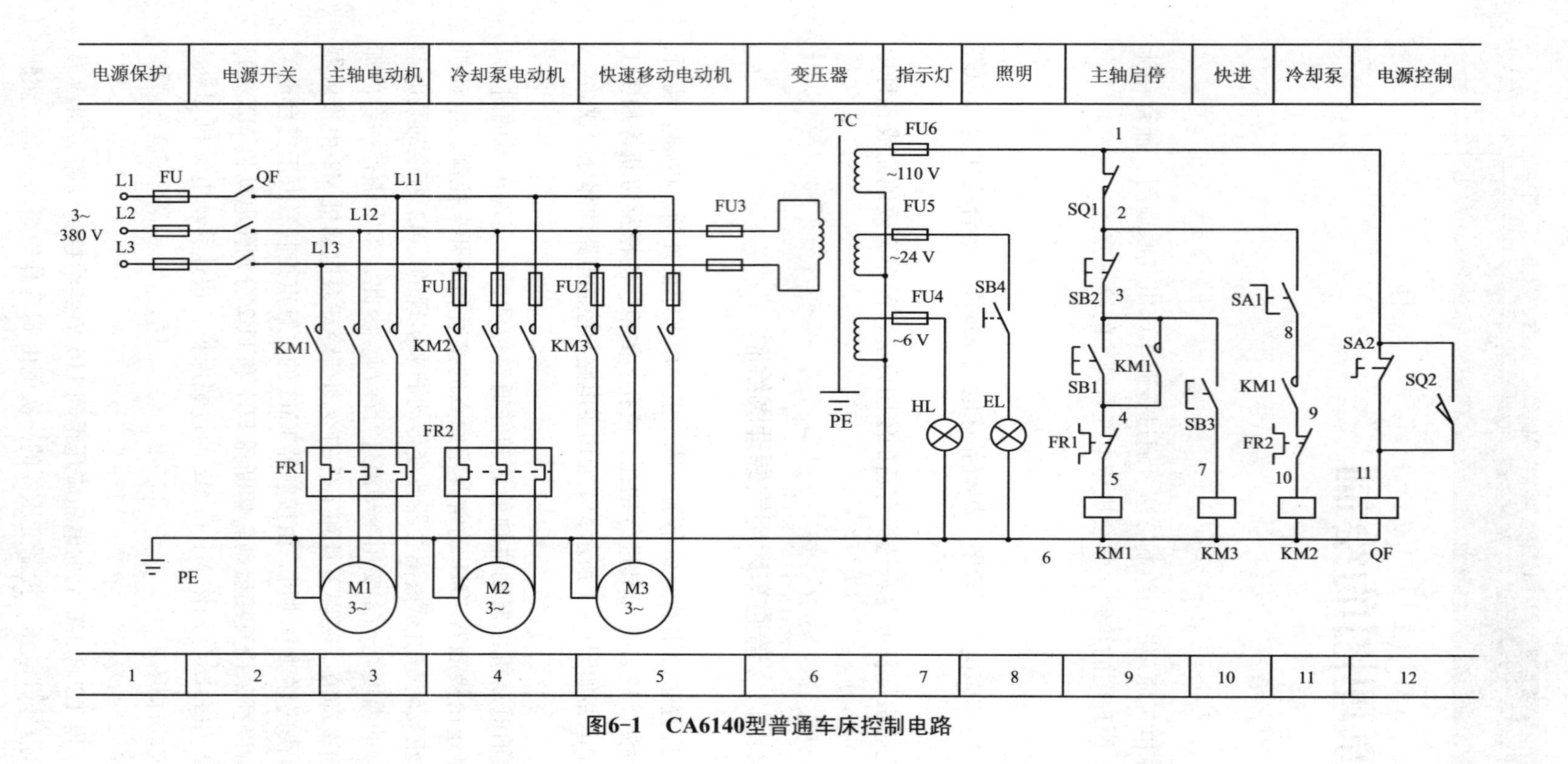

图6-1 CA6140型普通车床控制电路

普通车床控制电路介绍

由 FU4、FU5 和 FU6 作短路保护。

1.1　建立新文件

（1）启动 AutoCAD 2007。选择→【开始】→【程序】→【Autodesk】→【AutoCAD 2007 中文版】→【AutoCAD 2007】。

（2）新建文件。选择→【文件】→【新建】→【选择样板对话框】→【acad. dwt】→【打开】，“选择样板”对话框如图 6－2 所示。

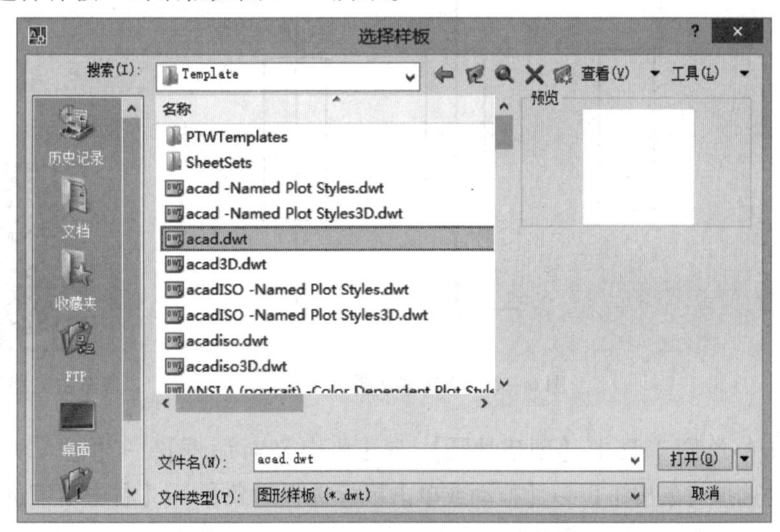

图 6－2　“选择样板”对话框

（3）保存文件。选择→【文件】→【保存】→【图形另存为对话框】→【在保存于处选择保存位置】→【文件名处为文件命名】→【文件类型为 . dwg】→【保存】，“保存”对话框如图 6－3 所示。

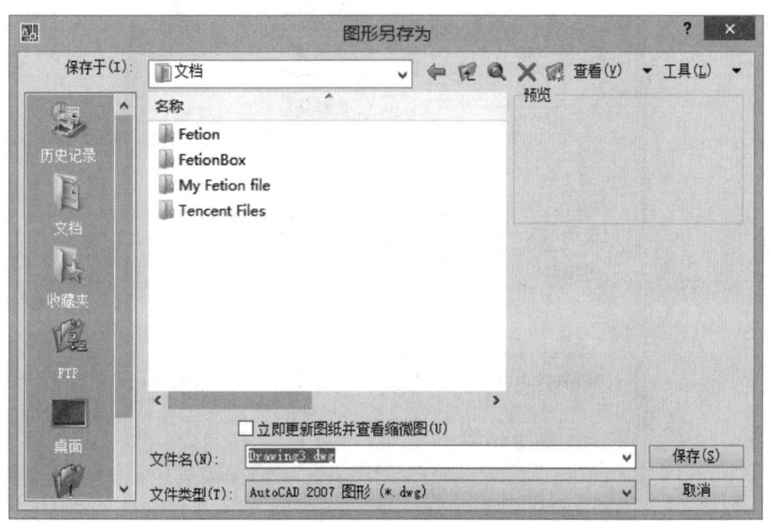

图 6－3　“保存”对话框

1.2　绘制元器件

1. 绘制块“熔断器”

（1）选择矩形命令，在屏幕适当位置绘制长方形，选择直线命令，运用中点对象追踪绘制直线，在下端部绘制圆并进行修剪，其步骤如图6－4所示。

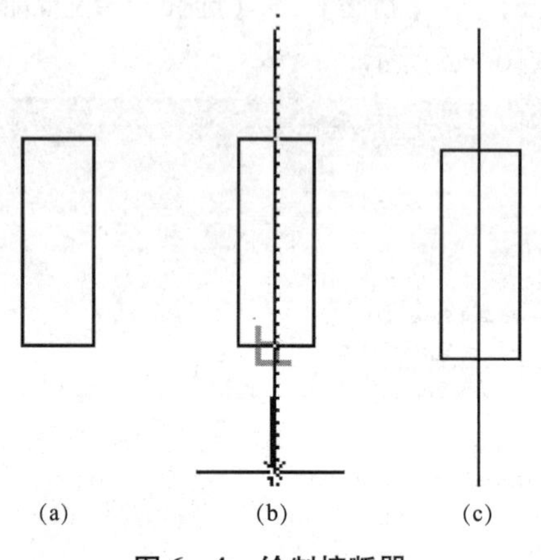

图6－4　绘制熔断器

普车主电路电气元件绘制

（2）单击→绘图工具中【创建块】→【块定义对话框】→【输入块名称：熔断器】→【单击选择对象按钮】→【拖动或单击鼠标选择对象】→【右击结束选择】→【单击拾取点按钮】→【单击选择对象的基点】→【确定】，“块定义”对话框如图6－5所示。

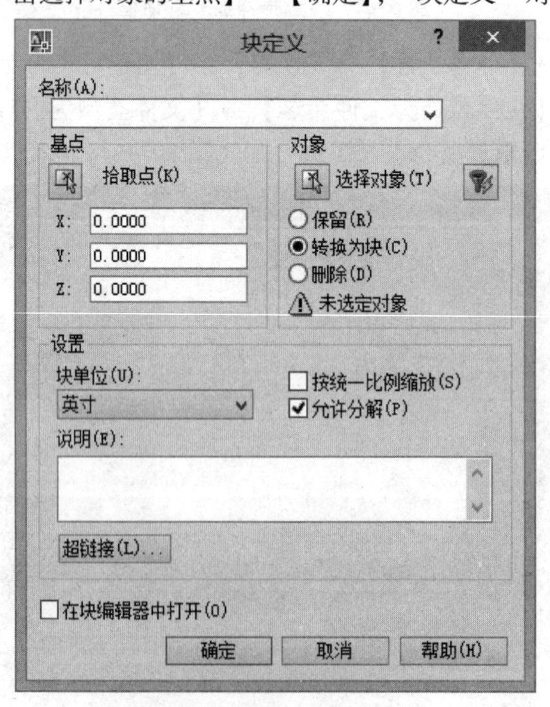

图6－5　“块定义”对话框

2. 绘制块“断路器”

（1）用直线命令，在屏幕适当位置绘制线段，在第二段线段的起点处设置角度为30°画适当长度，如图6－6（a）所示。

（2）在第二段线段的起点处利用对象追踪画直线如图6－6（b）、（c）所示。

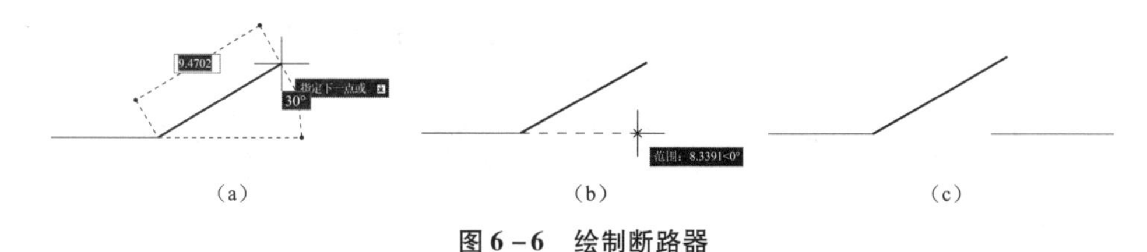

图6－6　绘制断路器

（3）单击绘图工具中的正多边形命令，输入边数为4，利用对象捕捉到触点处，如图6－7（a）所示，选择“外切于圆”选项，在直线上适当位置单击，如图6－7（b）所示。

图6－7　绘制断路器

（4）用直线命令绘制正方形对角线，绘制完成后，将正方形删除。

（5）单击→绘图工具中【创建块】→【块定义对话框】→【输入块名称：断路器】→【单击选择对象按钮】→【拖动或单击鼠标选择对象】→【右击结束选择】→【单击拾取点按钮】→【单击选择对象的基点】→【确定】。

3. 绘制块“线圈”

（1）用直线命令绘制一条垂直的线段，然后在线段的端点处绘制一个适当大小的圆，如图6－8（a）所示。

（2）用复制命令复制，以圆的端点为基点复制4个圆，如图6－8（b）所示。

（3）用修剪命令将圆一侧剪掉并将直线删除，如图6－8（c）所示。

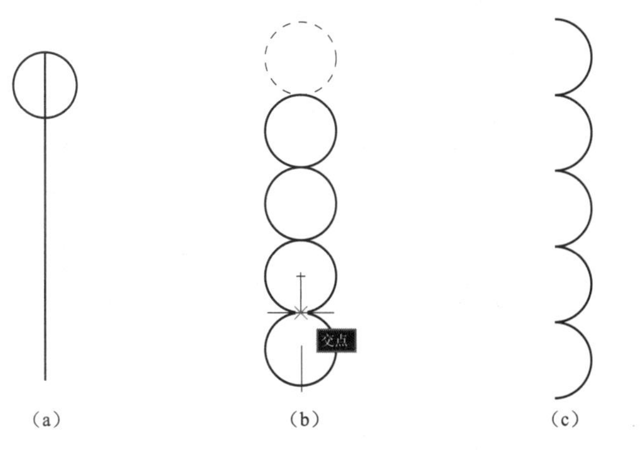

图6－8　绘制线圈

普车控制电路
电气元件绘制

（4）单击→绘图工具中【创建块】→【块定义对话框】→【输入块名称：线圈】→【单击选择对象按钮】→【拖动或单击鼠标选择对象】→【右击结束选择】→【单击拾取点按钮】→【单击选择对象的基点】→【确定】。

4. 绘制块“按钮”

（1）用直线命令，在屏幕适当位置绘制线段，在第二段线段的起点处设置角度为30°画适当长度，如图6-6（a）所示。

（2）在第二段线段的起点处利用对象追踪画直线如图6-6（b）、（c）所示。

（3）单击直线工具，用对象捕捉，捕捉中点如图6-9（a）所示，绘制适当长度，将线型改为虚线如图6-9（b）所示。

（4）单击直线工具，用对象捕捉和对象追踪完成按钮的绘制，如图6-9（c）所示。

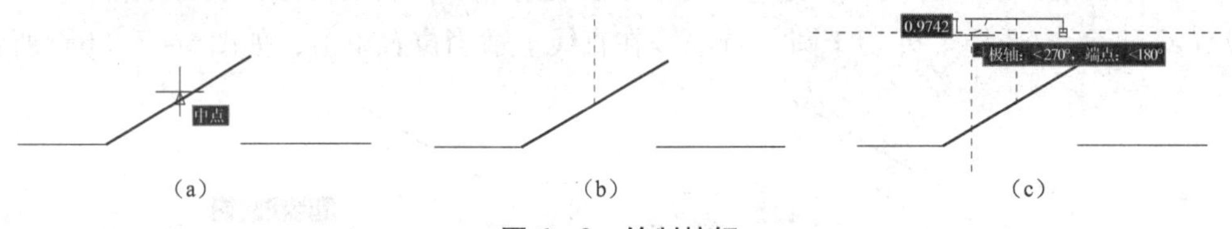

图6-9　绘制按钮

（5）单击→绘图工具中【创建块】→【块定义对话框】→【输入块名称：按钮】→【单击选择对象按钮】→【拖动或单击鼠标选择对象】→【右击结束选择】→【单击拾取点按钮】→【单击选择对象的基点】→【确定】。

5. 绘制块“热继电器触点”

（1）用直线命令，在屏幕适当位置绘制线段，在第二段线段的起点处设置角度为60°画适当长度，如图6-10（a）所示。

（2）在第二段线段的起点处利用对象追踪画直线如图6-10（b）所示。

（3）单击直线工具，用对象捕捉，捕捉中点如图6-10（c）所示，绘制适当长度，将线型改为虚线如图6-10（d）所示。

（4）单击直线工具，用对象捕捉和对象追踪完成热继电器触点的绘制，如图6-10（e）所示。

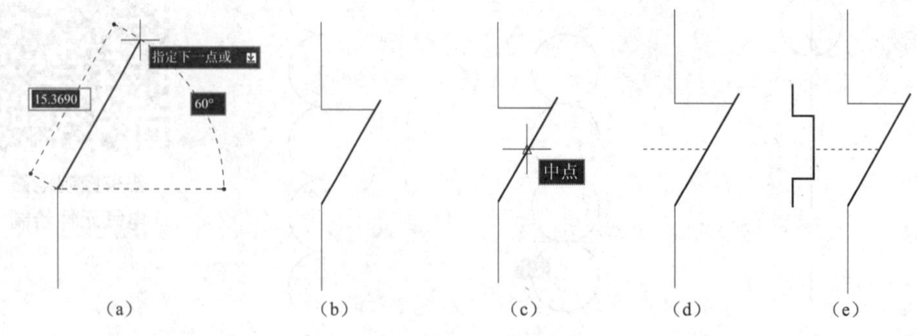

图6-10　绘制热继电器触点

（5）单击→绘图工具中【创建块】→【块定义对话框】→【输入块名称：热继电器触点】→【单击选择对象按钮】→【拖动或单击鼠标选择对象】→【右击结束选择】→【单击拾取点按钮】→【单击选择对象的基点】→【确定】。

6. 绘制块“接触器线圈”

（1）用矩形工具，在屏幕适当位置指定两点绘制适当大小矩形，如图6－11（a）所示。

（2）单击直线工具，在矩形长边上捕捉中点，如图6－11（b）所示，绘制直线，如图6－11（c）所示。

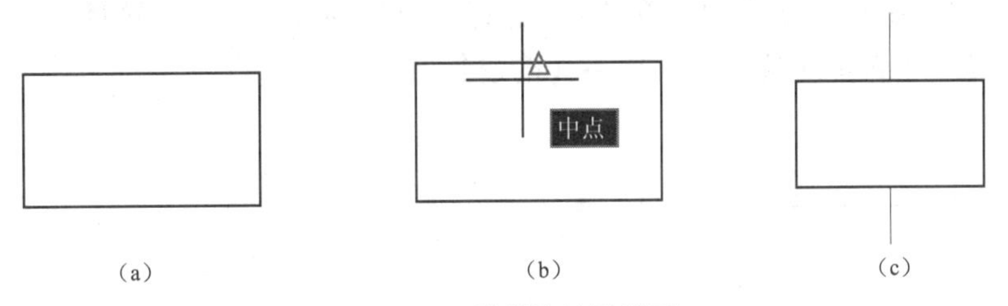

图6－11　绘制接触器线圈

（3）单击→【创建块】→【块定义对话框】→【输入块名称：接触器线圈】→【单击选择对象按钮】→【拖动或单击鼠标选择对象】→【右击结束选择】→【单击拾取点按钮】→【单击选择对象的基点】→【确定】。

7. 绘制块“接触器触点”

（1）用直线命令，在屏幕适当位置绘制线段，在第二段线段的起点处设置角度为120°画适当长度，如图6－12（a）所示。

（2）在第二段线段的起点处利用对象追踪画直线如图6－12（b）所示。

（3）利用两点画圆绘制触头，用修剪命令将圆修剪成半圆，如图6－12（c）所示。

（4）单击→绘图工具中【创建块】→【块定义对话框】→【输入块名称：接触器触点】→【单击选择对象按钮】→【拖动或单击鼠标选择对象】→【右击结束选择】→【单击拾取点按钮】→【单击选择对象的基点】→【确定】。

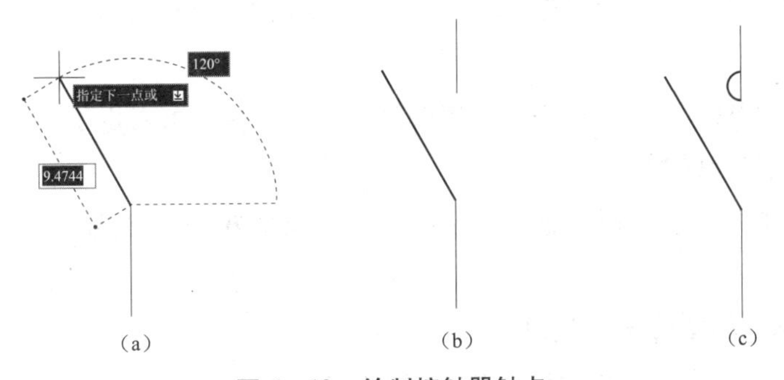

图6－12　绘制接触器触点

8. 绘制块“指示灯”

（1）用直线命令，在屏幕适当位置绘制线段。

（2）单击绘图工具栏中圆工具并用对象捕捉线段的中点，绘制一个适当大小的圆，如图6－13（a）所示。

（3）单击修改工具栏中打断于点工具，用对象捕捉，捕捉圆与直线的交点，将直线打断，用直线工具，绘制直线如图6－13（b）所示。

（4）选中圆及圆内直线部分，用旋转命令旋转45°，如图6－13（c）所示。

（5）单击→绘图工具中【创建块】→【块定义对话框】→【输入块名称：指示灯】→【单击选择对象按钮】→【拖动或单击鼠标选择对象】→【右击结束选择】→【单击拾取点按钮】→【单击选择对象的基点】→【确定】。

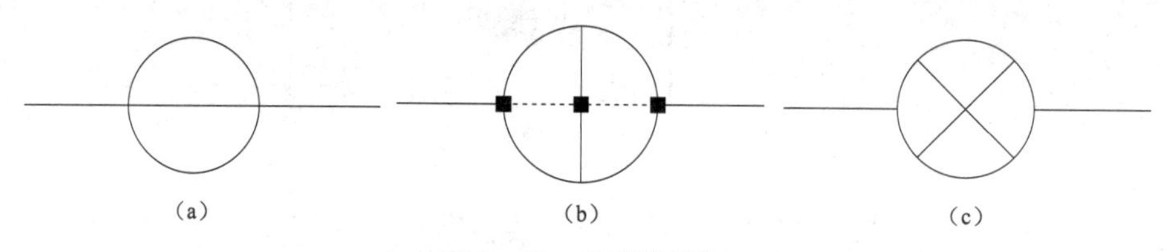

图6－13　绘制指示灯

1.3　绘制整体图

1. 设置图形界限

```
命令:_limits                                    //选择→【格式】→【图形界限】菜单命令
重新设置模型空间界限:
指定左下角点或[开(ON)/关(OFF)]<0.0000,0.0000>:              //按【Enter】键
指定右上角点<420.0000,297.0000>:297,210                    //输入新的图形界限
```

2. 显示图形界限

设置了图形界限后，一定要通过显示缩放命令将整个图形范围显示成当前的屏幕大小。最简捷的方法就是单击缩放工具栏中的“全部缩放”按钮即可。

3. 设置图层

由于本图例线型较少，因此不用设置图层，在0层绘制就可以了。

4. 绘制边框和标题栏

用矩形、直线、偏移、修剪、多行文字等命令先绘制出边框和标题栏，如图6－14所示。

5. 绘制车床原理图的总体框架

（1）用直线命令绘制适当长度水平直线如图6－15中a直线，用偏移命令，偏移出等间距的两根直线。

（2）用直线命令绘制适当长度垂直直线如图6－15中b直线，用偏移命令，依次

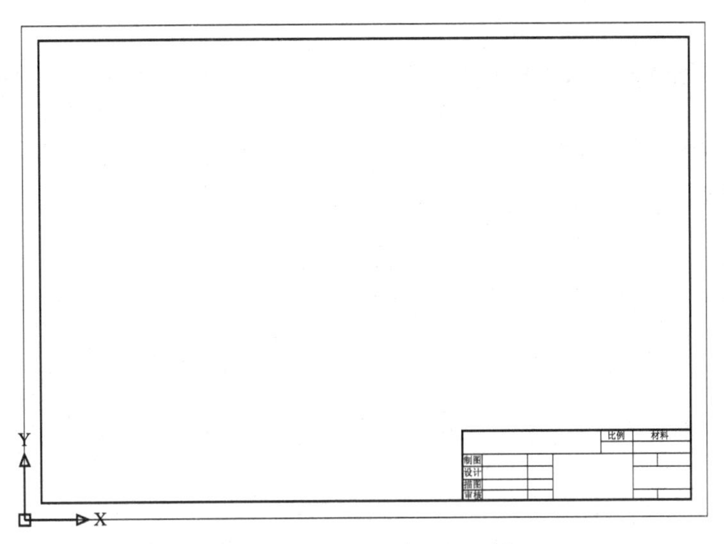

图 6－14 绘制边框和标题栏

偏移出三组等间距的直线。

（3）用直线命令绘制适当长度垂直直线如图 6－15 中 c 直线，用偏移命令，依次偏移出直线。

（4）用直线命令绘制适当长度垂直直线如图 6－15 中 d 和 e 直线。

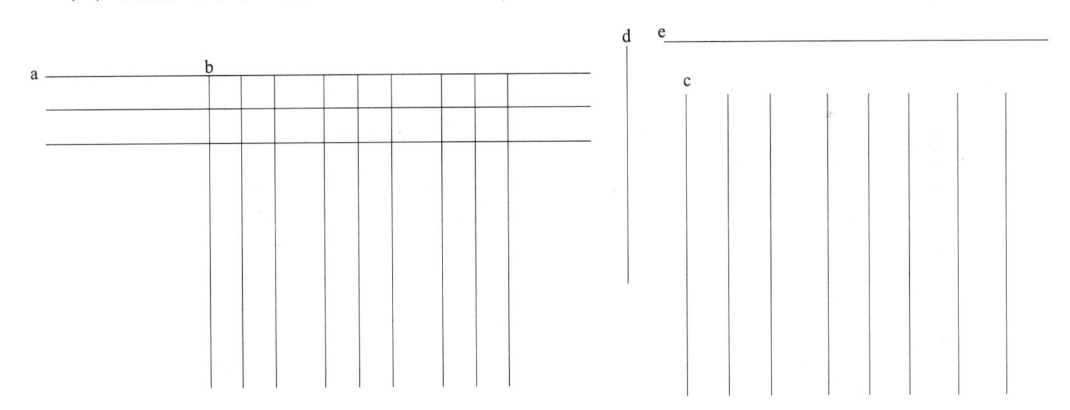

图 6－15 绘制车床原理图的总体框架

6. 插入元器件

（1）单击→绘图工具中【插入块】→【块插入对话框】→【单击名称处向下箭头】→【找到制作好的熔断器、接触器触点和线圈等块】→【勾选在屏幕上指定缩放比例，在插入块时可以进行缩小和放大】→【勾选在屏幕上指定旋转，在插入块时可以对块转动方向】→【确定】，如图 6－16 所示。

（2）用修剪工具将多余的线剪掉。

（3）用直线工具和圆工具，绘制未制作成元器件块的器件，如热继电器 FR、电动机、接地 PE 等器件，如图 6－17 所示。

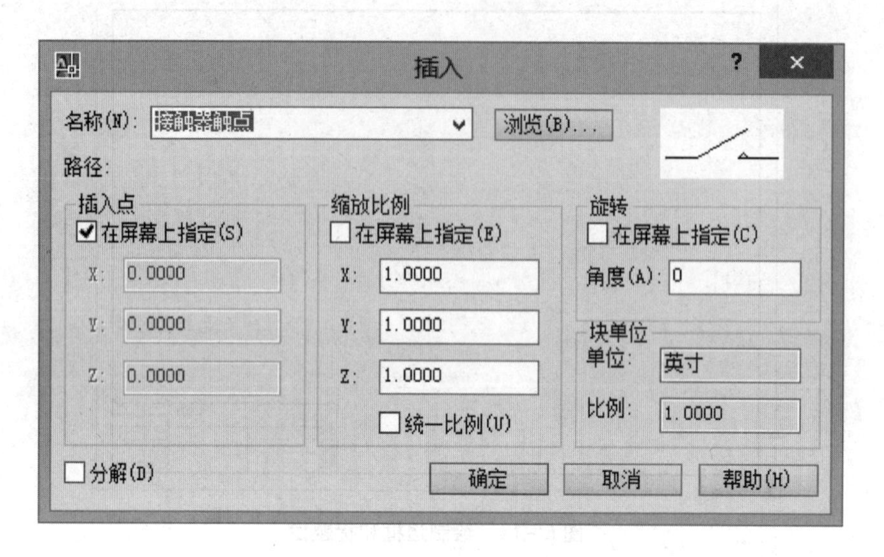

图6－16　插入元器件块

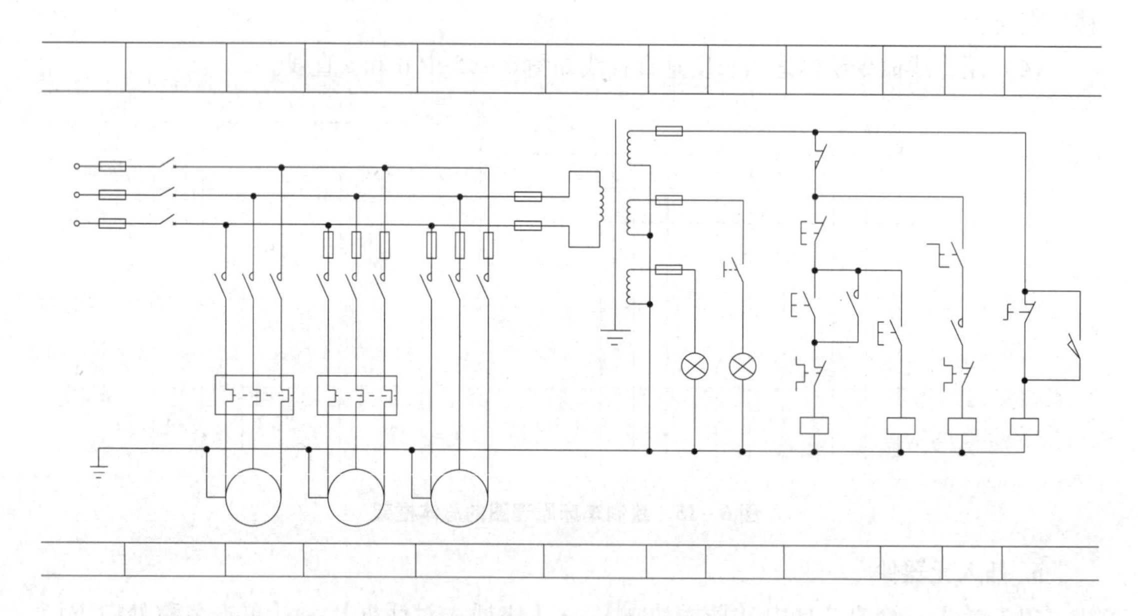

图6－17　绘制未制作成元器件块的器件

7. 对图形进行标注

单击→绘图工具中【多行文字A】→【在要标注文字位置拖动鼠标】→【文字格式对话框】→【修改字体、字号和对齐等文字格式】→【输入要添加的文字】→【确定】，如图6－18所示。

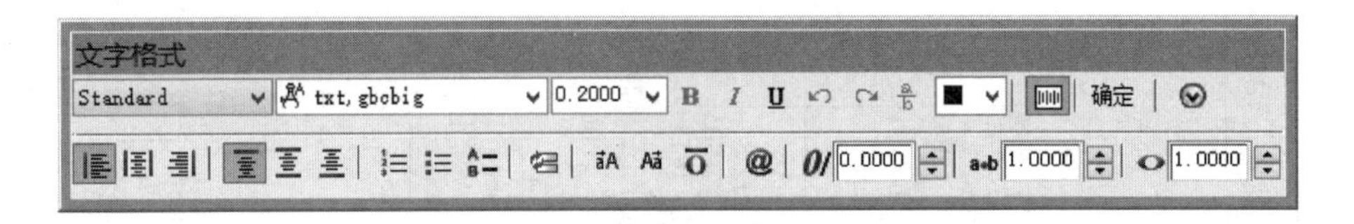

图 6-18　插入多行文字

项目2　摇臂钻床电气原理图绘制

钻床是一种孔加工机床，可用来钻孔、扩孔、铰孔、攻螺纹等。钻床按结构可以分为立式钻床、台式钻床、摇臂钻床、卧式钻床和专用钻床等。摇臂钻床应用广泛，操作方便、灵活。

摇臂钻床的动作是通过机、电、液综合控制来实现的。主轴是利用变速箱进行变速、利用机械的方法实现正反转，摇臂的升降由一台交流异步电动机拖动，内外立轴、主轴箱及摇臂的夹紧与放松是通过电动机带动液压泵，利用夹紧机构来实现。

摇臂钻床具有两套液压控制系统，一套是操纵机构液压系统，它安装在主轴箱内，用以实现主轴正反转、停车制动、空挡、预选及变速；另一套是夹紧机构液压系统，它安装在摇臂背后的电气盒下部，用以夹紧/松开主轴箱、摇臂及立柱。

1. 主电路分析

Z3040 摇臂钻床电气控制原理如图 6-19 所示，M1 为主轴电动机，由接触器 KM1 控制，热继电器 FR1 作过载保护。M2 为摇臂升降电动机，由接触器 KM2 和 KM3 控制其正反转运行，由于摇臂升降为短时点动控制，所以不需要安装过载保护。M3 为液压泵电动机，由接触器 KM4 和 KM5 控制其正反转点动运行，M4 为冷却泵电动机，提供冷却液，由于容量较小，由转换开关 SA1 直接控制。

2. 控制电路分析

控制电路的电源是 110 V 的交流电，由变压器 TC 将 380 V 交流电降为 110 V 供给控制电路、24 V 供给照明电路和 6 V 供给指示电路。

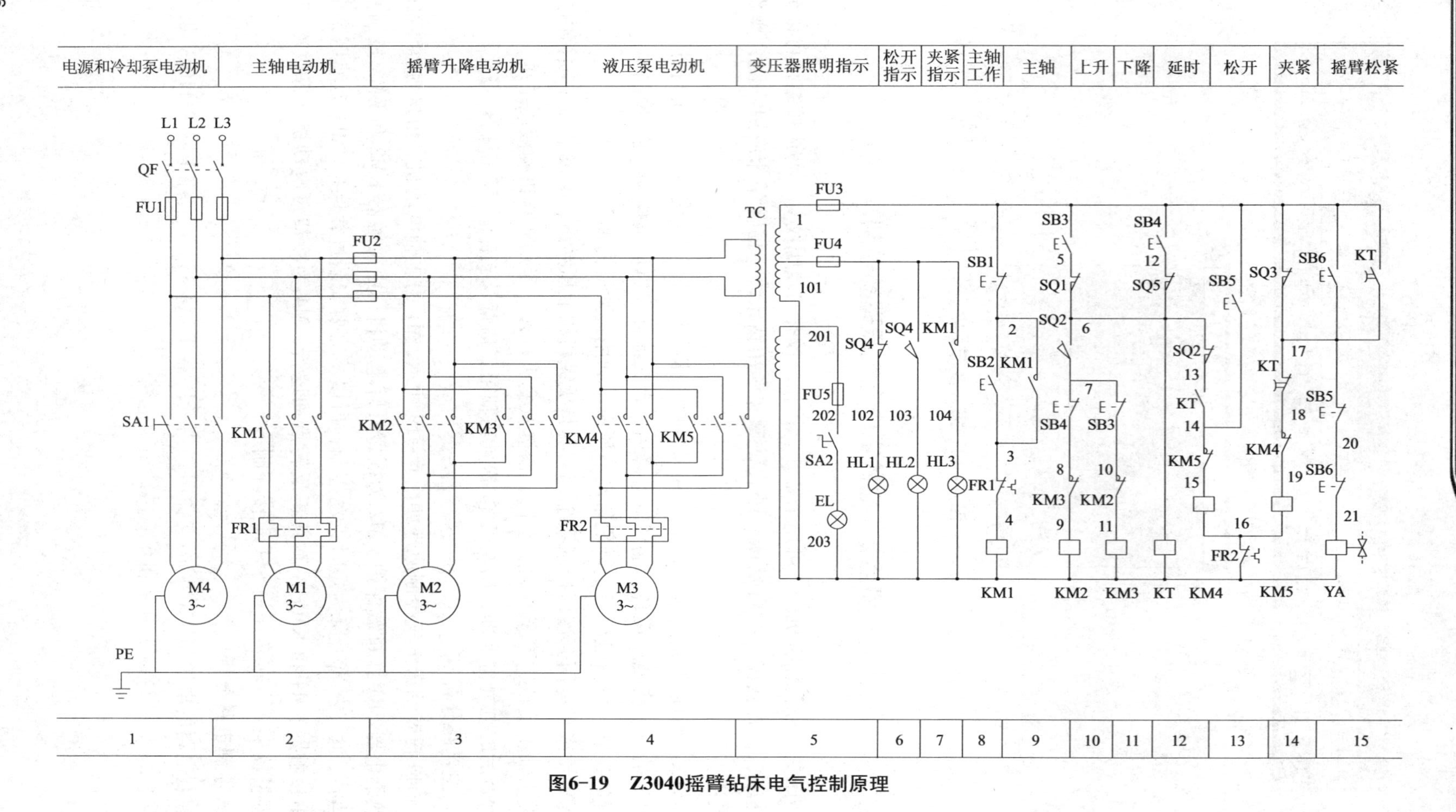

图6-19 Z3040摇臂钻床电气控制原理

（1）主轴电动机 M1 的控制。合上电源开关 QF，按下启动按钮 SB2，接触器 KM1 线圈通电并自锁，主轴电动机 M1 启动运行。此时指示灯 HL3 亮，表示主轴电动机正在旋转。停车时，按下 SB1 接触器 KM1 线圈断电，主轴电动机 M1 停止。

（2）摇臂升降控制。摇臂升降控制必须与夹紧机构液压系统紧密配合，摇臂的升降操作进行点动控制，其动作过程为：摇臂放松——上升或下降——摇臂夹紧，所以它与液压泵电动机的控制要紧密配合。下面以摇臂上升为例加以说明：

按下上升按钮 SB3，时间继电器 KT 线圈得电，KT（13－14）触电闭合，KM4 线圈得电，液压泵电动机正转启动运行，拖动液压泵送出液压油，同时，YA 得电，接通摇臂放松油路，液压油经二位六通阀进入松开油腔，推动活塞和菱形块，将摇臂放松。

2.1　建立新文件

（1）启动 AutoCAD 2007。选择→【开始】→【程序】→【Autodesk】→【AutoCAD 2007 中文版】→【AutoCAD 2007】。

（2）新建文件。选择→【文件】→【新建】→【选择样板对话框】→【acad. dwt】→【打开】。

（3）保存文件。选择→【文件】→【保存】→【图形另存为对话框】→【在保存于处选择保存位置】→【文件名处为文件命名】→【文件类型为 . dwg】→【保存】。

2.2　绘制元器件

1. 绘制块“时间继电器触点”

（1）用直线命令，在屏幕适当位置绘制线段，在第二段线段的起点处设置角度为 120°画适当长度，如图 6－20（a）所示。

（2）在第二段线段的起点处利用对象追踪画直线，如图 6－20（b）所示。

（3）用直线命令捕捉中点，绘制直线，如图 6－20（c）所示。

（4）用偏移命令，上下各偏移出一条等间距的直线，并用端点方向绘制圆弧，如图 6－11（d）所示。

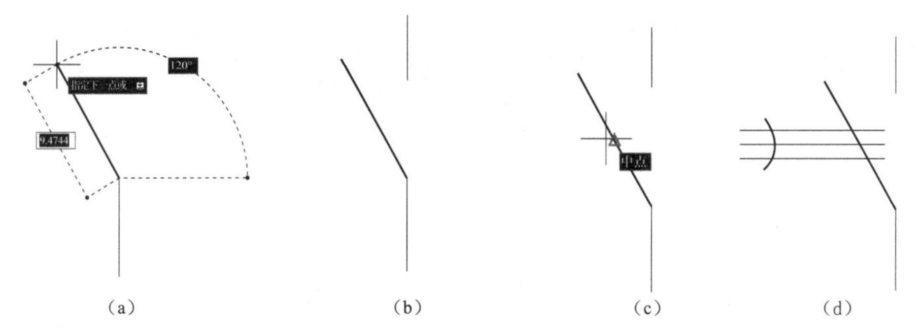

图 6－20　绘制时间继电器触点

（5）用修剪命令，将多余的线剪掉。

（6）单击绘图工具中【创建块】→【块定义对话框】→【输入块名称：时间继电器触点】→【单击选择对象按钮】→【拖动或单击鼠标选择对象】→【右击结束选择】→【单击拾取点按钮】→【单击选择对象的基点】→【确定】。

2. 绘制块“常开行程开关”

（1）用直线命令，在屏幕适当位置绘制线段，在第二段线段的起点处设置角度为120°画适当长度，如图6－21（a）所示。

（2）在第二段线段的起点处利用对象追踪画直线，如图6－21（b）所示。

（3）用直线命令，绘制直线，如图6－21（c）所示。

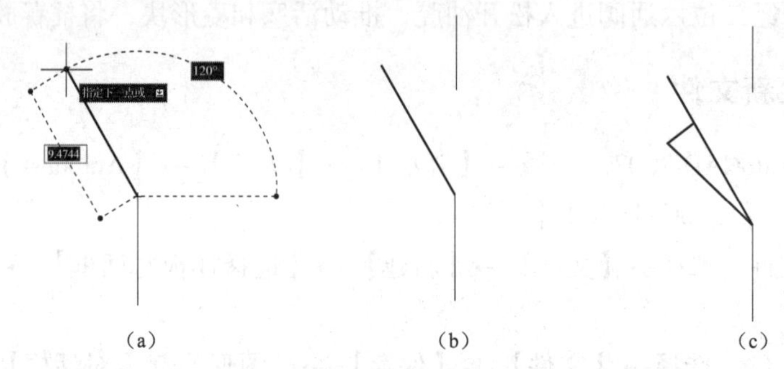

图6－21　绘制常开行程开关

（4）单击绘图工具中【创建块】→【块定义对话框】→【输入块名称：常开行程开关】→【单击选择对象按钮】→【拖动或单击鼠标选择对象】→【右击结束选择】→【单击拾取点按钮】→【单击选择对象的基点】→【确定】。

3. 绘制块“常闭行程开关”

（1）用直线命令，在屏幕适当位置绘制线段，在第二段线段的起点处设置角度为120°画适当长度，如图6－22（a）所示。

（2）在第二段线段的起点处利用对象追踪画直线，如图6－22（b）所示。

（3）用直线命令，绘制直线，如图6－22（c）所示。

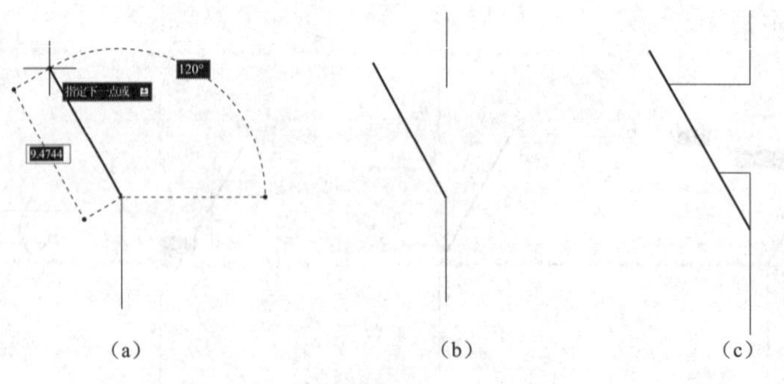

图6－22　绘制常闭行程开关

（4）单击绘图工具中【创建块】→【块定义对话框】→【输入块名称：常开行程开关】→【单击选择对象按钮】→【拖动或单击鼠标选择对象】→【右击结束选择】→【单

击拾取点按钮】→【单击选择对象的基点】→【确定】。

2.3　绘制整体图

1. 设置图形界限

```
命令:_limits                                //选择→【格式】→【图形界限】菜单命令
重新设置模型空间界限:
指定左下角点或[开(ON)/关(OFF)]<0.0000,0.0000>:          //按【Enter】键
指定右上角点<420.0000,297.0000>:297,210                //输入新的图形界限
```

2. 显示图形界限

设置了图形界限后，一定要通过显示缩放命令将整个图形范围显示成当前的屏幕大小。最简捷的方法就是单击缩放工具栏中的“全部缩放”按钮即可。

3. 设置图层

由于本图例线型较少，因此不用设置图层，在0层绘制就可以了。

4. 绘制边框和标题栏

用矩形、直线、偏移、修剪、多行文字等命令先绘制出边框和标题栏，如图6－23所示。

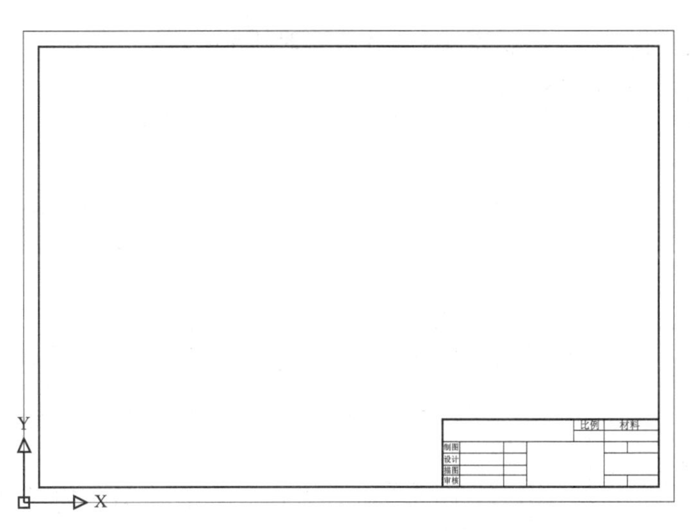

图6－23　绘制边框和标题栏

5. 绘制摇臂钻床电气原理图的总体框架

（1）用直线命令绘制适当长度垂直直线如图6－24中a直线，用偏移命令，偏移出等间距的六组直线。

（2）用直线命令绘制适当长度水平直线如图6－24中b直线，用偏移命令，依次偏移出另外两条等间距的直线。

（3）用直线命令绘制适当长度水平直线如图6－24中c直线。

（4）用直线命令绘制适当长度垂直直线如图6－24中d直线，用偏移命令，依次偏移出等间距的直线。

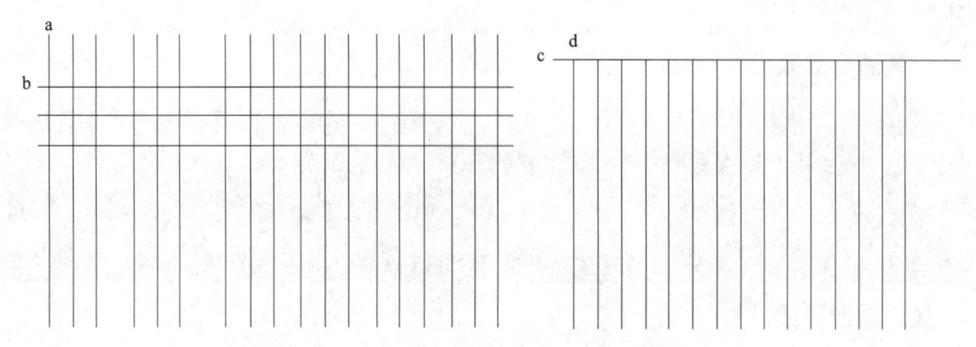

图6－24　绘制摇臂钻床电气原理图的总体框架

6. 插入元器件

（1）单击绘图工具中【插入块】→【块插入对话框】→【单击名称处向下箭头】→【找到制作好的行程开关触点、时间继电器等元器件块】→【勾选在屏幕上指定缩放比例，在插入块时可以进行缩小和放大】→【勾选在屏幕上指定旋转，在插入块时可以对块转动方向】→【确定】。

（2）用修剪工具将多余的线剪掉。

（3）用直线工具和圆工具，绘制未制作成元器件块的器件，如热继电器FR、电动机、接地PE等器件，如图6－25所示。

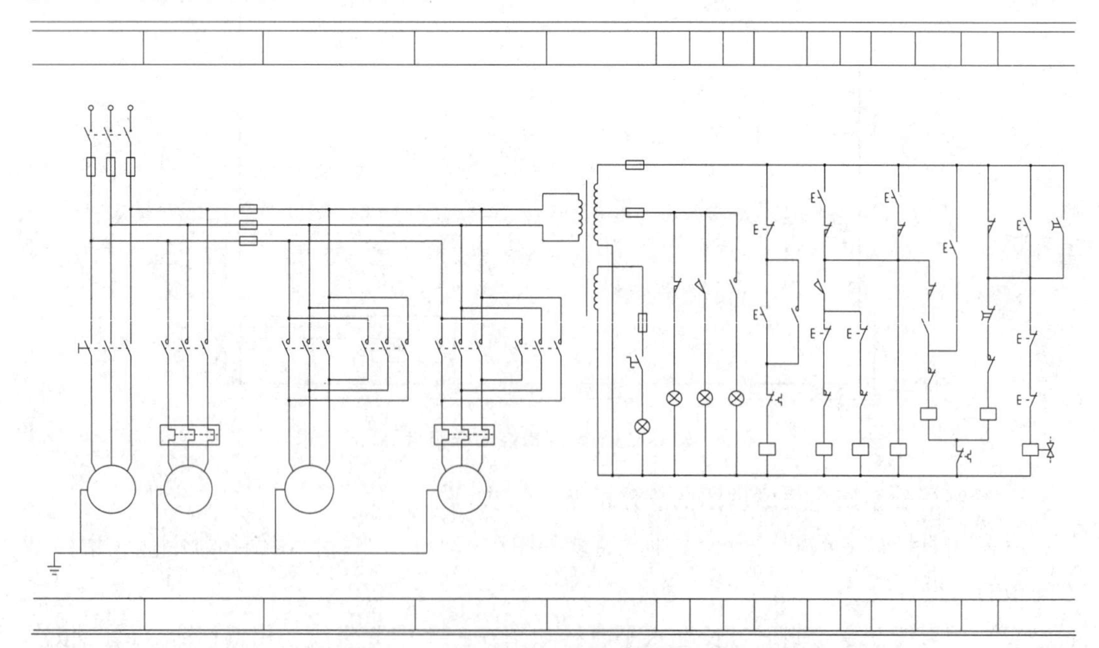

图6－25　绘制未制作成元器件块的器件

7. 对图形进行标注

单击绘图工具中【多行文字A】→【在要标注文字位置拖动鼠标】→【文字格式对话框】→【修改字体、字号和对齐等文字格式】→【输入要添加的文字】→【确定】。

项目3 组合机床电气原理图绘制

组合机床一般采用多轴、多刀、多工序、多面或多工位同时加工的方式，生产效率比通用机床高几倍至几十倍。由于通用部件已经标准化和系列化，可根据需要灵活配置，能缩短设计和制造周期。因此，组合机床兼有低成本和高效率的优点，在大批、大量生产中得到广泛应用，并可用以组成自动生产线。

组合机床一般用于加工箱体类或特殊形状的零件。加工时，工件一般不旋转，由刀具的旋转运动和刀具与工件的相对进给运动，来实现钻孔、扩孔、铰孔、镗孔、铣削平面、切削内外螺纹以及加工外圆和端面等。有的组合机床采用车削头夹持工件使之旋转，由刀具做进给运动，也可实现某些回转类零件的外圆和端面的加工。组合机床的控制电路如图6－26所示。

1. 主电路

M1为进给电动机，当KM2线圈得电或失电时，控制电动机启动或停止。M2为快进电动机，由KM1和KM3线圈得电或失电，实现电动机的正反转。

2. 控制电路

在正常工作时，将SA置于“1”位，当启动主轴后，KM辅助动合触点闭合，此时按下SB1按钮，KM1通电并自锁，YB随即得电使制动器松开，电动机M2正转，工作台快进。当工作台上的挡铁（撞块）压下位置开关SQ2时，KM1断电，YB断电，使电动机M2断电并迅速制动，而KM2因SQ2受压而通电自锁，电动机M1启动运转，工作台由快进转为工进。当终点行程开关SQ3受压时，KM2断电，M1停止转动，KM3通电，YB通电，M2反转，工作台快退。当快退至原位时，SQ1受压。由于在快退时与SQ1动断触点并联的KM3动断触点已断开，因此当SQ1受压后，KM3就立即断开，YB断电，M2被制动后停止转动，完成一个自动加工循环。

在工进时，若行程开关SQ3失灵，就会越位，至行程开关SQ4处时，由于SQ4受压使得M1停车，故行程开关SQ4起着超行程保护的作用。此时，若要退至原位，按动SB2按钮即可，故SB2称作手动调整快速按钮。当随机停电时，工作台停在中途，来电后可用SB2调节至原位。

3.1 建立新文件

（1）启动AutoCAD 2007。选择→【开始】→【程序】→【Autodesk】→【AutoCAD 2007中文版】→【AutoCAD 2007】。

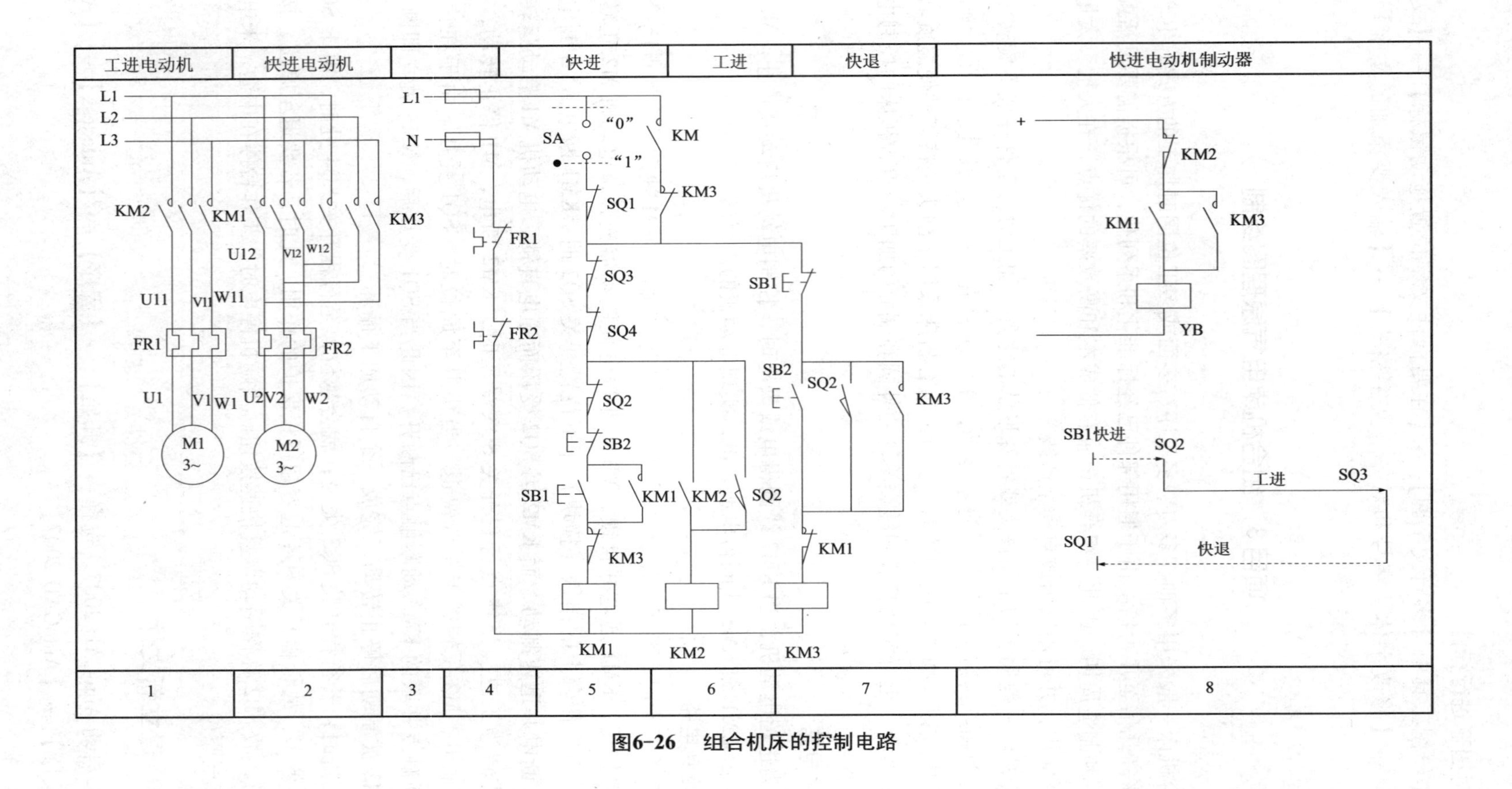

图6-26　组合机床的控制电路

（2）新建文件。选择→【文件】→【新建】→【选择样板对话框】→【acad. dwt】→【打开】。

（3）保存文件。选择→【文件】→【保存】→【图形另存为对话框】→【在保存于处选择保存位置】→【文件名处为文件命名】→【文件类型为 . dwg】→【保存】。

3.2　绘制元器件

本原理图用到的元器件在前面两个项目中都已经详细介绍了，本项目不再赘述。

3.3　绘制整体图

1. 设置图形界限

```
命令:_limits                        //选择→【格式】→【图形界限】菜单命令
重新设置模型空间界限:
指定左下角点或[开(ON)/关(OFF)]<0.0000,0.0000>:        //按【Enter】键
指定右上角点<420.0000,297.0000>:297,210          //输入新的图形界限
```

2. 显示图形界限

设置了图形界限后，一定要通过显示缩放命令将整个图形范围显示成当前的屏幕大小。最简捷的方法就是单击缩放工具栏中的“全部缩放”按钮即可。

3. 设置图层

由于本图例线型较少，因此不用设置图层，在0层绘制就可以了。

4. 绘制边框和标题栏

用矩形、直线、偏移、修剪、多行文字等命令先绘制出边框和标题栏，如图6－27所示。

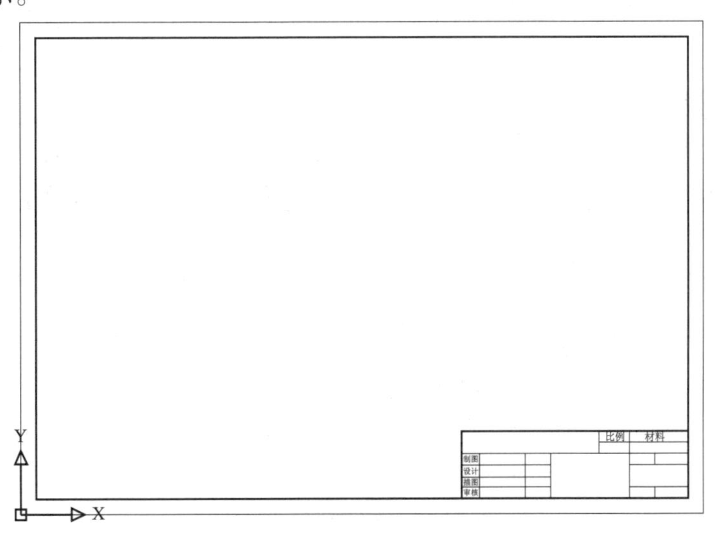

图6－27　绘制边框和标题栏

5. 绘制组合机床控制电路的总体框架

（1）用直线命令绘制适当长度水平直线如图6－28中a直线，用偏移命令偏移出等间距的两条直线。

（2）用直线命令绘制适当长度垂直直线如图6－28中b直线，用偏移命令依次偏移出等间距的两组直线。

（3）用直线命令绘制适当长度水平直线如图6－28中c直线。

（4）用直线命令绘制适当长度垂直直线如图6－28中d直线，用偏移命令依次偏移出等间距的直线。

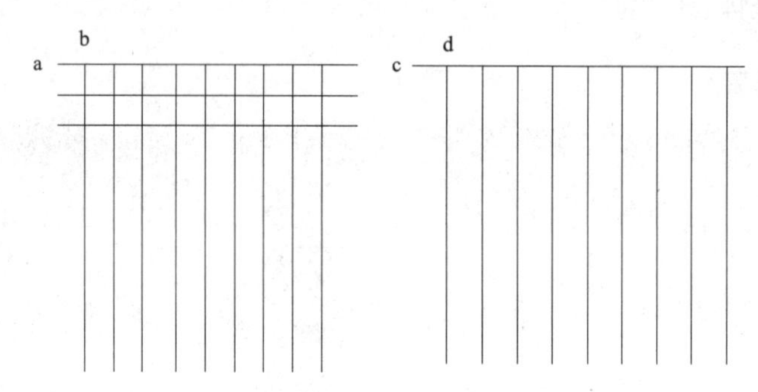

图6－28　绘制组合机床控制电路的总体框架

6. 插入元器件

（1）单击绘图工具中【插入块】→【块插入对话框】→【单击名称处向下箭头】→【找到制作好的接触器线圈、触点和行程开关触点等元器件块】→【勾选在屏幕上指定缩放比例，在插入块时可以进行缩小和放大】→【勾选在屏幕上指定旋转，在插入块时可以对块转动方向】→【确定】。

（2）用修剪工具将多余的线剪掉。

（3）用直线工具和圆工具，绘制未制作成元器件块的器件，如热继电器FR、电动机、接地PE等器件，如图6－29所示。

7. 对图形进行标注

单击绘图工具中【多行文字】→【在要标注文字位置拖动鼠标】→【文字格式对话框】→【修改字体、字号和对齐等文字格式】→【输入要添加的文字】→【确定】。

绘图练习：

（1）绘制如图6－30所示X62W型铣床电气控制原理图。

（2）绘制如图6－31所示磨床电气原理图。

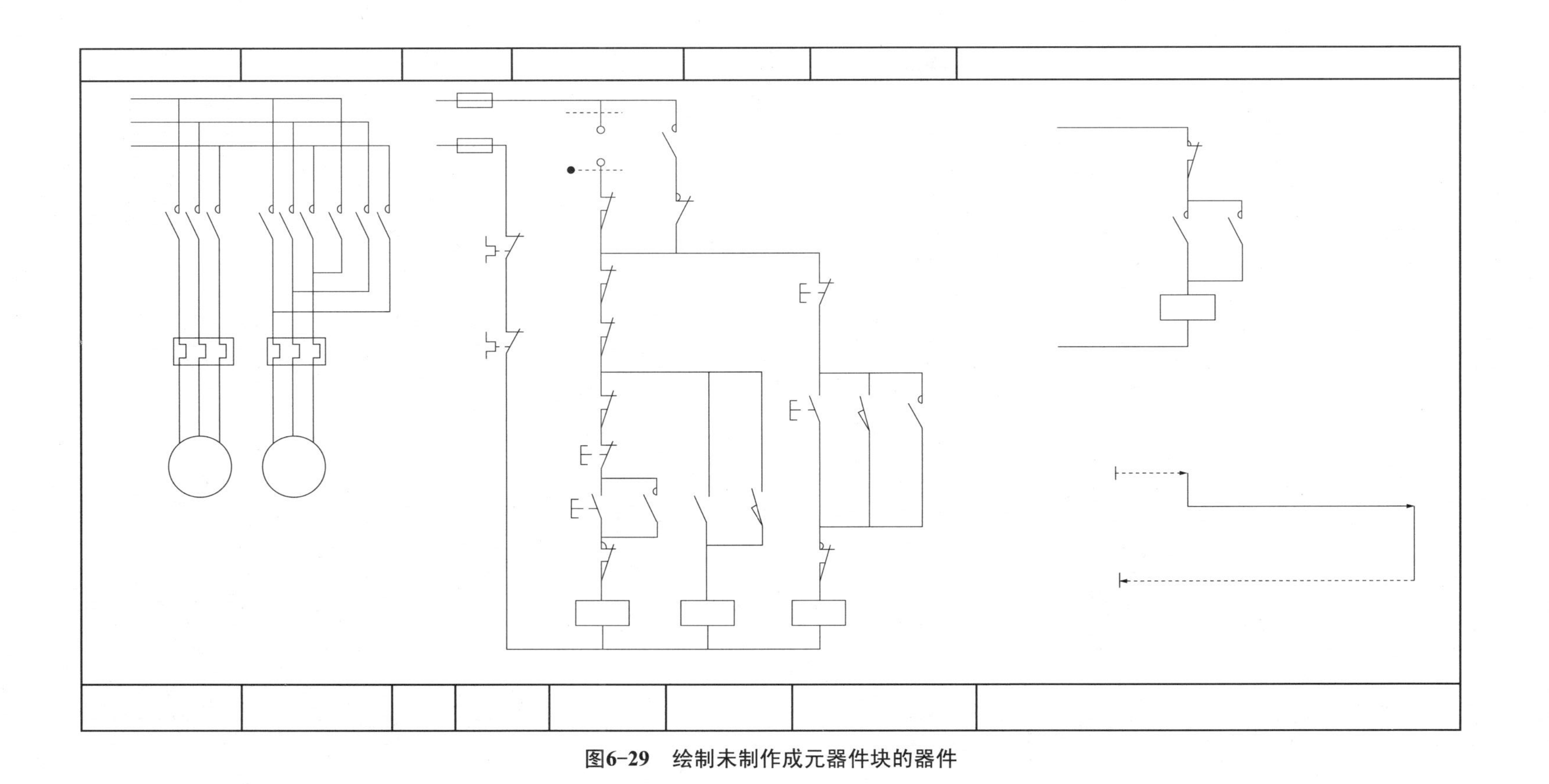

图6-29　绘制未制作成元器件块的器件

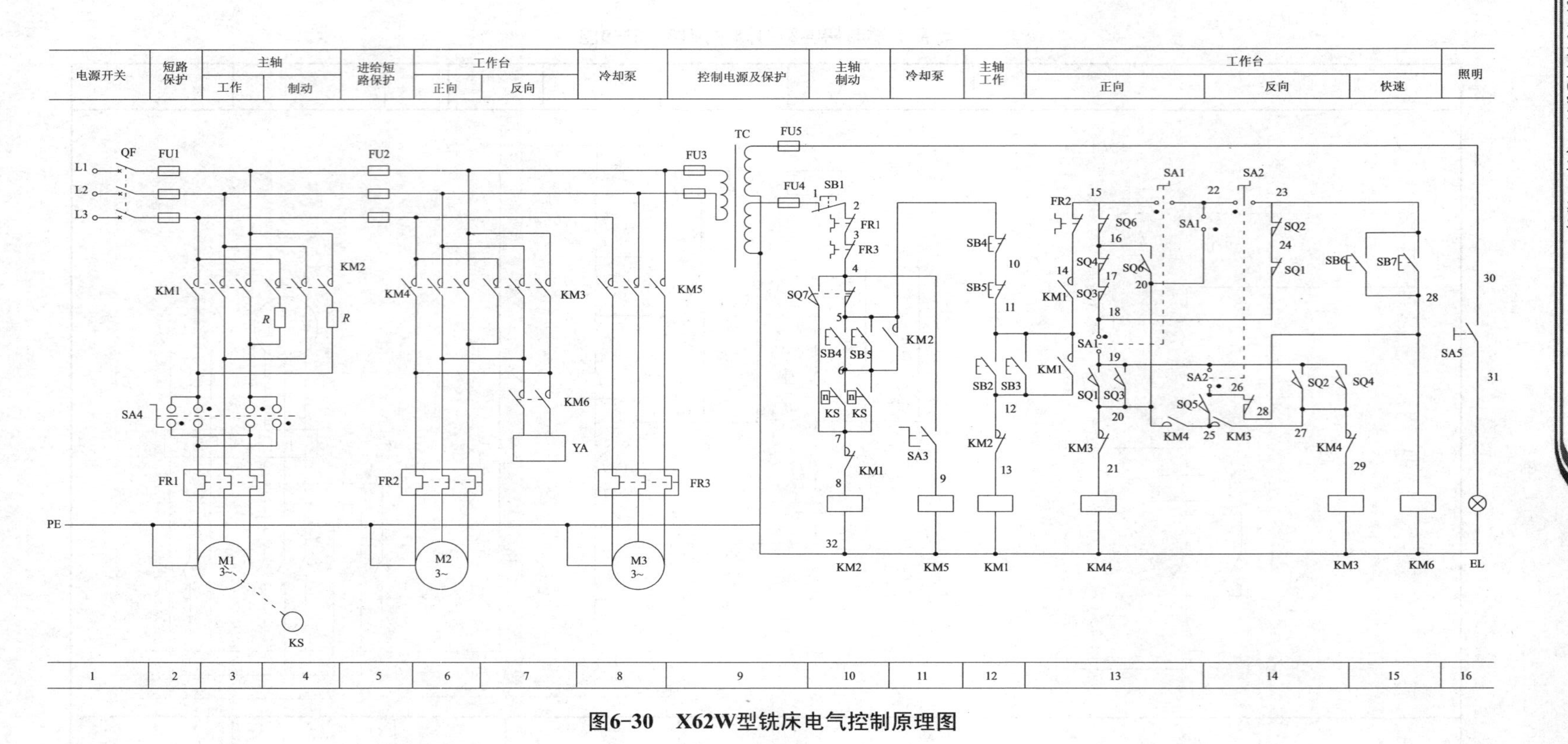

图6-30　X62W型铣床电气控制原理图

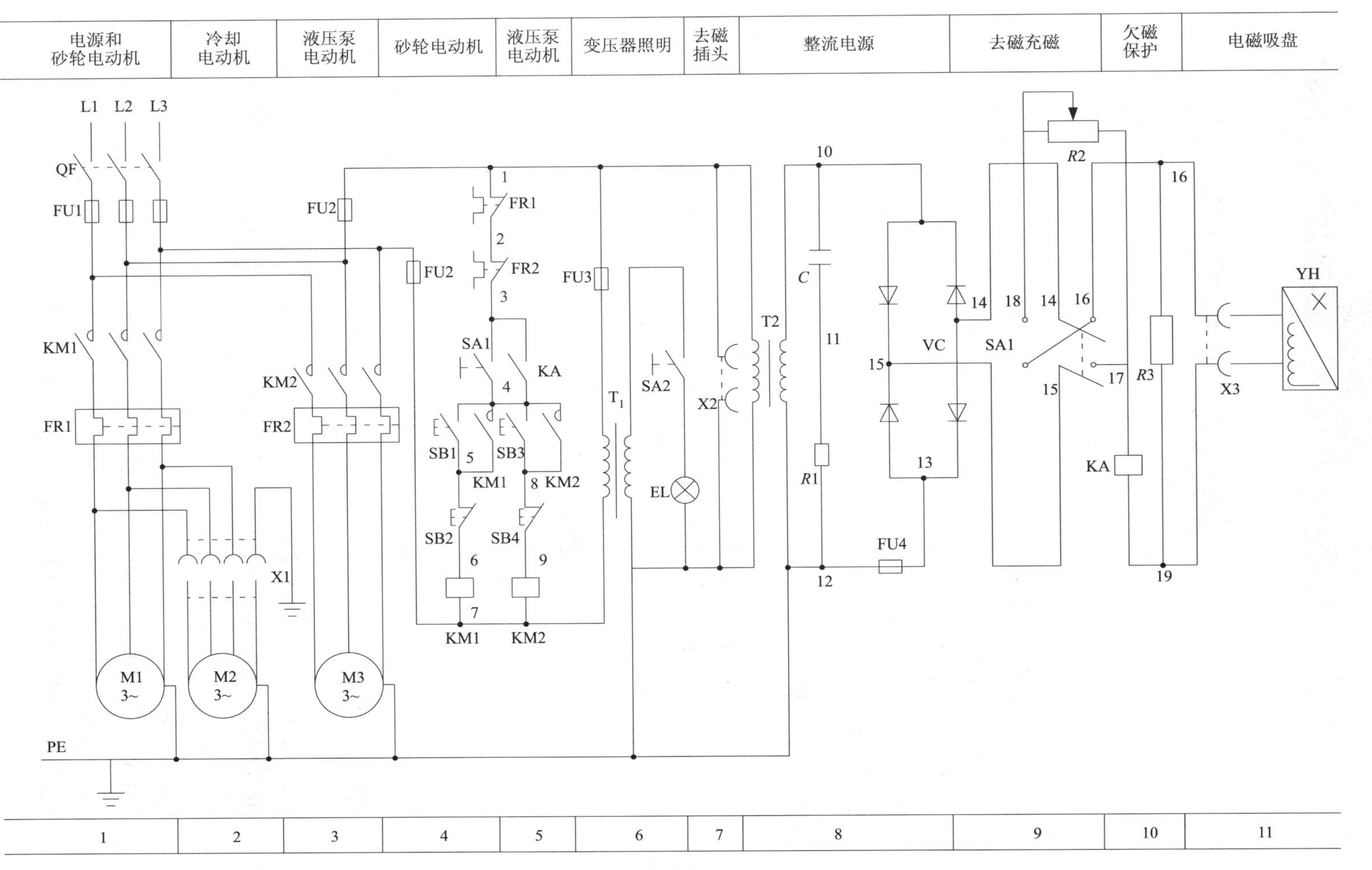

图6-31　磨床电气原理图

第七篇

建筑电气系统图的绘制

建筑电气控制系统是由许多电气元件按照一定要求连接而成的。为了表达建筑电气控制系统的结构、原理等设计意图，同时也为了便于电气系统的安装、调整、使用和维修，需要将电气控制系统中各电气元件及其连接用一定图形表达出来。

本篇旨在学习建筑电气系统图的绘制方法，通过普通住宅电气系统图和办公楼电气系统图的绘制，学会建筑电气系统图的绘制方法。

项目学习要求

基本要求：熟练掌握普通住宅电气系统图和办公楼电气系统图的绘制方法。

能力提升要求：学生能够根据任务要求自己选择合适的绘图方法，根据图形的特点找到高效完成图形绘制的方法。

项目1　普通住宅电气系统图绘制

普通住宅电气系统包括配电系统、有线电视系统、防盗对讲系统、电话系统、宽带网络系统等电气系统。由于有线电视系统、电话系统、宽带系统几乎相同，本项目中只介绍配电系统图、有线电视系统图和防盗对讲系统图的绘制。

1.1　配电系统图绘制

配电系统是电气系统中比较复杂的电气系统之一。下面绘制如图 7－1 所示的某小区某单元的配电系统图，该配电系统是由低压配电柜引来，通过电源防雷器、断路器、单相电度表、断路器进入用户配电箱。

1. 设置工作环境

（1）启动 AutoCAD 2007。选择→【开始】→【程序】→【Autodesk】→【AutoCAD 2007 中文版】→【AutoCAD 2007】。

（2）新建文件。选择→【文件】→【新建】→【选择样板对话框】→【acad. dwt】→【打开】。

（3）保存文件。选择→【文件】→【保存】→【图形另存为对话框】→【在保存于

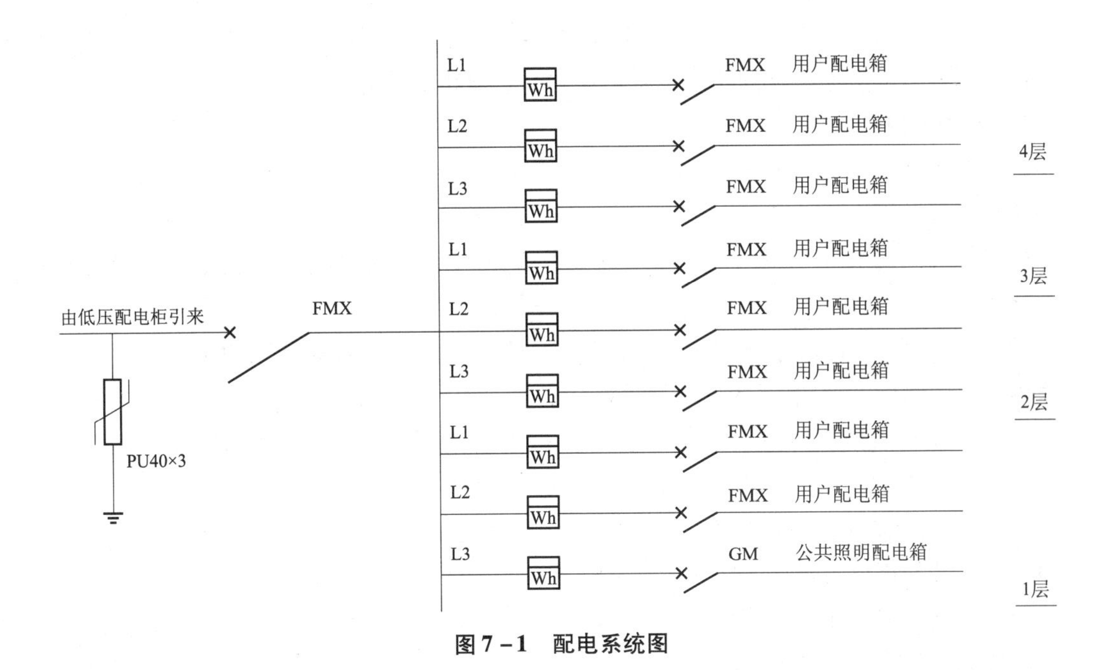

图 7－1　配电系统图

处选择保存位置】→【文件名处为文件命名】→【文件类型为 . dwg】→【保存】。

2. 绘制元器件

1）绘制单相电度表

（1）选择下拉菜单【格式】→【图层】命令，系统弹出图层特性管理器，选择【元件】为当前默认层。

（2）单击【绘图】工具栏上的【直线】工具按钮，捕捉任意点为起点，绘制 100 mm × 100 mm 的矩形。

（3）单击【修改】工具栏上的【偏移】工具按钮，选择矩形下边，向上偏移 70 mm，如图 7－2（a）所示。

（4）单击【绘图】工具栏上的【多行文字】工具按钮，捕捉任意两点为文本框对象线，输入高度为 300 mm 的文字 Wh。

（5）单击【修改】工具栏上的【移动】工具按钮，选择刚才添加的文字 Wh，捕捉任意点为基点，移动文字到下面矩形正中，如图 7－2（b）所示。

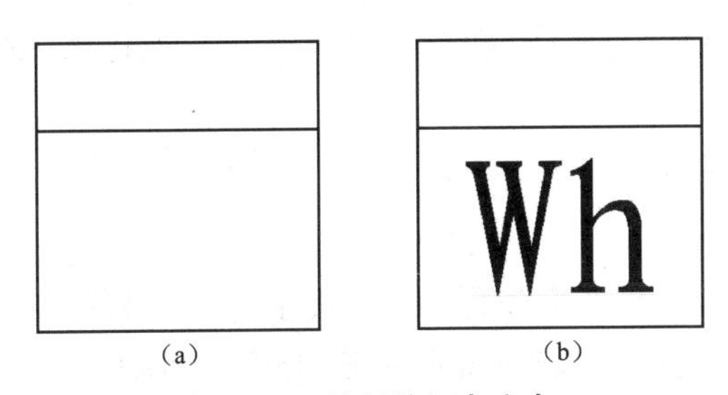

图 7－2　绘制单相电度表

单相电度表的绘制

（6）单击【绘图】工具栏上的【创建块】工具按钮，选择如图7－2（b）所示图形，以矩形左下端点为基点创建块，将块命名为：单相电度表。

2）绘制电源防雷器

（1）选择下拉菜单【格式】→【图层】命令，系统弹出图层特性管理器，选择【元件】为当前默认层。

（2）单击【绘图】工具栏上的【直线】工具按钮，捕捉任意点为起点，绘制200 mm×50 mm的矩形。

（3）单击【绘图】工具栏上的【直线】工具按钮，捕捉矩形顶边中点为起点，绘制适当长度的线段，如图7－3（a）所示。

（4）单击【绘图】工具栏上的【直线】工具按钮，捕捉矩形顶边中点为起点，绘制适当长度的线段，并绘制接地，如图7－3（b）所示。

（5）单击【修改】工具栏上的【偏移】工具按钮，选择矩形左边线，将其向左偏移30 mm，选择矩形右边线，将其向右偏移30 mm，如图7－3（c）所示。

（6）单击【绘图】工具栏上的【直线】工具按钮，捕捉矩形顶点为起点，绘制矩形的对角线，如图7－3（d）所示。

（7）单击【绘图】工具栏上的【直线】工具按钮，捕捉矩形的对角线交点为起点，角度为30°，长度适度的直线。

（8）单击【修改】工具栏上的【延伸】工具按钮，将绘制的直线延伸到矩形的另外一侧，并与该侧的直线相交，如图7－3（e）所示。

（9）单击【修改】工具栏上的【修剪】工具按钮，选择绘制的图形，修剪掉多余的边线，并把矩形内的对角线删除，如图7－3（f）所示。

（10）单击【绘图】工具栏上的【创建块】工具按钮，选择如图7－3（f）所示图形，以最上端的垂直直线段的上端点为基点创建块，将块命名为：电源防雷器。

3. 绘制配电系统图

（1）选择下拉菜单【格式】→【图层】命令，系统弹出图层特性管理器，选择【元件】为当前默认层。

（2）单击【绘图】工具栏上的【插入块】工具按钮，保持系统默认的比例和角度，捕捉任意点为插入点，插入单相电度表。

（3）单击【修改】工具栏上的【分解】工具按钮，选择插入的单相电度表，单击鼠标右键将块进行分解。

（4）选择下拉菜单【格式】→【图层】命令，系统弹出图层特性管理器，选择【电缆】为当前默认层。

（5）单击【绘图】工具栏上的【直线】工具按钮，分别捕捉单相电度表矩形的左右直线段的中点，向左绘制长度为300 mm的水平直线段，向右绘制长度为400 mm的水平直线段，如图7－4所示。

（6）选择下拉菜单【格式】→【图层】命令，系统弹出图层特性管理器，选择【元

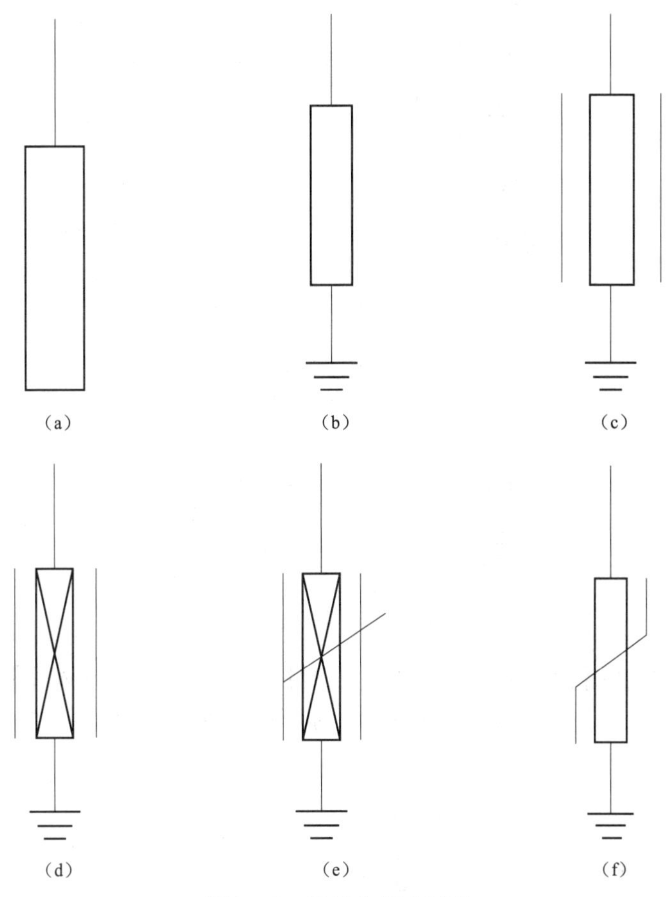

图 7－3　绘制电源防雷器

件】为当前默认层。

（7）单击【绘图】工具栏上的【插入块】工具按钮，调整比例为750，捕捉右直线段的右端点为插入点，插入断路器，如图 7－5 所示。

图 7－4　绘制直线段并移动　　图 7－5　插入的断路器

（8）选择下拉菜单【格式】→【图层】命令，系统弹出图层特性管理器，选择【电缆】为当前默认层。

（9）单击【绘图】工具栏上的【直线】工具按钮，捕捉断路器的右端点，向右绘制长度为 800 mm 的水平直线段。

（10）单击【修改】工具栏上的【阵列】工具按钮，选择刚才绘制的图形，创建 9 行 1 列的行距为 190 mm 的矩形阵列，如图 7－6 所示。

（11）单击【绘图】工具栏上的【直线】工具按钮，捕捉第 5 行的左直线段的左端点，向左绘制长度为 300 mm 的水平直线段。

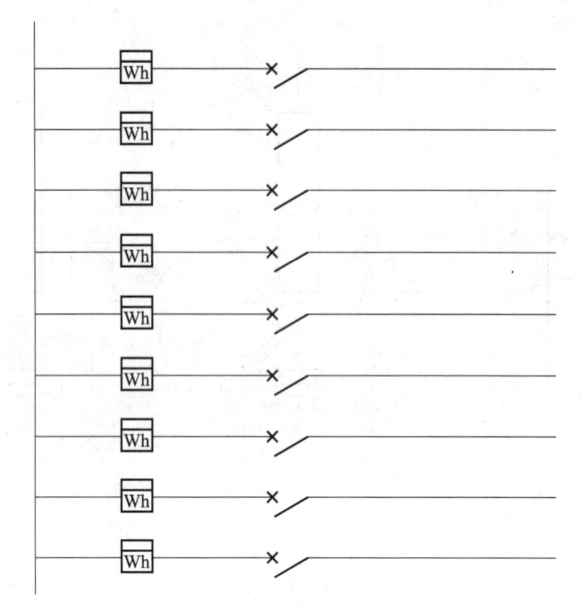

图7－6　阵列图形

（12）切换图层为【元件】层，单击【绘图】工具栏上的【插入块】工具按钮，捕捉刚才绘制的水平直线段的左端点为插入点，插入断路器，如图7－7所示。

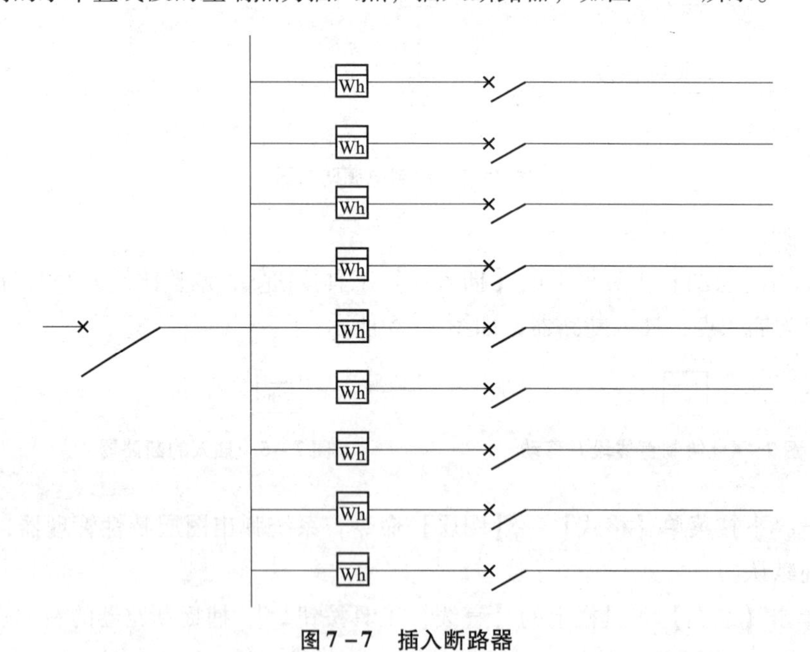

图7－7　插入断路器

（13）切换图层为【电缆】层，单击【绘图】工具栏上的【直线】工具按钮，捕捉断路器的左端点，向左绘制长度为500 mm的直线段。

（14）切换图层为【元件】层，单击【绘图】工具栏上的【插入块】工具按钮，保持默认的比例和角度，捕捉刚才绘制的水平直线段的左端点为插入点，插入电源防雷器，如图 7－8 所示。

（15）单击【绘图】工具栏上的【多行文字】工具按钮A，在图中合适位置添加由低压配电柜引来、PU40x3、FMX、分户配电箱等文字，完成配电系统图的绘制。

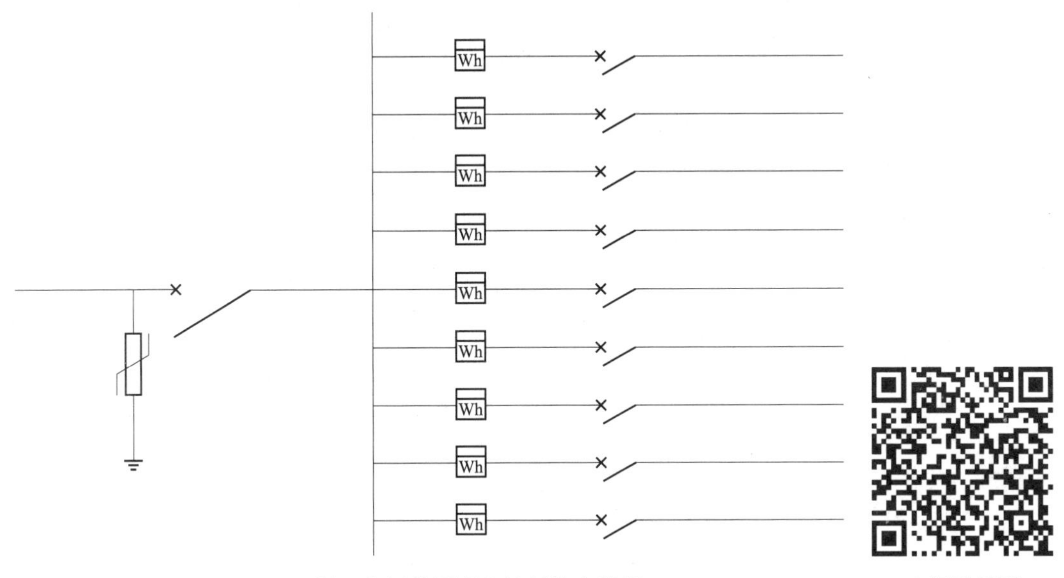

图 7－8　插入电源防雷器和绘制的直线段　　　　**电源防雷器**

1.2　有线电视系统图绘制

有线电视系统图是很简单的系统图之一。它是从有线电视网引入，通过放大器、分支器进入用户，最后安装终端电阻。某单元有线电视系统图，如图 7－9 所示。

1. 设置工作环境

（1）启动 AutoCAD 2007。选择→【开始】→【程序】→【Autodesk】→【AutoCAD 2007 中文版】→【AutoCAD 2007】。

（2）新建文件。选择→【文件】→【新建】→【选择样板对话框】→【acad. dwt】→【打开】。

（3）保存文件。选择→【文件】→【保存】→【图形另存为对话框】→【在保存于处选择保存位置】→【文件名处为文件命名】→【文件类型为 . dwg】→【保存】。

2. 绘制各元件

1）绘制放大器

（1）选择下拉菜单【格式】→【图层】命令，系统弹出图层特性管理器，选择【元件】为当前默认层。

（2）单击【绘图】工具栏上的【正多边形】工具按钮，输入边的数目为 3，捕捉任意点为多边形内接圆的圆心，绘制内接圆半径为 200 mm 的正三角形，如图 7－10（a）所示。

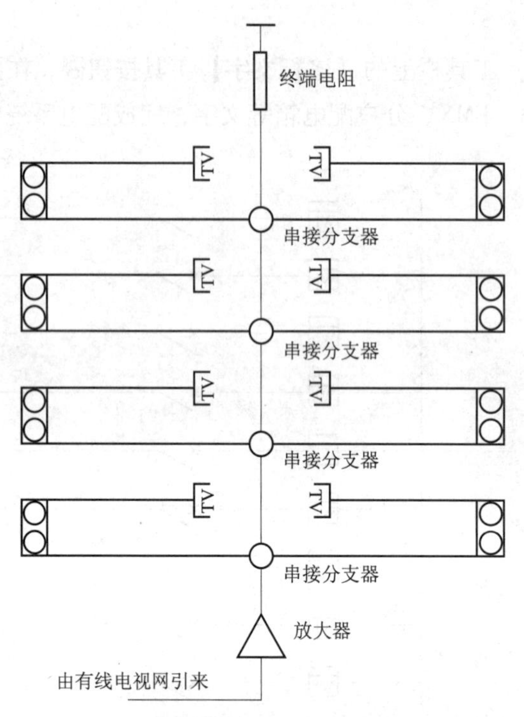

图7－9　有线电视系统图

（3）单击【绘图】工具栏上的【直线】工具按钮，利用对象捕捉和对象追踪，绘制通过三角形顶点适当长度的直线段，如图7－10（b）所示。

（4）单击【修改】工具栏上的【修剪】工具按钮，选择绘制的正三角形，修剪掉中间的直线，如图7－10（c）所示。

（5）单击【绘图】工具栏上的【创建块】工具按钮，选择如图7－10（c）所示图形，以刚才绘制的直线段的上端点为基点创建块，将其命名为：放大器。

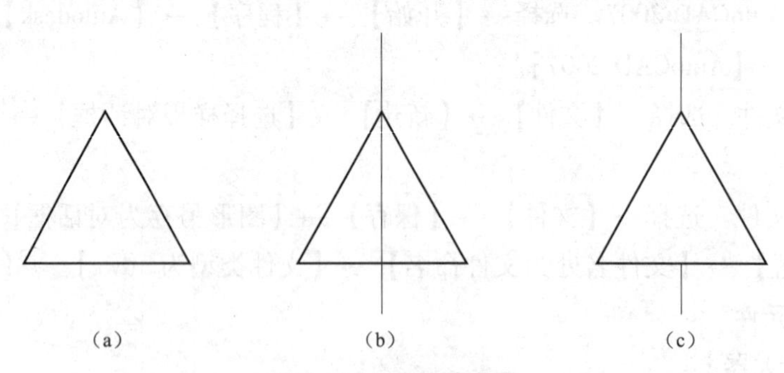

图7－10　绘制放大器

2）绘制终端电阻

（1）单击【绘图】工具栏上的【直线】工具按钮，捕捉任意点为起点，绘制200 mm×50 mm的矩形，如图7－11（a）所示。

（2）单击【绘图】工具栏上的【直线】工具按钮，利用对象捕捉矩形顶边和底边的中点，分别绘制长度为 100 mm 的直线段，如图 7－11（b）所示。

（3）单击【绘图】工具栏上的【直线】工具按钮，捕捉任意点为起点，绘制长度为 100 mm 的直线段，并按住直线段的中点将其拖入直线段的顶点，如图 7－11（c）、（d）所示。

（4）单击【绘图】工具栏上的【创建块】工具按钮，选择如图 7－11（d）所示图形，以电阻上端点为基点创建块，将其命名为：终端电阻。

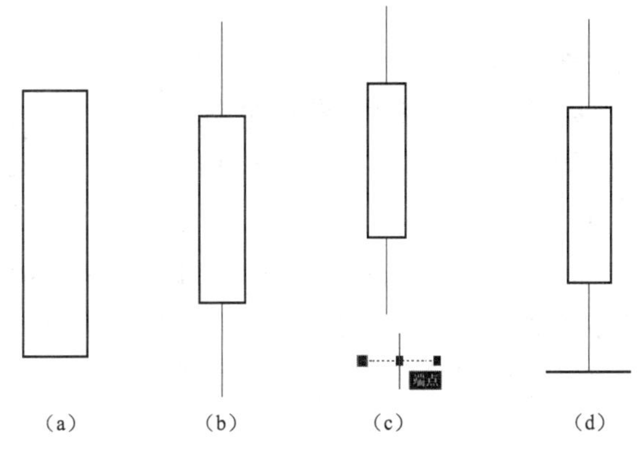

图 7－11　绘制终端电阻

3. 绘制多媒体布线箱

（1）单击【绘图】工具栏上的【直线】工具按钮，捕捉任意点为起点，绘制 200 mm × 100 mm 的矩形，如图 7－12（a）所示。

（2）单击【修改】工具栏上的【偏移】工具按钮，选择矩形上下两条边，将其分别向下和向上偏移 50 mm，如图 7－12（b）所示。

（3）单击【绘图】工具栏上的【圆】工具按钮，捕捉偏移过来的两条线的中点，分别绘制半径为 40 mm 的圆，如图 7－12（c）所示。

（4）选中两条多余的直线，点 delete 键删除，如图 7－12（d）所示。

（5）单击【绘图】工具栏上的【创建块】工具按钮，选择如图 7－12（d）所示图形，以右下角端点为基点创建块，将其命名为：多媒体布线箱。

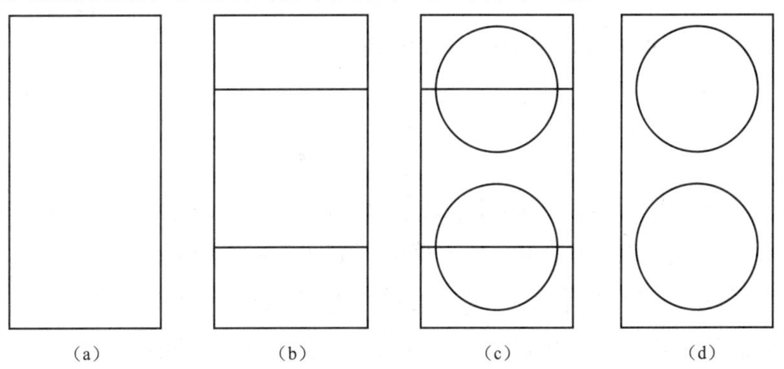

图 7－12　绘制多媒体布线箱

4. 绘制有线电视系统图

（1）选择下拉菜单【格式】→【图层】命令，系统弹出图层特性管理器，选择【元件】为当前默认层。

（2）单击【绘图】工具栏上的【插入块】工具按钮，保持系统默认的比例和角度，捕捉任意点为插入点，插入多媒体布线箱。

（3）单击【修改】工具栏上的【分解】工具按钮，选择插入的多媒体布线箱，单击鼠标右键将块进行分解。

（4）切换图层为【电缆】层，单击【绘图】工具栏上的【直线】工具按钮，捕捉多媒体布线箱右侧两个端点，分别绘制长度为550 mm和800 mm的直线段，如图7－13所示。

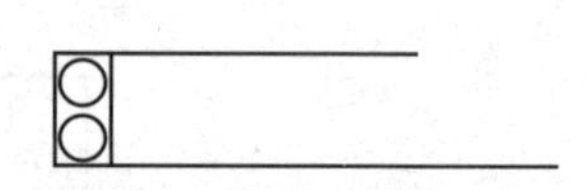

图7－13　绘制连接线

（5）切换图层为【元件】层，单击【绘图】工具栏上的【直线】工具按钮，捕捉上面直线段的右端点，绘制长度为60 mm的两段直线段，如图7－14（a）所示，单击【修改】工具栏上的【镜像】工具按钮，选择刚画完的两条直线段，单击长度为550 mm直线段两个端点为镜像线的端点，单击确认，如图7－14（b）所示。

（6）单击【绘图】工具栏上的【圆】工具按钮，捕捉下面直线的右端点，绘制半径为50 mm的圆，如图7－14（c）所示。

（7）单击【修改】工具栏上的【修剪】工具按钮，选择绘制的圆形，修剪掉中间的直线段，如图7－14（d）所示。

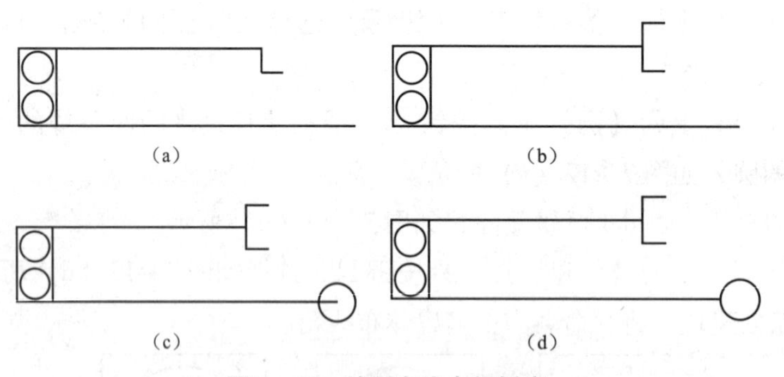

图7－14　绘制有线电视插座

有线电视系统的绘制1

（8）单击【修改】工具栏上的【阵列】工具按钮，选择如图7－14（d）所示的图形，进行4行1列阵列，行距150 mm，如图7－15所示。

（9）单击【修改】工具栏上的【镜像】工具按钮，选择图7－15除去圆的部分，单击直线两个端点为镜像线的端点，单击确认，如图7－16所示。

（10）切换图层为【电缆】层，单击【绘图】工具栏上的【直线】工具按钮，利用对象捕捉，捕捉到最上圆的圆心，利用对象追踪向上追踪300 mm，绘制直线段，如图7－17所示。

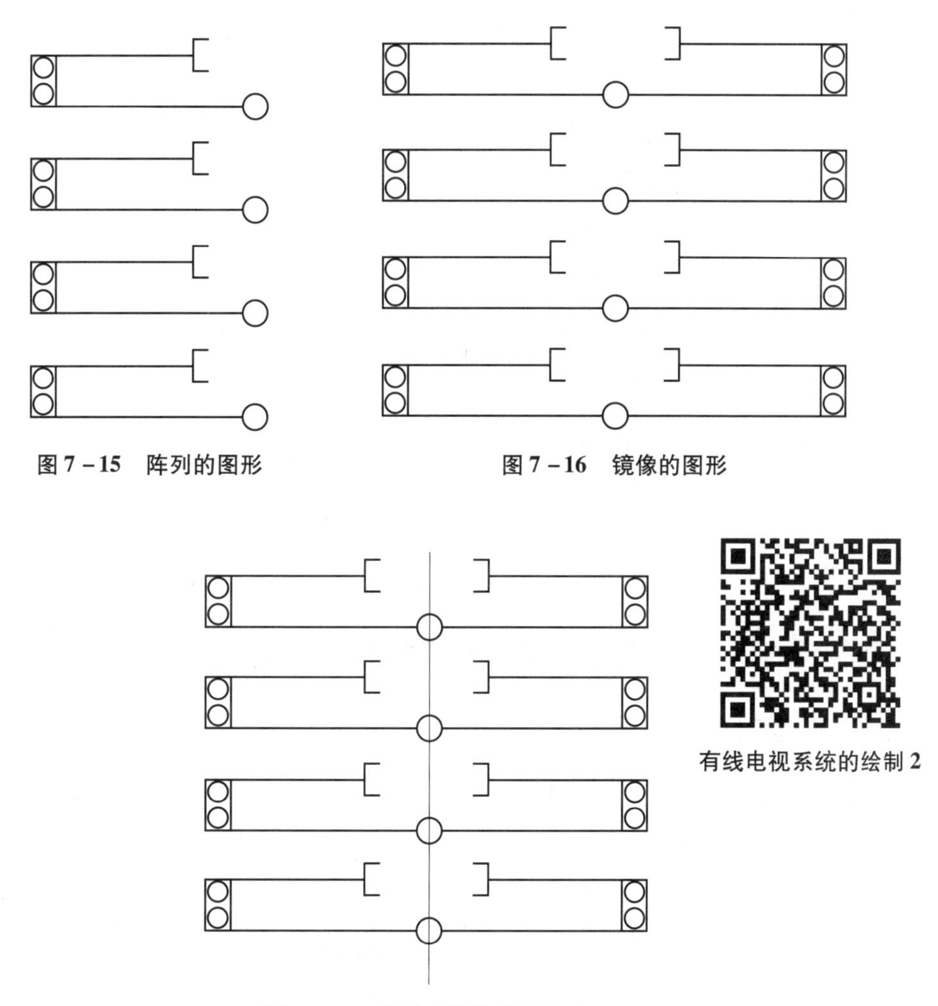

图 7－15　阵列的图形

图 7－16　镜像的图形

有线电视系统的绘制 2

图 7－17　绘制直线段后的图形

（11）切换图层为【元件】层，单击【绘图】工具栏上的【插入块】工具按钮，保持系统默认的比例和角度，捕捉上下直线的端点，分别插入终端电阻和放大器。

（12）切换图层为【电缆】层，单击【绘图】工具栏上的【直线】工具按钮，捕捉放大器下边直线段的端点，向左绘制 500 mm 的直线段，如图 7－18 所示。

（13）选择下拉菜单【格式】→【图层】命令，系统弹出图层特性管理器，选择【文字】为当前默认层。

（14）单击【绘图】工具栏上的【多行文本】工具按钮，在绘图区合适的位置添加文字放大器、串接二分支器、由有线电视网引来、终端电阻等文字说明，完成有线电视系统图的绘制。

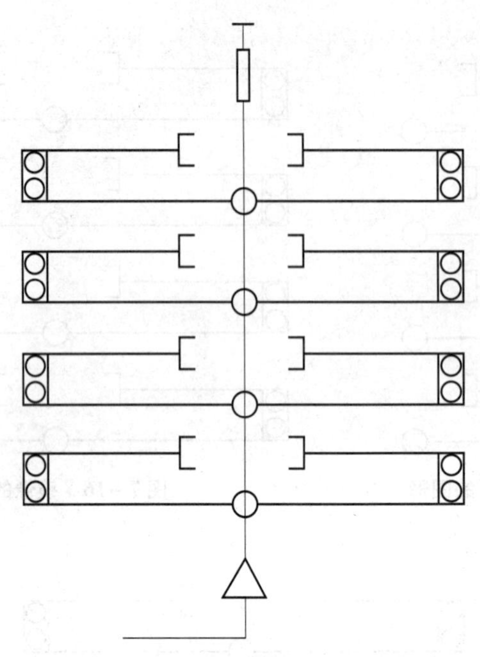

图7－18　插入终端电阻和放大器后的图形

1.3　防盗对讲系统图

防盗对讲系统是现代建筑中常见的电气系统之一。它是通过住宅与楼门之间对话，进行人为识别，防止可疑人员进行楼内的控制系统。下面绘制如图7－19所示的防盗对讲系统图。

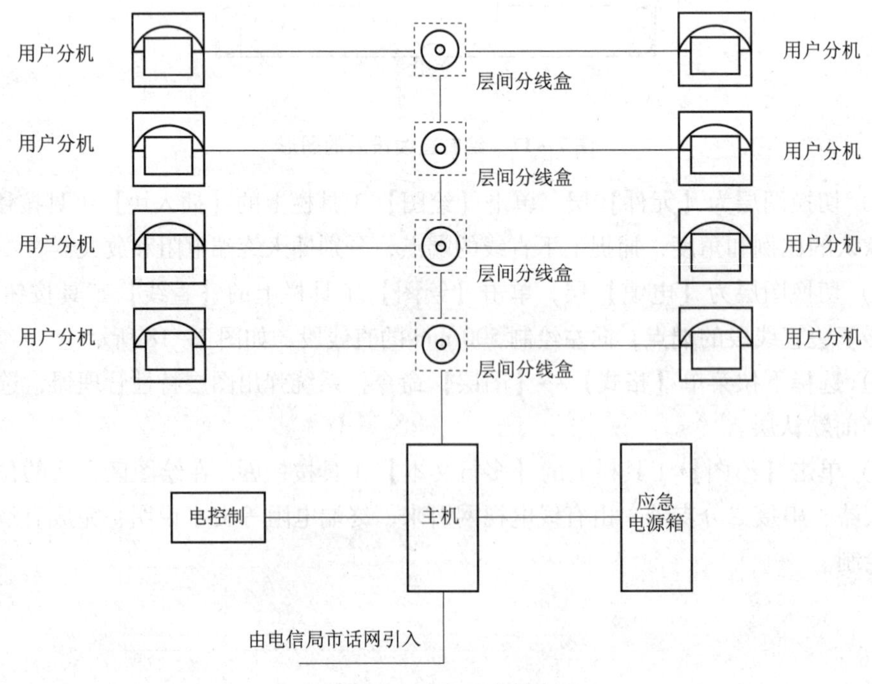

图7－19　防盗对讲系统图

1. 设置工作环境

（1）启动 AutoCAD 2007。选择→【开始】→【程序】→【Autodesk】→【AutoCAD 2007 中文版】→【AutoCAD 2007】。

（2）新建文件。选择→【文件】→【新建】→【选择样板对话框】→【acad. dwt】→【打开】。

（3）保存文件。选择→【文件】→【保存】→【图形另存为对话框】→【在保存于处选择保存位置】→【文件名处为文件命名】→【文件类型为 . dwg】→【保存】。

2. 绘制用户分机

（1）选择下拉菜单【格式】→【图层】命令，系统弹出图层特性管理器，选择【元件】为当前默认层。

（2）单击【绘图】工具栏上的【直线】工具按钮，捕捉任意点为起点，绘制 300 mm × 300 mm 的正方形，如图 7 - 20（a）所示。

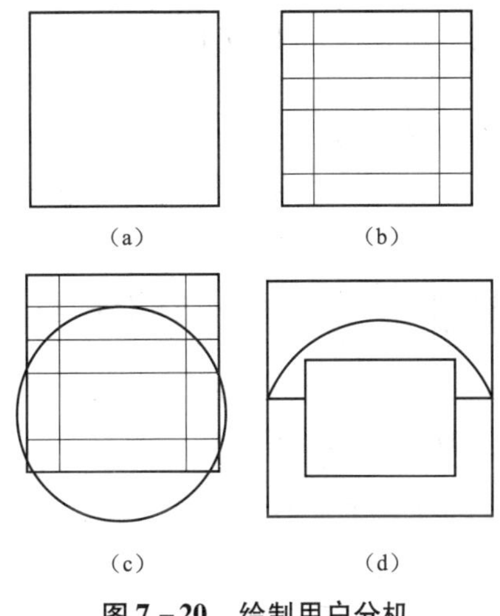

图 7 - 20 绘制用户分机

用户分机的绘制

（3）单击【修改】工具栏上的【偏移】工具按钮，指定偏移距离为：50 mm，正方形的上边线依次向下偏移出三条直线段，将下边线向上偏移出一条直线段，将左边线向右偏移出一条直线段，将右边线向左偏移出一条直线段，如图 7 - 20（b）所示。

（4）选择下拉菜单【绘图】→【圆】→【三点】命令，单击正方形左右竖边中点，利用对象捕捉命令，捕捉正方形向下偏移的第一条直线的切点绘制圆，如图 7 - 20（c）所示。

（5）单击【修改】工具栏上的【修剪】工具按钮，将多余的直线段和圆弧修剪掉，如图 7 - 20（d）所示。

（6）单击【绘图】工具栏上的【创建块】工具按钮，选择如图 7 - 20（d）所示的图形，以正四边形左边中点为基点创建块，将块命名为：用户分机。

3. 绘制防盗对讲系统图

（1）选择下拉菜单【格式】→【图层】命令，系统弹出图层特性管理器，选择【元件】为当前默认层。

（2）单击【绘图】工具栏上的【插入块】工具按钮，保持系统默认的比例和角度，捕捉任意点为插入点，插入【用户分机】块。

（3）切换图层为【电缆】层，单击【绘图】工具栏上的【直线】工具按钮，捕捉用户分机的内侧垂直边线的中点，绘制长度为1000 mm的水平直线段和长度为300 mm的垂直直线段，如图7－21（a）所示。

（4）单击【修改】工具栏上的【镜像】工具按钮，选择图7－21（a）除去300 mm的垂直线段部分，单击垂直线两个端点为镜像线的端点，单击确认，如图7－21（b）所示。

（5）切换图层为【虚线】层，单击【绘图】工具栏上的【多边形】工具按钮，捕捉水平直线段与垂直线段交点为中点，绘制内接于圆的半径为150 mm的四边形。

（6）切换图层为【元件】层，单击【绘图】工具栏上的【圆】工具按钮，捕捉水平直线段与垂直线段交点为中点，绘制半径为100 mm和20 mm的圆，如图7－21（c）所示。

（7）单击【修改】工具栏上的【修剪】工具按钮，将多余的直线段修剪掉，选择垂直线段，按键盘delete键将线段删除，如图7－21（d）所示。

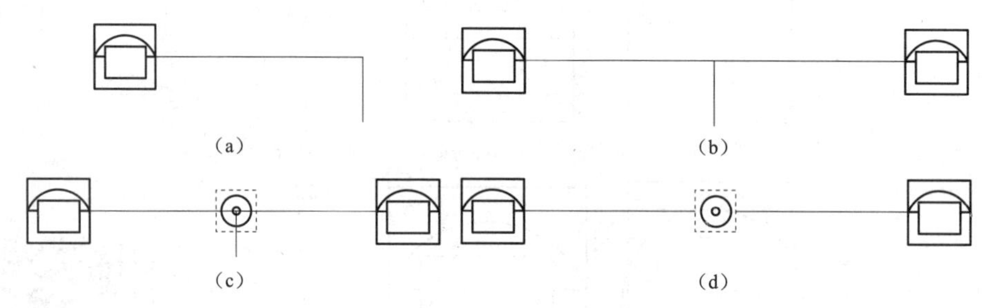

图7－21　绘制单层系统图

（8）单击【修改】工具栏上的【阵列】工具按钮，选择如图7－21（d）所示的图形，进行4行1列阵列，行距500 mm，如图7－22所示。

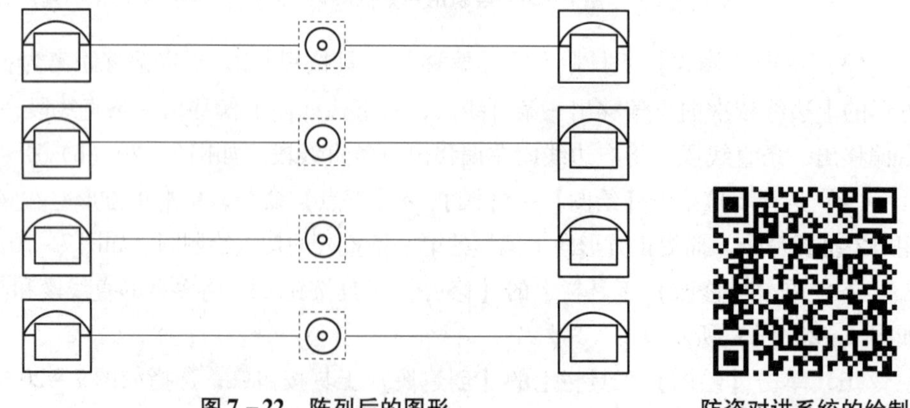

图7－22　阵列后的图形

防盗对讲系统的绘制

（9）单击【绘图】工具栏上的【直线】工具按钮，捕捉下部分线盒的下边中点，向下绘制垂直直线段，如图7－23所示。

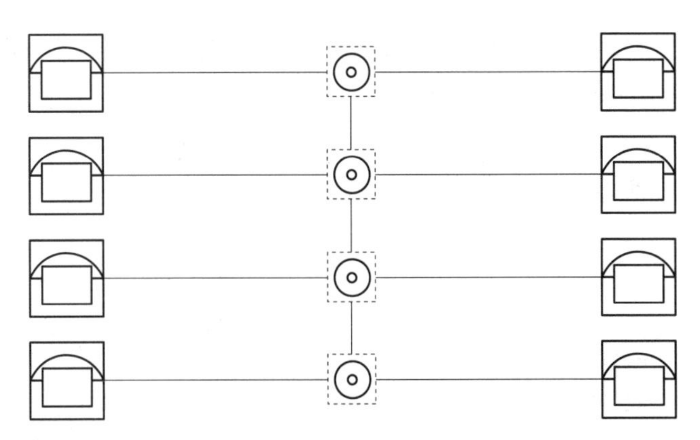

图 7－23　绘制连接线后的图形

（10）单击【绘图】工具栏上的【矩形】工具按钮，捕捉任意点为起点，绘制 300 mm×600 mm 的矩形。

（11）单击【绘图】工具栏上的【直线】工具按钮，分别捕捉矩形的其他四边中点，向左右分别绘制长度为 600 mm 的水平直线段，向上下分别绘制长度为 300 mm 的垂直直线段。

（12）单击【修改】工具栏上的【移动】工具按钮，选择刚才绘制的矩形和直线段为移动对象，捕捉矩形上边直线段顶点为基点，移动到分线盒水平线的中点，如图 7－24所示。

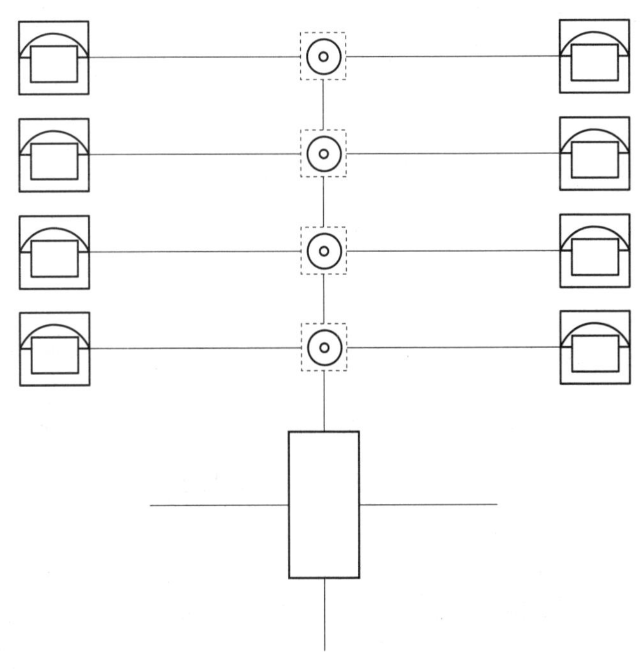

图 7－24　绘制直线段图形

（13）单击【修改】工具栏上的【复制】工具按钮，选择刚才绘制的矩形，捕捉矩形垂直线段中点为基点，复制到右侧水平线的端点。

（14）单击【绘图】工具栏上的【矩形】工具按钮▭，捕捉任意点为起点，绘制400 mm×200 mm的矩形。

（15）单击【修改】工具栏上的【移动】工具按钮✥，选择刚才绘制的矩形为移动对象，捕捉矩形右边直线段中点为基点，左侧水平直线段的顶点。

（16）单击【绘图】工具栏上的【直线】工具按钮⁄，捕捉图形最下垂直直线段的下端点，绘制向左的长度为600 mm的直线段，如图7-25所示。

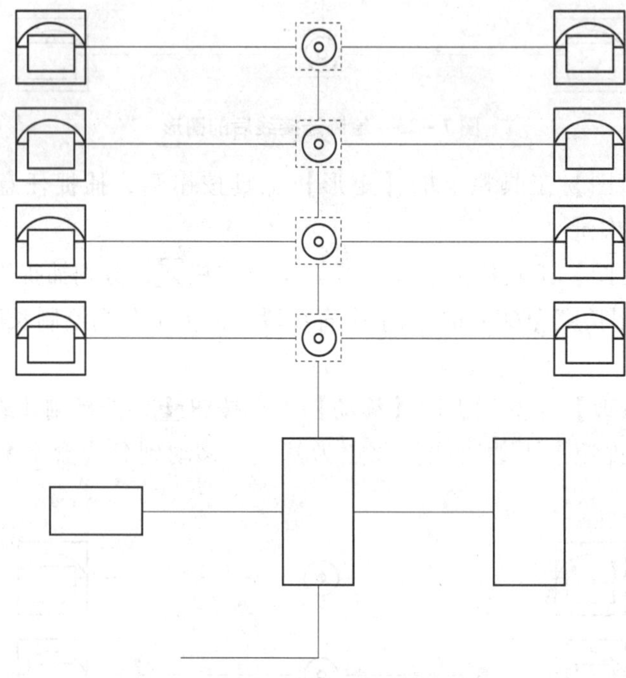

图7-25　绘制矩形后的图形

（17）选择下拉菜单【格式】→【图层】命令，系统弹出图层特性管理器，选择【文字】为当前默认层。

（18）单击【绘图】工具栏上的【多行文本】工具按钮A，在绘图区合适的位置添加文字用户分机、层间分线盒、主机、电控锁、应急电源箱等文字说明，完成防盗对讲系统图的绘制。

项目2　办公楼电气系统图绘制

办公楼电气系统图主要包括低压供电系统图、配电系统图和应急配电系统图等。本项目中主要讲解这几种电气系统图的绘制过程，使读者掌握建筑供电系统中使用到的电气元件和原理结构。

2.1　低压供电系统图绘制

低压供电系统图主要表达电能从变压器到用户配电箱这部分中的电气元件连接、原理结构等信息，主要是由电流互感器、避雷器、隔离开关、电容、熔断器、断路器等元件组成，下面绘制如图 7－26 所示的低压供电系统图。

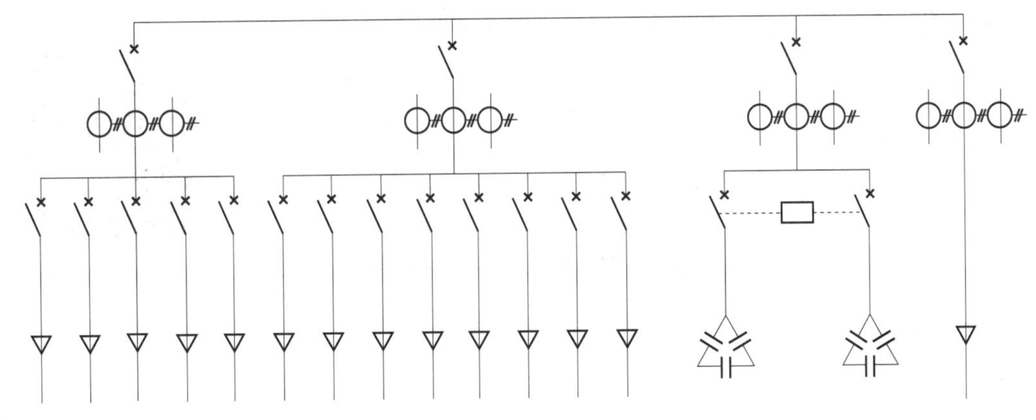

图 7－26　低压供电系统图

1. 设置工作环境

（1）启动 AutoCAD 2007。选择→【开始】→【程序】→【Autodesk】→【AutoCAD 2007 中文版】→【AutoCAD 2007】。

（2）新建文件。选择→【文件】→【新建】→【选择样板对话框】→【acad. dwt】→【打开】。

（3）保存文件。选择→【文件】→【保存】→【图形另存为对话框】→【在保存于处选择保存位置】→【文件名处为文件命名】→【文件类型为 . dwg】→【保存】。

2. 绘制静电电容自动补偿

（1）选择下拉菜单【格式】→【图层】命令，系统弹出图层特性管理器，选择【元件】为当前默认层。

（2）单击【绘图】工具栏上的【直线】工具按钮，在屏幕上捕捉任意点，绘制长度为 100 mm，间隔为 40 mm 的两条平行直线段，分别捕捉两条平行直线段的两端点，向左右绘制长度为 300 mm 的直线段，如图 7－27（a）所示。

（3）单击【修改】工具栏上的【复制】工具按钮，选择刚才绘制的电容，电容的一端点为基点，复制出两组电容。

（4）单击【修改】工具栏上的【旋转】工具按钮，选择复制的电容为旋转对象，捕捉电容引线端点为基点，对复制的两个电容依次分别旋转 60°和 －60°。

（5）单击【修改】工具栏上的【移动】工具按钮，移动阵列后的斜直线段和电容，使图形成为三角形，如图 7－27（b）所示。

（6）单击【绘图】工具栏上的【创建块】工具按钮，选择如图 7－27（b）所示的图形，以三角形的上端点为基点创建块，将块命名为：静电电容自动补偿。

3. 绘制低压供电系统图

（1）选择下拉菜单【格式】→【图层】命令，系统弹出图层特性管理器，选择【辅助线】为当前默认层。

（2）使用【绘图】工具栏上的【直线】工具按钮和【修改】工具栏上的【偏移】工具按钮，绘制如图7－28所示的低压供电系统框架。

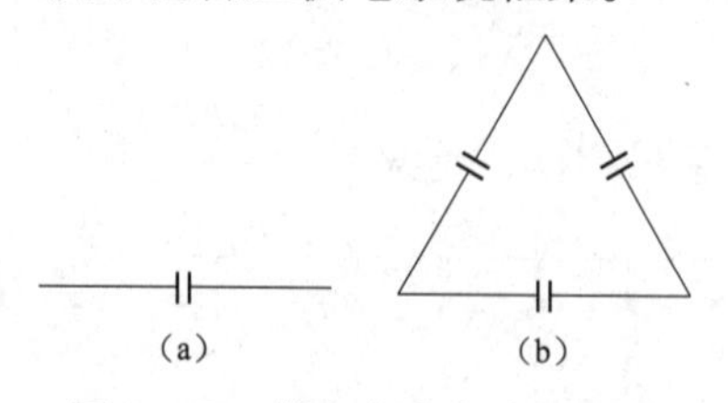

图7－27　静电电容自动补偿图

静电电容自动补偿图

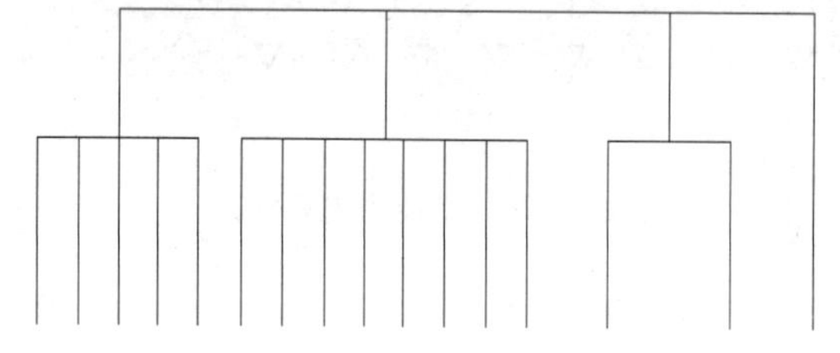

图7－28　低压供电系统框架

（3）选择下拉菜单【格式】→【图层】命令，系统弹出图层特性管理器，选择【元件】为当前默认层。

（4）单击【绘图】工具栏上的【插入块】工具按钮，保持系统默认的比例和旋转角度，将电流互感器、电容、断路器等元件插入到绘图区相应的位置，如图7－29所示。

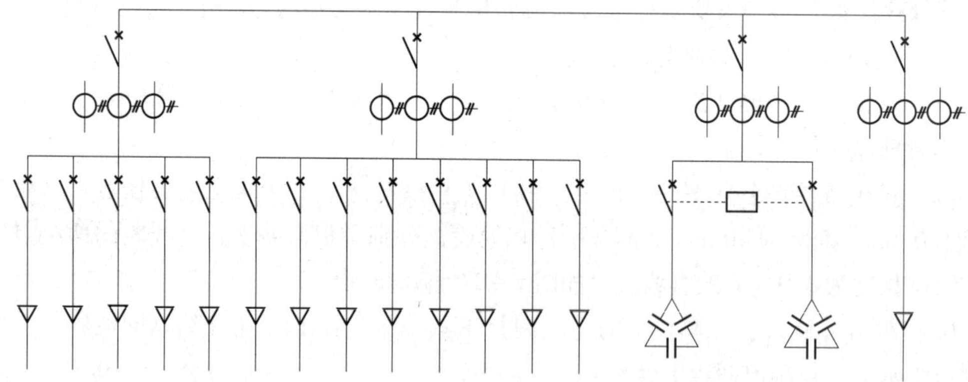

图7－29　插入元件后的系统图

（5）选择下拉菜单【格式】→【图层】命令，系统弹出图层特性管理器，选择【电缆】层为当前默认层。

（6）单击【修改】工具栏上的【删除】工具按钮和【修剪】工具按钮，修剪或删除多余的直线段，完成低压系统图。

2.2　配电系统图绘制

配电系统图是由配电箱将电能分配到各用电器过程中的电气元件连接以及原理结构。

下面绘制如图 7－30 所示的配电系统图。

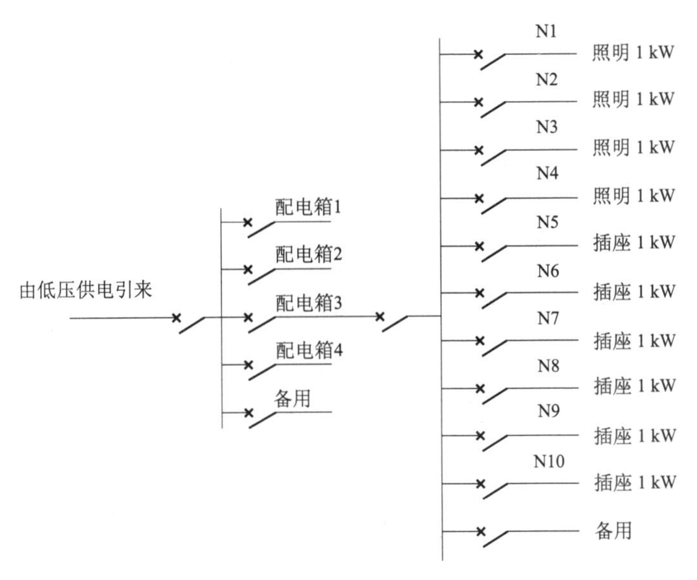

图 7－30　配电系统图

配电系统的绘制

1. 设置工作环境

（1）启动 AutoCAD 2007。选择→【开始】→【程序】→【Autodesk】→【AutoCAD 2007 中文版】→【AutoCAD 2007】。

（2）新建文件。选择→【文件】→【新建】→【选择样板对话框】→【acad. dwt】→【打开】。

（3）保存文件。选择→【文件】→【保存】→【图形另存为对话框】→【在保存于处选择保存位置】→【文件名处为文件命名】→【文件类型为 . dwg】→【保存】。

2. 绘制配电系统图

（1）选择下拉菜单【格式】→【图层】命令，系统弹出图层特性管理器，选择【辅助线】为当前默认层。

（2）使用【绘图】工具栏上的【直线】工具按钮和【修改】工具栏上的【偏移】工具按钮，绘制如图 7－31 所示配电系统图框架。

（3）选择下拉菜单【格式】→【图层】命令，系统弹出图层特性管理器，选择【元件】为当前默认层。

（4）单击【绘图】工具栏上的【插入块】工具按钮，保持系统默认的比例和旋转角度，将断路器等元件插入到绘图区相应的位置，如图 7－32 所示。

（5）选择下拉菜单【格式】→【图层】命令，系统弹出图层特性管理器，选择【电缆】层为当前默认层。

（6）单击【修改】工具栏上的【删除】工具按钮，删除辅助网格线。

（7）单击【绘图】工具栏上的【直线】工具按钮，按照电路图连接各元件。

（8）选择下拉菜单【格式】→【图层】命令，系统弹出图层特性管理器，选择【文字】为当前默认层。

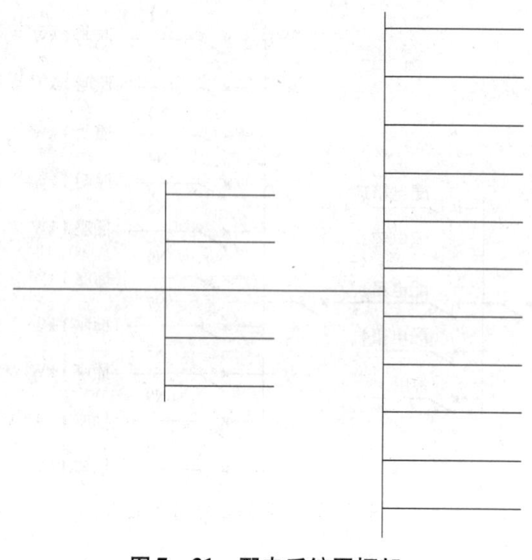

图7－31　配电系统图框架

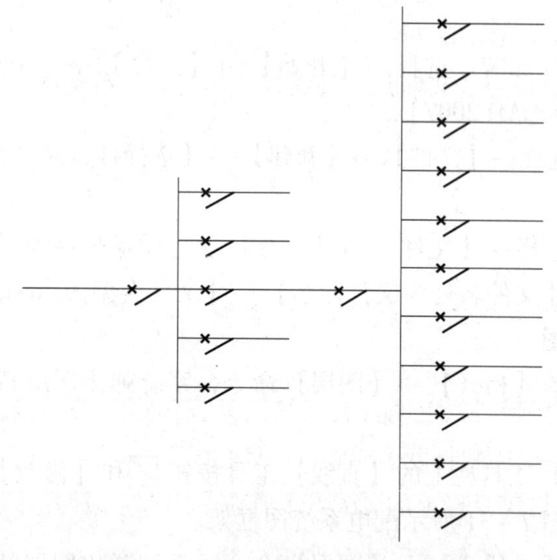

图7－32　插入元件后的配电系统图

（9）单击【绘图】工具栏上的【多行文字】工具按钮A，在绘图区相应位置添加由低压供电引来、配电箱1、配电箱2、N1、N2、照明、插座、备用等文字，完成电路图的绘制。

2.3　应急配电系统图

应急配电系统图就是将电能供给应急照明过程的原理结构和电气元件连接。应急供电系统是采用双电源供电，相对于配电系统稍微复杂点，图7－33所示为应急配电系统图。

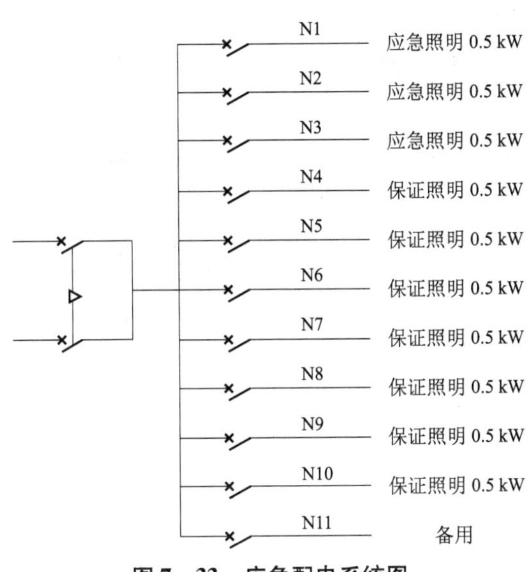

图 7－33　应急配电系统图

1. 设置工作环境

（1）启动 AutoCAD 2007。选择→【开始】→【程序】→【Autodesk】→【AutoCAD 2007 中文版】→【AutoCAD 2007】。

（2）新建文件。选择→【文件】→【新建】→【选择样板对话框】→【acad. dwt】→【打开】。

（3）保存文件。选择→【文件】→【保存】→【图形另存为对话框】→【在保存于处选择保存位置】→【文件名处为文件命名】→【文件类型为 . dwg】→【保存】。

2. 绘制双电源自动切换开关

（1）选择下拉菜单【格式】→【图层】命令，系统弹出图层特性管理器，选择【元件】为当前默认层。

（2）单击【绘图】工具栏上的【直线】工具按钮，在屏幕上捕捉任意点，绘制长度为 200 mm 的水平直线段和长度为 400 mm 的垂直直线段，如图 7－34（a）所示。

（3）单击【绘图】工具栏上的【直线】工具按钮，捕捉垂直线段中点，绘制长度为 200 的水平直线段，如图 7－34（b）所示。

（4）单击【绘图】工具栏上的【插入块】工具按钮，保持系统默认的比例和旋转角度，插入断路器到左端点，并用【修改】工具栏上的【分解】工具按钮，将断路器分解，如图 7－34（c）所示。

（5）单击【绘图】工具栏上的【直线】工具按钮，捕捉断路器斜线中点，绘制垂直线段，如图 7－34（d）所示。

（6）单击【绘图】工具栏上的【多边形】工具按钮，捕捉垂直线中点为中心点，绘制内接圆半径为 30 mm 的正三角形。

（7）单击【修改】工具栏上的【旋转】工具按钮，捕捉三角形的中心为旋转中心，将刚才绘制的正三角形旋转90°。

（8）单击【修改】工具栏上的【修剪】工具按钮，将三角形内的垂直线段剪掉，如图7－34（e）所示。

（9）单击【绘图】工具栏上的【创建块】工具按钮，选择如图7－34（e）所示的图形，以右端点为基点创建块，将块命名为：双电源自动切换开关。

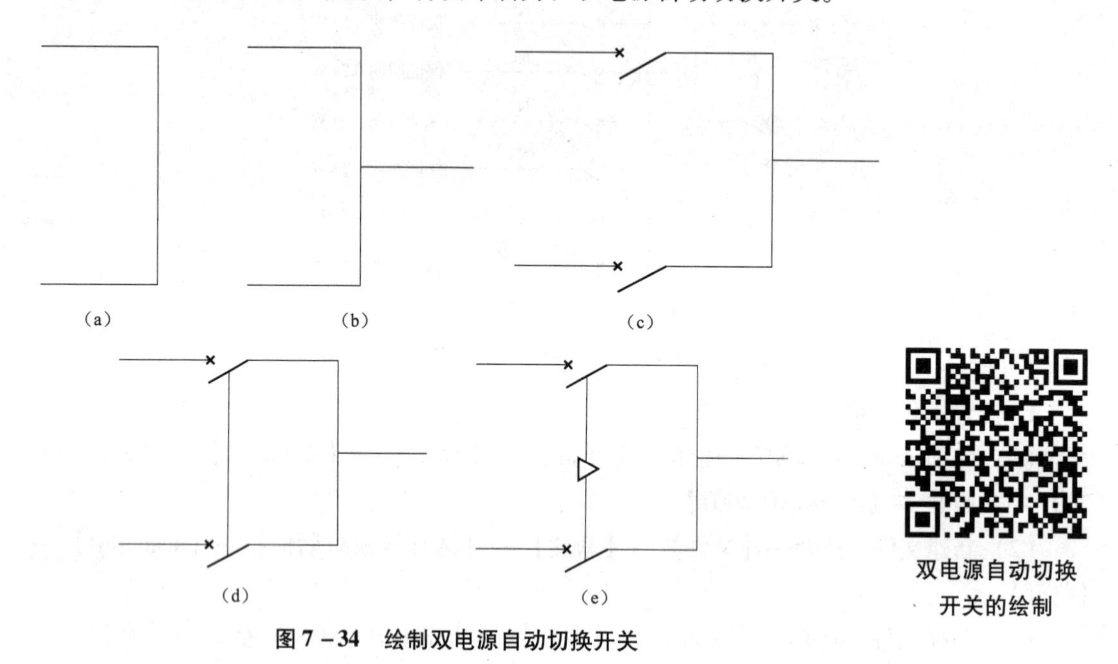

双电源自动切换开关的绘制

图7－34　绘制双电源自动切换开关

3. 绘制应急配电系统图

（1）选择下拉菜单【格式】→【图层】命令，系统弹出图层特性管理器，选择【元件】为当前默认层。

（2）单击【绘图】工具栏上的【插入块】工具按钮，捕捉任意点为插入点，修改比例为30，保持默认角度，插入断路器。

（3）选择下拉菜单【格式】→【图层】命令，系统弹出图层特性管理器，选择【电缆】层为当前默认层。

（4）单击【绘图】工具栏上的【直线】工具按钮，分别捕捉断路器左右端点，向左绘制长度为200 mm的直线段，向右绘制长度为200 mm的直线段，如图7－35所示。

（5）单击【修改】工具栏上的【阵列】工具按钮，选择如图7－35所示的图形为阵列对象，阵列为11行1列，行距为200 mm，如图7－36所示。

图7－35　绘制直线段和插入的断路器

（6）单击【绘图】工具栏上的【插入块】工具按钮，捕捉第6行图形的左端点，保持默认比例和角度，插入双电源自动切换开关，如图7－37所示。

(7) 单击【绘图】工具栏上的【直线】工具按钮▱，捕捉第1行左端点和最后行的左端点，绘制直线段。

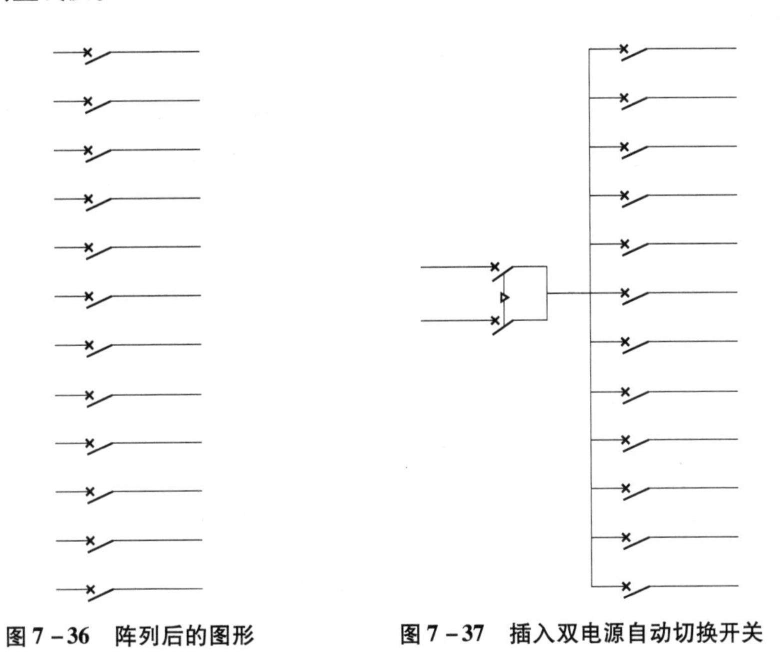

图7－36　阵列后的图形　　**图7－37　插入双电源自动切换开关**

(8) 选择下拉菜单【格式】→【图层】命令，系统弹出图层特性管理器，选择【文字】为当前默认层。

(9) 单击【绘图】工具栏上的【多行文字】工具按钮A，在绘图区相应位置添加N1～N11、应急照明0.5 kW、保证照明0.5 kW、备用等文字，完成电路图的绘制。

绘图练习：

(1) 绘制如图7－38所示的住宅配电系统图。

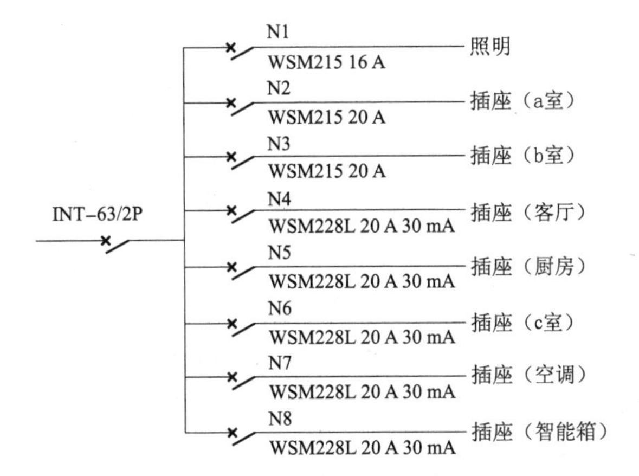

图7－38　住宅配电系统图

（2）绘制如图7－39所示的电话网系统图。

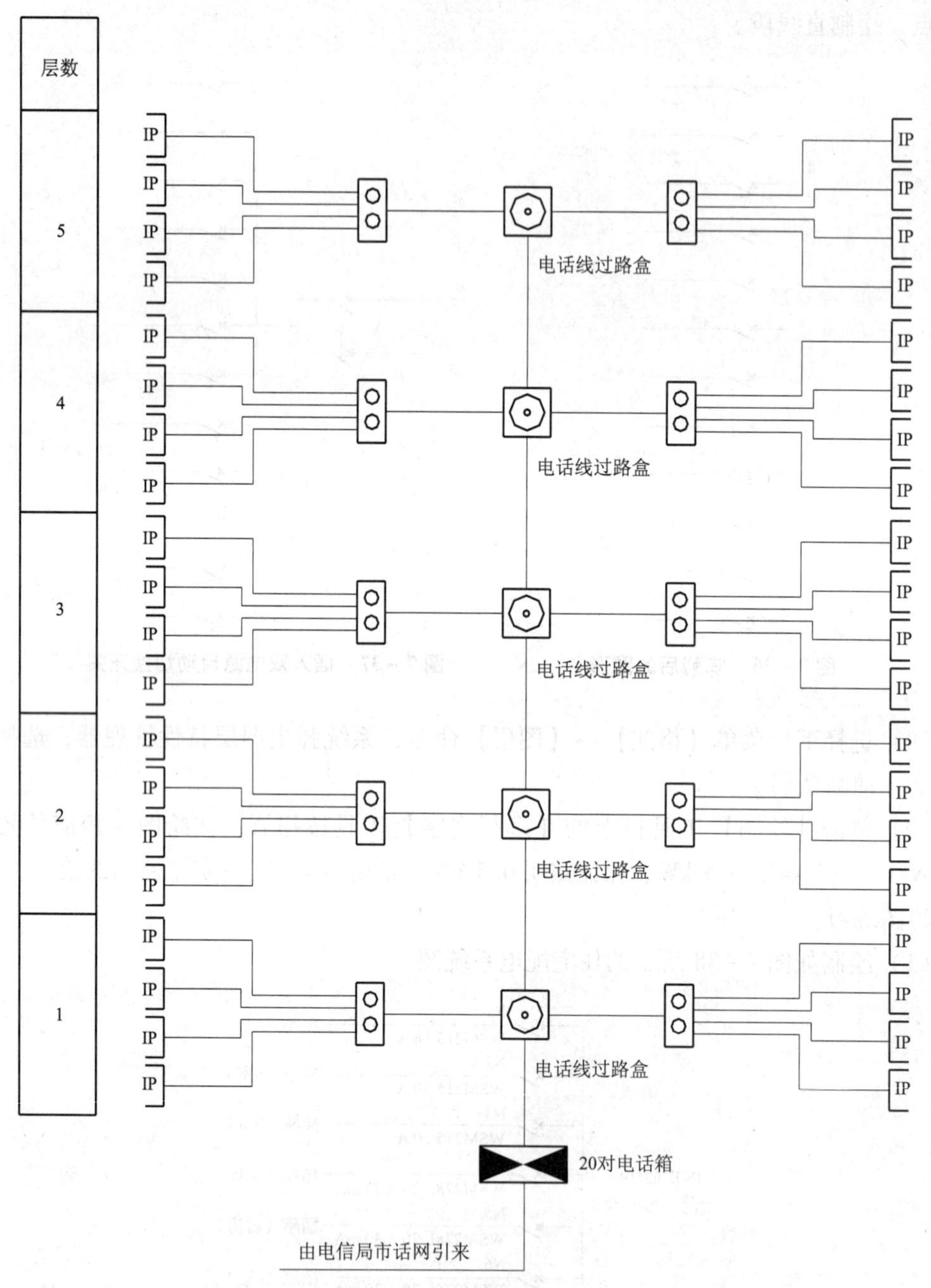

图7－39 电话网系统图

参考文献

[1] 许涌清，武昌俊. 电子与电气工程制图项目式教程 [M]. 北京：机械工业出版社，2012.
[2] 陈冠玲. 电气 CAD [M]. 北京：高等教育出版社，2009.
[3] 刘广瑞，乔金莲. 新编中文 AutoCAD 2007 实用教程 [M]. 西安：西北工业大学出版社，2007.
[4] 龙马工作室. AutoCAD 2008 电子与电气设计 [M]. 北京：中国邮电出版社，2009.
[5] 焦永和. 工程制图 [M]. 北京：高等教育出版社，2008.
[6] 王俊峰. 精讲电气工程制图与识图 [M]. 北京：机械工业出版社，2014.
[7] 余朝刚. Elecworks2013 电气制图 [M]. 北京：清华大学出版社，2014.